材

JISUANJI
JICHU

计算机基础

第二版

主　编　鲍　鹏
副主编　陈　颖　陈昌玲　杨　有
参　编　邹　平　黄　婷　李　解
田秋华　曹世方　周　魏
李　丹　甘媛元　伍云伟

重庆大学出版社

图书在版编目（CIP）数据

计算机基础 / 鲍鹏主编. -- 2 版. -- 重庆 : 重庆大学出版社, 2024. 9. -- (中等职业教育计算机专业系列教材). -- ISBN 978-7-5689-4702-2

Ⅰ. TP3

中国国家版本馆CIP数据核字第2024L4R634号

中等职业教育计算机专业系列教材

计算机基础

第二版

主 编 鲍 鹏

责任编辑：章 可　　版式设计：章 可

责任校对：关德强　　责任印制：赵 晟

*

重庆大学出版社出版发行

出版人：陈晓阳

社址：重庆市沙坪坝区大学城西路21号

邮编：401331

电话：（023）88617190　88617185（中小学）

传真：（023）88617186　88617166

网址：http：//www.cqup.com.cn

邮箱：fxk@cqup.com.cn（营销中心）

全国新华书店经销

重庆市正前方彩色印刷有限公司印刷

*

开本：787mm×1092mm　1/16　印张：14.25　字数：330千

2018年6月第1版　2024年9月第2版　2024年9月第9次印刷

ISBN 978-7-5689-4702-2　定价：45.00元

随着计算机科学与信息技术的发展，计算机逐步渗透到人类社会的各个领域，推动着社会的进步和发展，学好用好计算机，也逐步成为社会各界的共识。为了使中职院校的学生在入学后尽快学会计算机的基础知识，掌握计算机的基本应用技能，结合计算机应用技术的发展和社会对中职院校学生计算机应用能力的基本要求，根据《关于深化现代职业教育体系建设改革的意见》和《国家职业教育改革实施方案》文件的相关要求，我们组织相关编者对原教材进行了改版。

本教材由认识计算机、认识计算机的基本组成、认识计算机软件、使用操作系统、维护计算机信息安全、计算机基础应用六部分组成。本书在重新改版后具备以下特点：

1.创新构建“三进三度”课程思政模式，明确思政目标。运用案例教学、情景模拟、知识拓展等教学方法创新“三进”行动路径，实现课程思政“深度、广度、效度”的三维目标。思政元素进教材，实现课程深度；思政元素进课堂，拓展课程广度；思政元素进头脑，体现课程温度。

2.建立“职场融通”栏目，探索产教融合模式。教材中开设“职场融通”栏目，让学生在学习计算机基础知识的基础上，结合当前产业和行业需求，确定自我职业目标和努力方向。

3.“岗课赛证”融通背景下，探索形成注重流程的动态管理考核评价体系。全书结合“十三五”重庆市规划课题“基于‘1+X’试点专业的‘三教’改革实施评价校本研究与实践”（批准号：2020-DP-04）相关推进经验，在教材中融入“能力评价”和“自我反思”栏目，通过“三促四度”成效评价体系，为“岗课赛证”融通提供准确方向。

本书由重庆市龙门浩职业中学校鲍鹏担任主编，重庆市龙门浩职业中学校陈颖、重庆市渝北职业教育中心陈昌玲、重庆师范大学杨有担任副主编，重庆市龙门浩职业

QIANYAN

前言

中学校邹平、重庆工商学校曹世方、重庆市龙门浩职业中学校黄婷、成都电子信息学校李解、成都电子信息学校周魏、重庆市永川职业教育中心田秋华、四川省双流建设职业技术学校李丹、重庆市第三十九中学校甘媛元、华为技术有限公司伍云伟担任编者。本书由鲍鹏负责审稿、统稿、定稿，杨有、李丹、甘媛元对全书进行检查。

限于编者的水平和计算机技术的飞速发展，本书难免有不足之处，恳请各位读者指正。

编　者

2023年8月

JISUANJI JICHU

MULU

目录

项目一 / 认识计算机

项目概述：

随着时代不断发展，科技水平日新月异，自20世纪以来，计算机应用于通信、科研、娱乐、金融、教育等多个领域，改变了人们的生活方式。今天，计算机与人们的生活、工作、学习的联系越来越紧密，成为人们日常生活中不可缺少的工具。本项目主要学习计算机的发展历程和特点、计算机的信息表示、计算机的分类和应用领域。

学习目标：

+ 了解计算机的产生和发展历史；
+ 掌握计算机的基本特点；
+ 了解计算机的发展趋势和应用领域；
+ 掌握计算机信息的表示方法；
+ 掌握计算机的编码机制以及各种进制之间的转换规律和方法。

思政目标：

+ 培养学生的信息素养和民族自豪感；
+ 增强学生的职业认同感和文化自信；
+ 培养学生的刻苦奋斗精神；
+ 激发学生的社会责任感，树立远大理想，增强爱国热情。

［任务一］

NO.1

认识计算机的发展和特点

微课

情景导入

小龙是一名中职计算机专业高一年级学生，从入校接触计算机专业相关知识以来，特别是在参观了本专业校企合作单位巨蟹影视传媒公司后，小龙对计算机的认识发生了极大转变，以往只了解计算机有看电影、打游戏等基础功能，现在了解到计算机不仅有处理和分析大量数据的能力，还有实现虚拟现实场景等的强大功能。小龙在感叹计算机功能强大的同时，心里暗下决心一定要学好计算机专业知识。他首先想了解是谁发明了这么伟大的计算机，计算机又是如何一步一步发展到现在的。

任务目标

1.了解计算机的产生和发展历史；

2.掌握计算机的基本特点；

3.了解计算机的发展趋势和应用领域。

知识链接

一、计算机的发展

第二次世界大战期间，艾伦·麦席森·图灵应召到英国外交部通信处从事军事解密工作，为了破译德军强大的加密系统，图灵带领英国工程师托马斯·哈罗德·弗劳尔斯，组成50人的团队研制出“CO-LOSSUS（巨人）机”，成功破解了德军的密码，图灵成为计算机逻辑的奠基者。作为当时的最高机密，这一贡献一直到多年后才公布，有史学家认为，巨人机的研制成功改变了第二次世界大战的进程。

1946年2月14日，世界第一台通用电子数字计算机“ENIAC（埃尼阿克）”（图1-1-1）在美国宾夕法尼亚大学诞生。数学家冯·诺依曼的设计思想在其中起到了重要作用，所以他被称为“现代计算机之父”。

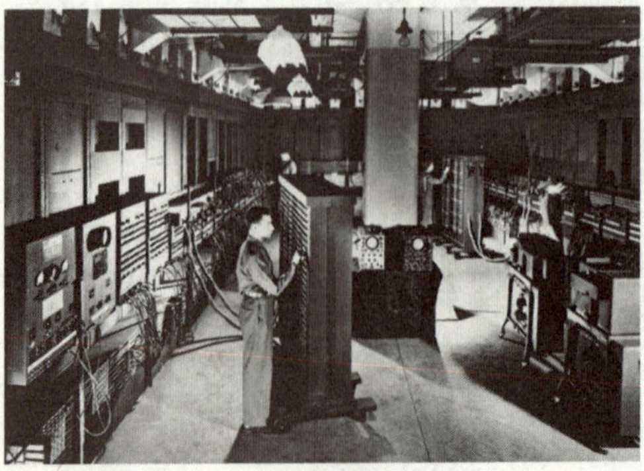

图 1-1-1　计算机“ENIAC”

阅读有益

1956年，中国科学院计算机技术研究所成立。1957年，由研究所张梓昌高级工程师领衔的科研团队正式开始研制电子计算机。在第二年研制出每秒2 500次运算速度的电子计算机，命名为103机，标志着我国第一台通用数字计算机的诞生，为我国计算机的发展奠定了扎实的基础。

根据计算机使用的电子器件，将计算机发展分为四个阶段，见表1-1-1。

表1-1-1　计算机的发展阶段

发展阶段	电子器件	存储介质	编写语言	应用领域
第一阶段（1946—1958年）	电子管	磁鼓、磁芯、汞延迟线	机器语言、汇编语言	军事
第二阶段（1959—1964年）	晶体管	磁芯、磁鼓	高级语言	科学计算、数据处理、事务处理
第三阶段（1965—1970年）	中小规模集成电路	半导体存储器	高级语言	科学计算、数据处理、过程控制
第四阶段（1971年至今）	大规模、超大规模集成电路	半导体存储器	高级语言	各个领域

随着科技高速发展，计算机涉及领域越来越广，并朝着巨型化、微型化和智能化方向发展。从目前的研究方向来看，未来计算机可能会在量子计算机、生物计算机、光子计算机等方面取得新的进展。

二、计算机的特点

1.运算速度快

计算机的运算速度一般以每秒钟能够执行多少条指令来进行衡量。CO-LOSSUS机能够自动执行

逻辑运算；ENIAC已经达到了每秒钟运算5 000次的速度，是手工运算速度的近20万倍；而现在普通计算机的运算速度大概在每秒几十亿次至几千亿次之间。目前，各国都在研制超级计算机，根据2023年世界超级计算机排名，排名第七的中国“神威·太湖之光”（图1-1-2）的运算速度可达每秒12.54亿亿次。

图 1-1-2　中国超级计算机——“神威·太湖之光”

2.具有强大的记忆存储能力

计算机的存储器能够存储大量数据，使得信息在时间上能够延续而不消失，方便人们在需要的时候随时查阅。

3.具有判断能力

计算机除了能够对数据进行计算、处理，还能够进行分析、判断，所以计算机也广泛应用于信息检索、图形识别等领域。例如，Alphago与围棋世界冠军进行“人机大战”（图1-1-3），通过分析对手每一步棋的后续招数，选取胜率最大的方式落子。

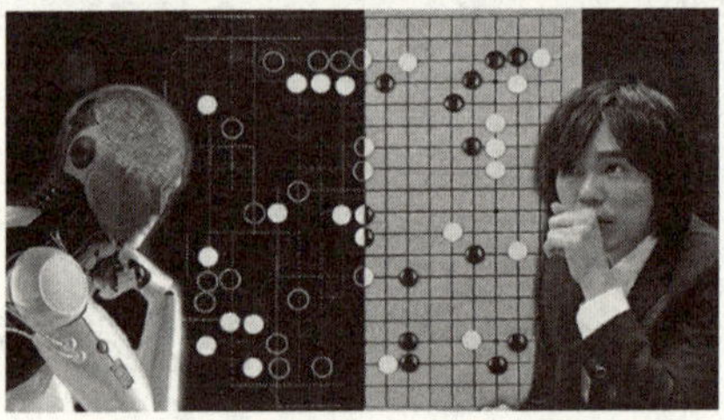

图 1-1-3　Alphago VS 围棋世界冠军

4.自动化

一般的机器设备需要人工操作来完成工作。计算机的自动功能虽然也是通过预先设置好的程序来实现，但由于计算机具有记忆存储功能，因此只需要设置一次，以后都能自动运行，不需要再进行人工操作。例如，工业自动化生产（图1-1-4）是通过计算机预先设置好各种程序来进行，我们只需要按下启动按钮，机器就能自动完成生产工作。

图 1-1-4　工业自动化生产

5.计算精度高

计算机不仅运算速度快，而且运算精度高。例如，计算圆周率（图1-1-5），人工计算的圆周率一般只能达到小数点后几百位，而通过计算机的超高精度计算，圆周率可以精确到小数点后62.8万亿位。

图 1-1-5　圆周率

做一做

列出计算机各项特点对应到生活中的应用。

计算机特点	生活中的应用
运算速度快	
具有记忆存储能力	
具有判断能力	
自动化	
计算精度高	

三、计算机应用领域及发展趋势

计算机已经飞速发展半个多世纪，计算机的应用领域也越来越广泛，对各行各业的发展都有积极的推动作用，目前计算机的应用正朝着以下几个领域发展。

1.云计算

云计算（图1-1-6）其实并不是一种全新的技术，而是一种网络应用的新概念。云计算是以互联网为核心，结合软件、硬件等多种资源提供的一种服务，具有虚拟化、可靠性高、规模庞大等特点。它听起来好像很陌生，但其实与人们的生活联系紧密，如在线办公、百度网盘等。

图 1-1-6　云计算

2.大数据

大数据（图1-1-7）是指无法在一定时间内用常规软件工具对其内容进行抓取、管理和处理的数据集合。大数据技术是指利用某种技术，快速从各种各样的大数据中获取有价值信息的手段。大数据具有数据多样性、价值密度低、速度快、数据量大等特征。

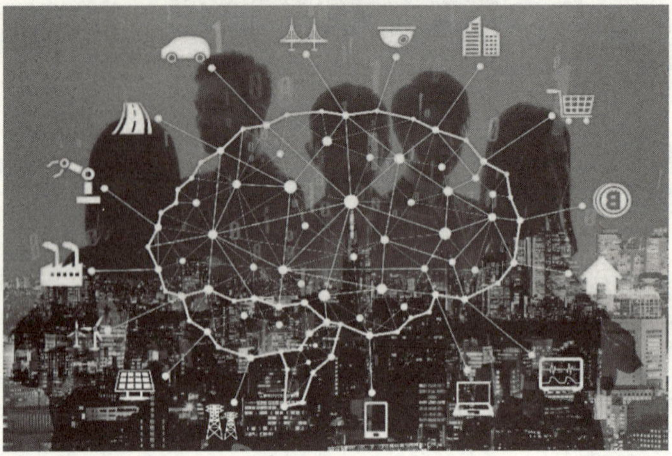

图 1-1-7　大数据

3.人工智能

人工智能（图1-1-8）在1956年被正式提出，并从20世纪70年代以来被称为世界三大尖端技术之一。它是用于研究如何使计算机能够模拟人类的思维的一门科学。随着智能概念的普及，人工智能越来越受到人们的重视，并在机器人、智能控制、专家系统、程序设计、仿真系统等领域得到了充分的利用。

图 1-1-8　人工智能

4.物联网

物联网（1-1-9）最早在1995年由比尔·盖茨提出，而我国中科院在1999年也展开了相关研究。物联网是指通过射频识别、红外感应器、激光扫描器等传感设备，按照统一约定的协议，把物品与网络连接，实现任何时间、地点、物、人的信息交换和通信，实现对物品的智能化识别、定位、跟踪、监控和管理的一种网络，是目前计算应用领域不可或缺的一部分。

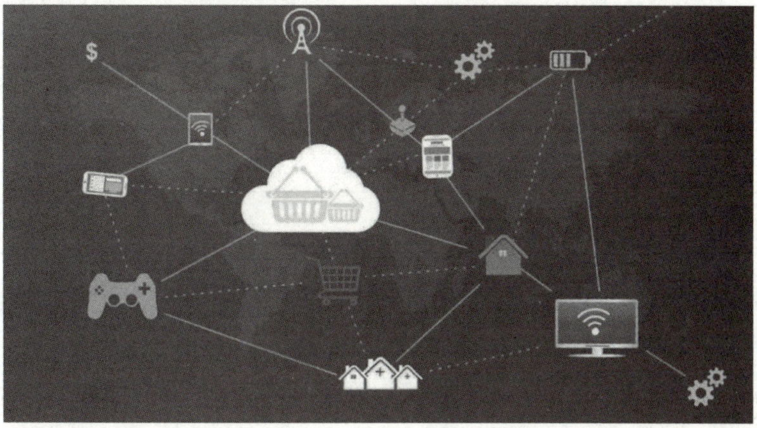

图 1-1-9　物联网

5.5G技术

信息时代的高速发展，人们对通信技术的要求越来越高。我国从2016年开始正式研发5G技术（图1-1-10），于2020年投入使用。5G的商业化已经进入正循环，新业务、新场景不断涌现，给网络提出了许多新的需求，推动着标准、技术、应用和生态的持续演进。

图 1-1-10　5G 技术

学习活动

活动1　请同学们结合身边的案例并查阅相关资料了解目前计算机更多的热门技术或者应用领域。

应用领域	涉及技术	给生活带来的便利

活动2　请同学们利用网络了解我国计算机的发展历程。

发展阶段	电子器件	存储介质	运算速度	应用领域

知识拓展

在很多人看来，我国的芯片产业一直落后于美日韩等国家，其实这多少对我国的芯片发展历史有些误解。扫描二维码，让我们共同了解中国芯片70年的发展简史以及华为海思麒麟芯片艰辛的研发过程，感受大国工匠精神。

职场融通

为了紧跟科技发展的步伐，我校开办了大数据专业，并与相关企业合作，共同培育符合时代要求的职业技术人才。假如你是一名大数据专业的学生，即将进入校企合作单位实习，为了更好适应企业的要求，实现自我价值，在此之前，你可以通过网络了解该专业的对应岗位有哪些以及需要具备哪些专业能力。

专业涉及的岗位	岗位需求	岗位专业能力	你的优势	你的不足	提升措施

能力评价

回顾本任务的学习情况，根据评价内容填写掌握程度，并填写自我反思表。

评价内容	自我评价	学生互评	教师评价
计算机的产生	5分☐ 3分☐ 2分☐	5分☐ 3分☐ 2分☐	5分☐ 3分☐ 2分☐
计算机的特点	5分☐ 3分☐ 2分☐	5分☐ 3分☐ 2分☐	5分☐ 3分☐ 2分☐
计算机发展阶段	5分☐ 3分☐ 2分☐	5分☐ 3分☐ 2分☐	5分☐ 3分☐ 2分☐
计算机发展趋势	5分☐ 3分☐ 2分☐	5分☐ 3分☐ 2分☐	5分☐ 3分☐ 2分☐

	优点	不足	改进措施
自我反思			

[任务二]

NO.2

认识计算机的信息表示

微课

情景导入

小龙最近在阅读课外书籍的时候，读到这样一个故事：《易经》中有两种符号：阴（用两根短横线表示）和阳（用一根长横线表示），却能组成8种不同的卦象，进一步又能演变成64卦。欧洲的传教士将其传入西方后，德国的数学家莱布尼茨从中受到启发，他将阴看作0，将阳看作1，于是发明了二进制，最终设计出长1 m、宽30 cm、高25 cm的机械计算机。

小龙在了解了计算机的发展历程之后，又有了疑问：如今计算机中的所有信息是不是都以二进制的形式存储的呢？除了二进制还有没有其他的进制呢？

任务目标

1.了解数制的概念；

2.掌握计算机信息的表示方法；

3.掌握进制间的转换方法；

4.能实现数制之间的相互转换。

知识链接

一、计算机数制

计算机数制是用一组固定的数字和一套统一的组合规则表示信息的方法。在我们日常生活中常用的数制为十进制，计算机能够识别的是二进制。但计算机常用数制除了二进制，还包括八进制、十进制和十六进制，见表1-2-1。

表1-2-1　多种进制

进制	基数	组成	表示方法	运算规律	示例
二进制	2	0，1	后缀B / 下标（ ）$_{2}$	逢二进一	10111B /（10111）$_{2}$
八进制	8	0~7	后缀O / 下标（ ）$_{8}$	逢八进一	3747O /（3747）$_{8}$
十进制	10	0~9	后缀D / 下标（ ）$_{10}$	逢十进一	2023D /（2023）$_{10}$
十六进制	16	0~9，A~F	后缀H / 下标（ ）$_{16}$	逢十六进一	7e7H /（7e7）$_{16}$

阅读有益

计算机中要使用二进制的原因

在日常生活中人们并不经常使用二进制，因为它不符合人们的固有习惯。但在计算机内部的数都是用二进制来表示的，这主要有以下几个方面的原因。

（1）电路简单，易于表示

计算机是由逻辑电路组成的，逻辑电路通常只有两个状态，如开关的接通和断开、晶体管的饱和和截止、电压的高与低等。这两种状态正好用来表示二进制的两个数码：0和1。若是采用十进制，则需要有10种状态来表示10个数码，实现起来比较困难。

（2）可靠性高

两种状态表示两个数码，数码在传输和处理中不容易出错，因而电路更加可靠。

（3）运算简单

二进制数的运算规则简单，无论是算术运算还是逻辑运算都容易进行。十进制的运算规则相对烦琐，现在已经证明，R进制数的算术求和、求积规则各有R（R+1）/2种。如采用二进制，求和与求积运算法只有3个，因而简化了运算器等物理器件的设计。

（4）逻辑性强

计算机不仅能进行数值运算，而且能进行逻辑运算。逻辑运算的基础是逻辑代数，而逻辑代数是二值逻辑。二进制的两个数码1和0，恰好代表逻辑代数中的“真”（True）和“假”（False）。

做一做

完成下列数制的计算。

1.1011B+1010B＝（10101B）

```
   1011
+  1010
-------
  10101
```

2.1101011B+1000010B＝（　　　）

3.10001.111B+101101.1011B＝（　　　）

4.4535O+202.125O＝（　　　）

5.3D.1H+4D3B.D8H＝（　　　）

6.97D.8H+AF.DH＝（　　　）

二、计算机中的单位

计算机通过二进制对数据进行存储、处理等操作，计算机中数据的常用单位有：位、字节和字，如图1-2-1所示。

三、数制的转换

在计算机中，信息的表示和处理一般都采用二进制，但是用二进制来表示数值时所需要的位数较多，所以有时也会采用其他的数制来表示，这就涉及各种数制之间的转换，如图1-2-2所示。

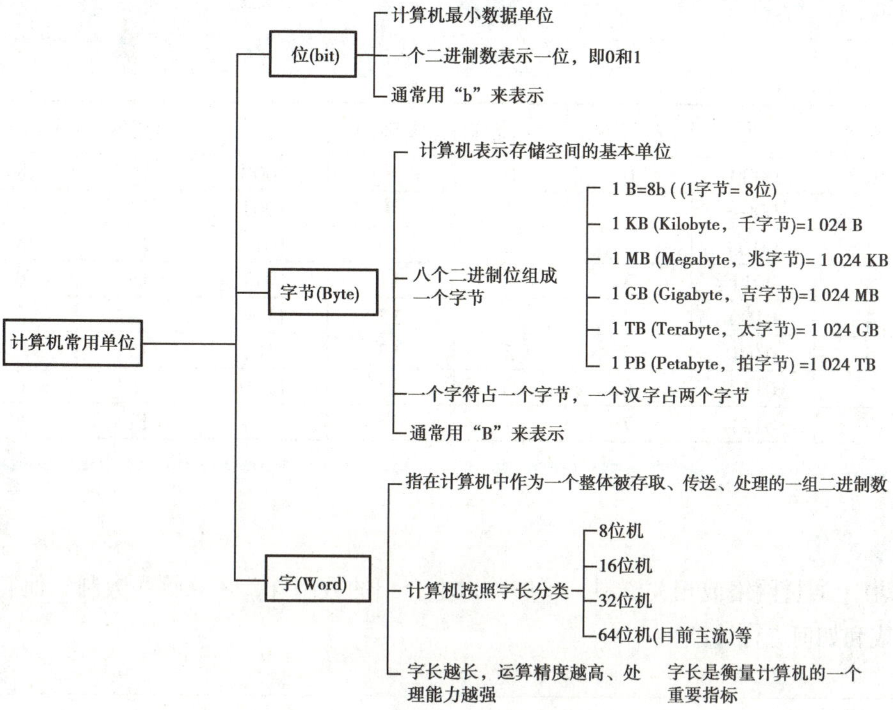
计算机常用单位
位(bit)
计算机最小数据单位
一个二进制数表示一位，即0和1
通常用“b”来表示
字节(Byte)
计算机表示存储空间的基本单位
八个二进制位组成一个字节
1 B=8b ((1字节= 8位)
1 KB (Kilobyte，千字节)=1 024 B
1 MB (Megabyte，兆字节)= 1 024 KB
1 GB (Gigabyte，吉字节)=1 024 MB
1 TB (Terabyte，太字节)= 1 024 GB
1 PB (Petabyte，拍字节) =1 024 TB
一个字符占一个字节，一个汉字占两个字节
通常用“B”来表示
字(Word)
指在计算机中作为一个整体被存取、传送、处理的一组二进制数
计算机按照字长分类
8位机
16位机
32位机
64位机(目前主流)等
字长越长，运算精度越高、处理能力越强
字长是衡量计算机的一个重要指标

图 1-2-1　计算机中数据的常用单位

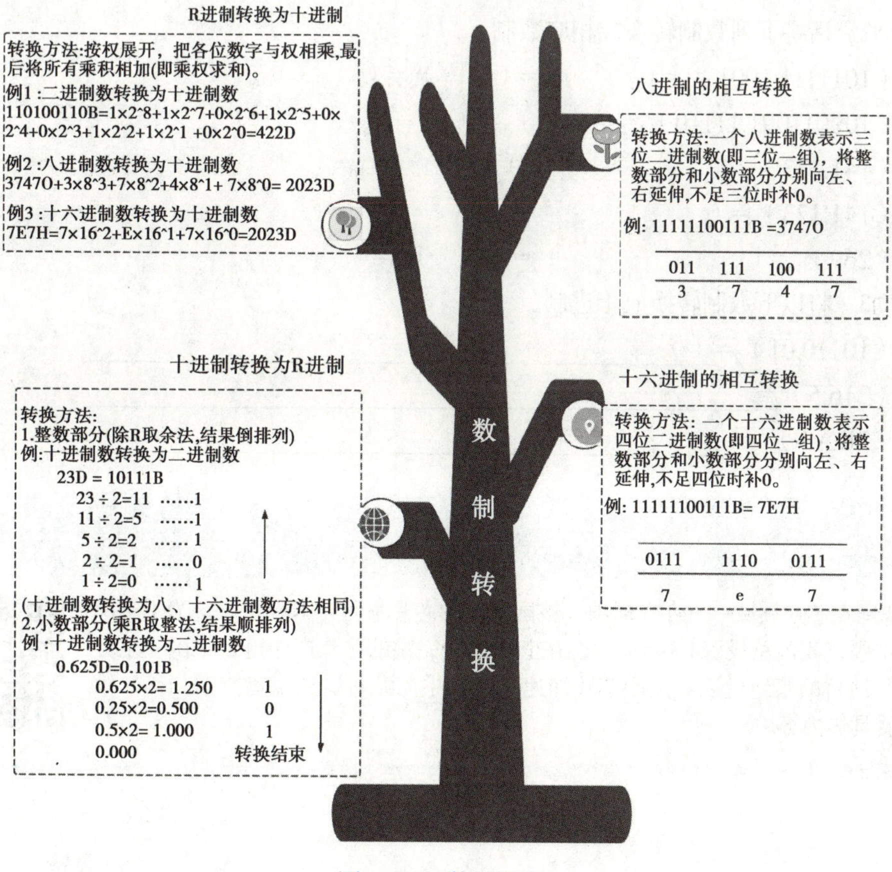
R进制转换为十进制
转换方法:按权展开，把各位数字与权相乘,最后将所有乘积相加(即乘权求和)。
例1 :二进制数转换为十进制数
110100110B=1x2^8+1x2^7+0x2^6+1x2^5+0x2^4+0x2^3+1x2^2+1x2^1 +0x2^0=422D
例2 :八进制数转换为十进制数
3747O=3x8^3+7x8^2+4x8^1+ 7x8^0= 2023D
例3 :十六进制数转换为十进制数
7E7H=7x16^2+Ex16^1+7x16^0=2023D
八进制的相互转换
转换方法:一个八进制数表示三位二进制数(即三位一组)，将整数部分和小数部分分别向左、右延伸,不足三位时补0。
例: 11111100111B =3747O
011 111 100 111
3 7 4 7
十进制转换为R进制
转换方法:
1.整数部分(除R取余法,结果倒排列)
例:十进制数转换为二进制数
23D = 10111B
23 ÷ 2=11 1
11 ÷ 2=5 1
5 ÷ 2=2 1
2 ÷ 2=1 0
1 ÷ 2=0 1
(十进制数转换为八、十六进制数方法相同)
2.小数部分(乘R取整法,结果顺排列)
例 :十进制数转换为二进制数
0.625D=0.101B
0.625x2= 1.250 1
0.25x2=0.500 0
0.5x2= 1.000 1
0.000 转换结束
数制转换
十六进制的相互转换
转换方法: 一个十六进制数表示四位二进制数(即四位一组)，将整数部分和小数部分分别向左、右延伸,不足四位时补0。
例: 11111100111B= 7E7H
0111 1110 0111
7 e 7

图 1-2-2　数制转换

阅读有益

十进制	二进制	八进制	十六进制	十进制	二进制	八进制	十六进制
0	0000	0	0	8	1000	10	8
1	0001	1	1	9	1001	11	9
2	0010	2	2	10	1010	12	A
3	0011	3	3	11	1011	13	B
4	0100	4	4	12	1100	14	C
5	0101	5	5	13	1101	15	D
6	0110	6	6	14	1110	16	E
7	0111	7	7	15	1111	17	F

学习活动

活动1 通过网络或相关资料，了解除以上介绍的数制外，还有哪些数制？他们分别由什么组成和如何进行计算？

____

____

活动2 请将下列数制转换成相应数制。

① $(1011111.1001)_2=(\qquad)_{10}=(\qquad)_8=(\qquad)_{16}$

② $(100011001.11110)_2=(\qquad)_{10}=(\qquad)_8=(\qquad)_{16}$

③ $(141.123)_8=(\qquad)_2=(\qquad)_{10}=(\qquad)_{16}$

④ $(141.123)_8=(\qquad)_2=(\qquad)_{10}=(\qquad)_{16}$

⑤ $(269)_{16}=(\qquad)_2=(\qquad)_{10}=(\qquad)_8$

活动3 将以下数制转换成十进制。

① $(10110.01)_2=$____________________________。

② $(216.5)_8=$____________________________。

③ $(2DA.8)_{16}=$____________________________。

知识拓展

我国在芯片领域一直存在弱项，被国际上的芯片强国“卡脖子”，为了解决这个难题，我国总投资4 898亿元，在上海建立完整的芯片产业链，中国“东方芯港”项目的落地代表着国产芯片加速发展，中国芯将逆风翻盘。请扫码二维码查看具体内容。

职场融通

小龙计划利用假期的时间，前往计算机硬件制造工厂观摩，了解硬件是如何表示信息的，并请教相关技术人员，其他同学得知后，纷纷表示自己也有许多疑惑，希望小龙一并请教工厂的技术人员。现请同学们将自己心中的疑惑填写在下方。

____

____

能力评价

回顾本任务的学习情况，根据评价内容填写掌握程度，并填写自我反思表。

评价内容	自我评价	学生互评	教师评价
数制的概念	5分□ 3分□ 2分□	5分□ 3分□ 2分□	5分□ 3分□ 2分□
信息的表示方法	5分□ 3分□ 2分□	5分□ 3分□ 2分□	5分□ 3分□ 2分□
计算机的单位	5分□ 3分□ 2分□	5分□ 3分□ 2分□	5分□ 3分□ 2分□
进制的转换方法	5分□ 3分□ 2分□	5分□ 3分□ 2分□	5分□ 3分□ 2分□

	优点	不足	改进措施
自我反思			

[任务三]

NO.3

认识计算机语言

微课

情景导入

小龙利用假期参观了本专业的校企合作单位，知道了企业通过使用计算机提高了生产的效率。参观结束时，小龙带着疑问向工作人员请教："计算机没有耳朵，不懂我们人类的语言，那它是如何听懂你下达的指令并执行的呢？"工作人员耐心解释道："我是通过专门的计算机语言与它进行沟通，让它理解我的指令并进行相应的处理。”小龙回到学校，准备自行了解什么是计算机语言。

任务目标

1.了解计算机语言的概念；

2.了解计算机语言的分类；

3.掌握机器语言、汇编语言、高级语言的特点。

知识链接

一、什么是计算机语言

计算机语言（Computer Language）是指用于人与计算机进行沟通交流的语言，是人与计算机之间信息传递的媒介。通过一套特定的字符和语法规则组成计算机能够识别的各种指令，使得计算机可以听懂人们传递的指令，进而进行各类运算和处理。

二、计算机语言的分类

计算机语言可以从不同的方面进行分类，其中根据与计算机硬件的联系程度进行分类最为常见，可将其分为机器语言、汇编语言、高级语言三类。

1.机器语言

机器语言又称为低级语言，是计算机不需要编译解释就能够直接识别的语言，是由0和1组成的一串代码指令。机器语言虽然执行效率高，但机器语言的编写工作量大、烦琐，难于记忆又容易出错，调试和维护困难，直观性差，移植困难。

2.汇编语言

汇编语言是为了克服机器语言的缺点而产生的，通过利用助记符来代替操作码，用地址符号来代替操作数，从而减少工作量，便于程序调试和修改，需要注意的是汇编语言并不能直接被计算机所识别，需要通过编译成为机器语言后才可以被计算机识别和处理。汇编语言虽然克服了机器语言的缺点，仍然保留了执行效率高、占用存储空间少的优点，但汇编语言还是面向机器的语言，具有移植困难和通用性差的缺点。

3.高级语言

高级语言是一种面向对象或面向过程的语言，采用自然语言和自然语言规定的语法体系，更接近人们的思维习惯，便于人们理解和编写。例如，计算1+2并把结果赋值给变量s，在C语言中便可表示为：s=1+2。计算机要识别高级语言，需要将高级语言经过编译后生成目标文件，计算机连接目标文件后才可以运行。

高级语言具有编写容易，便于理解、维护，可读性高，可移植性好的特点，我们熟知的C、C++、Java、Python、Pascal、Lisp、Prolog、FoxPro等都属于高级语言。

阅读有益

高级语言可以分为两类：面向对象的语言和面向过程的语言。

面向对象的语言是指在解决问题时，以对象作为核心，将对象作为解决问题的基本结构的程序设计语言。例如，用锅炒菜，是以“炒菜的人”和“锅”作为对象，分别给“人”和“锅”赋予一定的属性和方法，即先抽象出相应的对象，然后利用对象执行方法的方式解决问题。C++、Java等语言均属于面向对象的语言。

面向过程的语言是指在解决问题时，注重于解决问题的过程和步骤，需将问题的步骤具体分析出来，然后按照顺序一步一步地解决问题的程序设计语言。例如，用锅炒菜，是先备菜，然后热锅放油，再将备好的菜放入锅中翻炒，最后加入调味料，盛出，以此顺序来解决问题。C、Fortran、Basic、Pascal等语言均属于面向过程的语言。

学习活动

活动1 通过前面的学习，我们了解到计算机语言通常分为三类，请在下表填写它们各自的优势和劣势。

语言	优势	劣势
机器语言		
汇编语言		
高级语言		

活动2 请同学们通过网络查询目前市场主流的计算机程序设计语言及其特点和用途，以及市场对相关人才的需求量等内容。将查询的结果填写在下表中。

程序设计语言	优势	劣势	用途	人才需求量	其他

活动3 通过活动2我们了解了目前主流的计算机程序设计语言。那你对哪一种语言最感兴趣，并分析你在学习这个语言的过程中有何优势，填写在下面。

____

____

知识拓展

操作系统是计算机的灵魂，2023年7月5日，中国首个开源桌面操作系统“开放麒麟1.0”正式发布。该系统由国家工业信息安全发展研究中心等单位指导推动研发，它的发布将有助于推动面向全场景的国产操作系统迭代更新，为政务、金融、通信、能源、交通等关系国计民生的重要行业提供基础安全保障。扫描二维码，查看具体内容。

职场融通

小龙从专业老师处了解到每年全国或者省市都有关于计算机程序设计语言方面的技能比赛。小龙对此非常感兴趣，想要通过比赛提高自己的专业技能。但是小龙对比赛项目了解甚少，请同学们利用网络或其他资源帮助小龙获取关于计算机程序设计语言方面的比赛信息，填写下表。

比赛项目	涉及语言	赛事等级	比赛要求

能力评价

回顾本任务的学习情况，根据评价内容填写掌握程度，并填写自我反思表。

评价内容	自我评价	学生互评	教师评价
计算机语言的概念	5分□ 3分□ 2分□	5分□ 3分□ 2分□	5分□ 3分□ 2分□
计算机语言的分类	5分□ 3分□ 2分□	5分□ 3分□ 2分□	5分□ 3分□ 2分□
机器语言	5分□ 3分□ 2分□	5分□ 3分□ 2分□	5分□ 3分□ 2分□
汇编语言	5分□ 3分□ 2分□	5分□ 3分□ 2分□	5分□ 3分□ 2分□
高级语言	5分□ 3分□ 2分□	5分□ 3分□ 2分□	5分□ 3分□ 2分□

	优点	不足	改进措施
自我反思			

项目二 / 认识计算机的基本组成

项目概述：

随着信息技术的飞速发展，计算机已被广泛应用于各个领域，为人们完成各类工作提供了巨大的帮助。绝大多数人会使用计算机完成相关工作，但真正了解计算机基本组成的人却很少。本项目主要学习计算机系统的组成、计算机基本结构原理、计算机基本硬件及其技术参数、如何选购并组装计算机。

学习目标：

+ 掌握计算机系统的组成；
+ 理解计算机基本结构原理；
+ 了解计算机硬件系统与软件系统的关系；
+ 理解计算机基本硬件的技术参数；
+ 能正确识别和选购计算机硬件；
+ 能组装计算机。

思政目标：

+ 引导学生树立正确的学习观、价值观；
+ 提升学生的职业道德素养及遵守信息技术行业规范的意识；
+ 提升学生对国产品牌的认知，增强文化自信和民族自豪感。

[任务一]

NO.1

认识计算机系统

微课

情景导入

暑假，小龙来到表哥家做客，发现表哥家中有一台外观十分炫酷的计算机。作为计算机专业的学生，小龙充满羡慕和好奇。虽然他已经知道了计算机是如何诞生的，但还不知道一台完整的计算机是由哪些零部件构成的。表哥决定带领小龙一起了解计算机系统的组成。

任务目标

1.了解计算机系统的组成；

2.能正确识别计算机硬件系统中的部件；

3.理解冯·诺依曼原理的三大要点；

4.掌握计算机的基本工作原理；

5.理解计算机硬件系统与计算机软件系统的关系。

知识链接

一、计算机系统

计算机系统（Computer System）是指用于数据库管理的计算机硬件、软件及网络系统的集合。计算机系统主要由硬件系统和软件系统两大部分组成，如图2-1-1所示。硬件系统是组成计算机系统的各种物理设备的总称，主要指一些机械部件等实体。软件系统是为运行、管理和维护计算机而编制的各类程序、数据以及文档的总称，它可以提高计算机的工作效率，增强计算机的实用性并扩大其功能。

二、计算机硬件系统的组成

1.主机部分

● 中央处理器：又称为中央处理单元（Central Processing Unit，CPU，图2-1-2），是一块超大规模集成电路，由运算器和控制器两部分组成，它是计算机的核心组成部件之一。运算器的主要功能是对二进制数据进行算术运算和逻辑运算，所以也称为算术逻辑单元。控制器则执行程序代码，发出控制信号，指挥计算机各部件协调工作，以完成数据处理任务，是整个计算机的控制枢纽。

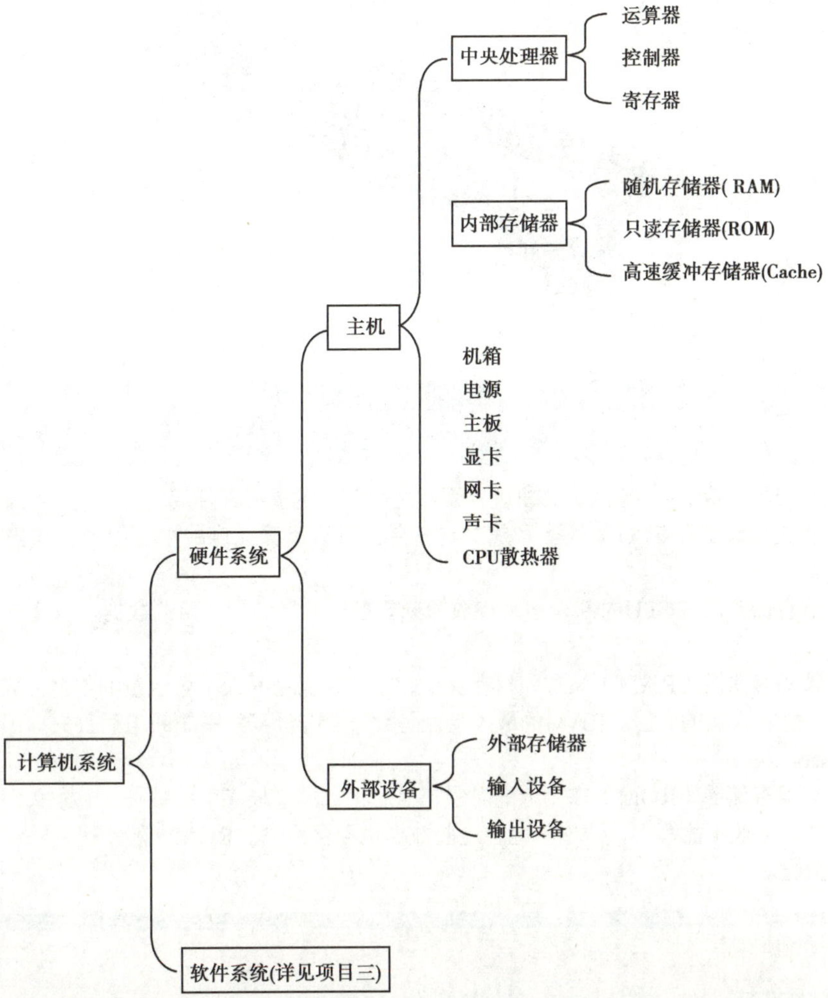

图 2-1-1　计算机系统的组成

(a) CPU正面　　(b) CPU针脚面

图 2-1-2　CPU

● 内部存储器：又称为主存储器，是CPU能直接访问的存储器（简称内存），按其读写功能，可分为读写存储器（Random Access Memory，RAM）和只读存储器（Read Only Memory，ROM）。我们常说的内存多指读写存储器，表示既可以从中读取数据，也可以写入数据，如图2-1-3所示。

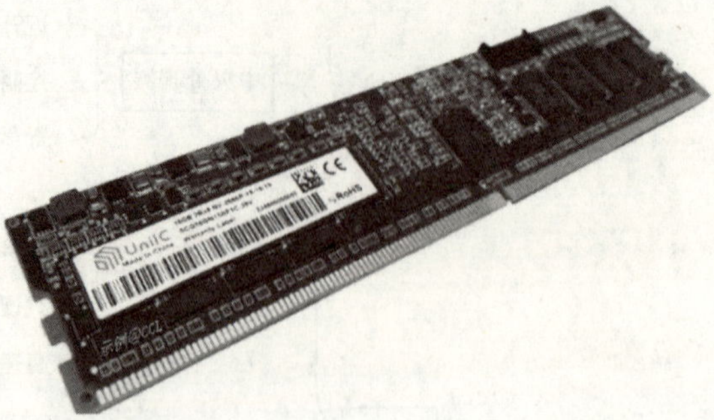

图 2-1-3　内存

阅读有益

中央处理器和内存是构成计算机硬件系统主机部分的重要部件。

● 中央处理器（CPU）的型号是决定一台计算机运算速度的主要因素，相当于人类的大脑。

● 寄存器集成在CPU内部，用来存放即刻要执行的指令和使用的数据，速度一般与CPU匹配。

● 读写存储器（RAM）又称随机存储器，它的存储空间大小可以影响整个计算机系统的运行速度，好比人类的心脏。RAM的最大特点是数据会在计算机系统断电后丢失，因此被称为随机存储器。

● 只读存储器（ROM）在制造的时候，信息（数据或程序）就被存入并永久保存，这些信息只能读，一般不能写入，即使停电，这些数据也不会丢失。ROM一般用于存放计算机的基本程序和数据。

做一做

填写随机存储器和只读存储器的特征和区别。

名称	基本特征	主要区别
随机存储器（RAM）		
只读存储器（ROM）		

除CPU和内存以外，主机部分一般还包括：机箱、电源、主板、显卡、网卡、声卡、CPU散热器等硬件设备。

● 机箱：主机的外壳，为主机内的部件提供一个稳固的安装支架，同时免受外界电磁场的干扰。通常用钢板和塑料结合制成，如图2-1-4所示。机箱主要由前面板和后面板组成，一般包括外壳、支架、面板上的各种开关、指示灯等部分。

● 电源：也称为电源供应器，是计算机必备的器件，其主要任务是将220 V的交流电转换为计算机使用的直流电。一般安装在计算机机箱内，为计算机的众多部件提供电源，如图2-1-5所示。

图 2-1-4　机箱

图 2-1-5　电源

● 主板：又称主机板、系统板以及母板，是承载CPU、内存并提供扩展槽和外设接口的电路板，如图2-1-6所示。主板能提供一系列接合点，用于处理器、显卡、声卡、硬盘、存储器、外部设备等设备的接合。主板的类型和档次决定了整个微机系统的类型和档次，主板的性能会影响整个计算机系统的性能。

图 2-1-6　主板

● CPU散热器：将CPU产生的热量传递至机箱外，是保持CPU稳定运行的散热装置，通常由散热片、风扇和散热材料组成，如图2-1-7所示。主机箱内需要散热的部件很多，如CPU、显卡、主板芯片、内存等都需要散热，但一般会单独配置的是CPU的散热器，也是计算机系统最常见的散热装置。

图 2-1-7　CPU 散热器

图 2-1-8　显卡

● 显卡：全称为显示接口卡，又称显示适配器、图形加速卡，是主机与显示器之间连接的“桥梁”，其作用是将主机的显示信号送到显示器，它的性能优劣直接影响计算机的显示品质，如图2-1-8所示。显卡可分为核芯显卡、集成显卡和独立显卡三类。

● 网卡：一块被设计用来允许计算机在网络上进行通信的硬件。它使得用户可以通过电缆或无线信号连接到Internet，从而获得网络信息。根据是否连线，网卡可分为有线网卡和无线网卡两种，如图2-1-9和图2-1-10所示。根据主板是否集成，网卡可分为独立网卡和集成式网卡。

图 2-1-9　有线网卡

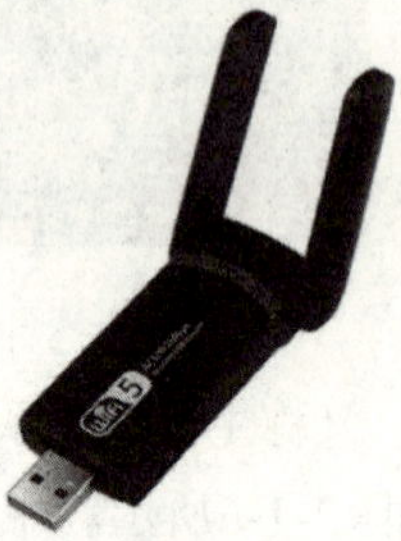

图 2-1-10　无线网卡

● 声卡：也称为音频卡（声音适配器），是计算机多媒体系统中最基本的组成部分，是实现声波/数字信号相互转换的一种硬件。声卡的基本功能是把来自话筒、光盘的原始声音信号加以转换，输出到耳机、扬声器、扩音机、录音机等声响设备，如图2-1-11所示。

图 2-1-11　声卡

做一做

以下是构成计算机硬件系统的常见部件，请你查找相关资料，描述各部件的特征和作用。

图片	中文名称	基本特征和作用
	CPU	
	内存	

续表

	机箱和电源	
	主板	
	CPU散热器	
	显卡	
	网卡	
	声卡	

2.外部设备

- 外部存储器：中央处理器不能直接访问的存储器，也称为辅助存储器，一般容量较大，速度比内存慢。外部存储器中的信息必须调入内存后才能被中央处理器处理。常用的外部存储器有硬盘、光盘、U盘等。

硬盘：计算机中容量最大的外部存储器，用来存储大量和永久性的数据。硬盘是由一个或者多个铝制或者玻璃制的碟片组成，这些碟片外覆盖有铁磁性材料，按其内部构造的不同，可分为固态硬盘（Solid State Drive，SSD，新式硬盘，图2-1-12）、机械硬盘（Hard Disk Drive，HDD，传统硬盘，图2-1-13）、混合硬盘（Hybrid Hard Drive，HHD）三种。固态硬盘采用闪存颗粒来存储数据，机械硬盘采用磁性碟片来存储数据，而混合硬盘是把磁性碟片和闪存颗粒集成到一起的一种硬盘。

光盘：一种以光信息作为存储载体来存储数据的存储设备，如图2-1-14所示。一张CD光盘的容量为650～800 MB，一张单层的DVD光盘的容量可达4.7 GB。目前主流的是BD光盘（即蓝光光盘，容量可高达50 GB）。根据使用的光盘驱动器不同，光盘可分为可读写的光盘（如CD-RAM、DVD-RAM等）和只能读不能写的光盘（如CD-ROM、DVD-ROM等）。

图 2-1-12　固态硬盘

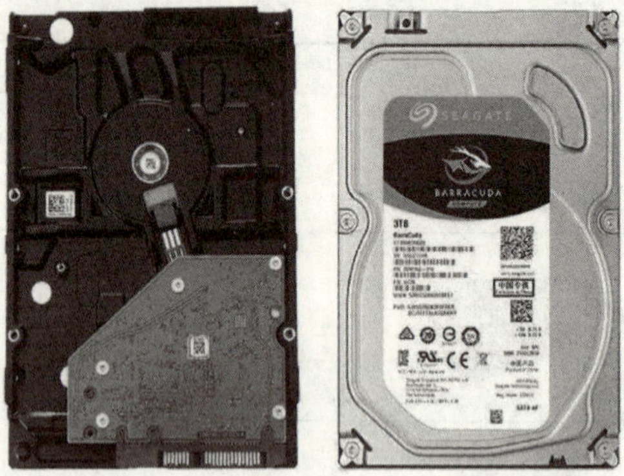

图 2-1-13　机械硬盘

U盘：又称优盘，中文全称为“ USB 闪存盘 ”，是一种小型的移动存储设备，通过USB接口与计算机连接，实现即插即用。U盘主要用于存储照片、资料、音视频等，一般只有拇指大小，如图2-1-15所示。U盘主要由外壳与机芯两部分组成，因其有占用空间小、传输速度快、存储容量大、价格便宜、性能可靠等优点被人们广泛使用。

图 2-1-14　光盘

图 2-1-15　U 盘

阅读有益

移动硬盘：一种以硬盘为存储介质，在计算机之间交换大容量数据，强调便携性的存储设备，如图2-1-16所示。其主要采用USB或IEEE1394接口，可以随时插拔，体积小巧，便于携带，可以较高的速度与系统进行数据传输。

网盘：由互联网公司推出的在线存储服务，又称网络U盘、网络硬盘。我们可以把网盘看成一个放在网络上的U盘或硬盘，不管你身在何处，只要能连接到Internet网络，就可以在线管理、编辑网盘里的数据和文件，不需要随身携带，更不怕数据丢失，实现在线读取及使用。

图 2-1-16　移动硬盘

做一做

计算机系统中常见的外部存储器有多种，请你查找相关资料，填写下列表格。

示例图	中文名称	分类	基本特征和作用
	硬盘		
	光盘		
	U盘		
	移动硬盘		
	网盘		

● 输入设备：用户或其他设备向计算机输入数据和信息的机械部件，是用户和计算机系统之间进行信息交互的主要设备之一。常见的输入设备有键盘、鼠标等。

键盘（Keyboard）：计算机最常用的，也是最主要的输入设备，用于向计算机输入指令和数据。台式机的键盘可以根据按键数、按键工作原理、键盘外形等进行分类。键盘的按键数曾出现过83键、87键、93键、96键、101键、102键、104键、107键等。常规的键盘按键有机械式按键和电容式按键两种。键盘按外形可分为标准键盘（图2-1-17）和人体工程学键盘（图2-1-18）。键盘按照连接方式可分为有线键盘和无线键盘两种，有线键盘的接口以PS/2和USB为主，最常用的是USB接口。如今，市场上的夜光键盘（图2-1-19）非常受欢迎。

图 2-1-17　标准键盘

图 2-1-18　人体工程学键盘

图 2-1-19　夜光键盘

鼠标：计算机的一种外接输入设备，因外形似老鼠而得名，是计算机显示系统纵横坐标定位的指示器。鼠标的使用可以使计算机的操作更加简便快捷，主要代替键盘烦琐的指令。鼠标按其内部构造可分为机械式鼠标（图2-1-20）和光电式鼠标（图2-1-21）两种。鼠标按有无连接线又可分为有线鼠标（接口以PS/2和USB为主）和无线鼠标（图2-1-22）。

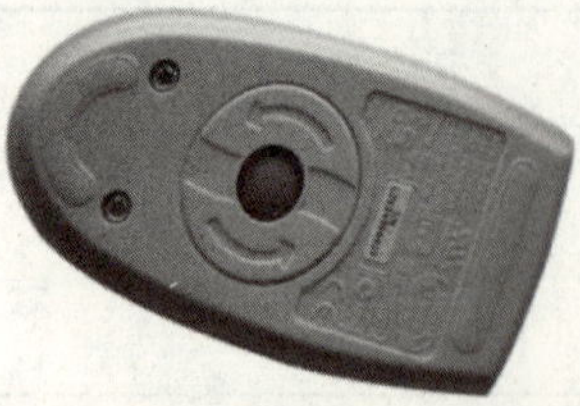

图 2-1-20　机械式鼠标

图 2-1-21　光电式鼠标

图 2-1-22　无线鼠标

做一做

请你说说身边还有哪些电子设备属于输入设备。

____

做一做

计算机系统中常见的输入设备有多种，请你查找相关资料，填写下列表格。

名称	分类方式	类型
键盘		
鼠标		

● 输出设备：将计算机内部各种计算数据或信息以数字、字符、图像、声音等形式表现出来，实现数据的输出显示、打印、声音播放等，是计算机硬件系统的终端设备。常见的输出设备有显示器、打印机、音箱、耳麦等。

显示器：一种接收计算机内部信号并形成图像的电子输出装置，是计算机的标准输出设备。它可以将一定的电子文件通过特定的传输设备显示到屏幕上，再反射成人眼可见的图像。目前，显示器有液晶（LCD）显示器（图2-1-23）、LED显示屏（图2-1-24）和3D显示器等。现在使用最多的是液晶显示器，而3D显示器一直被公认为显示技术发展的终极梦想。

图 2-1-23　液晶显示器

图 2-1-24　LED 显示屏

做一做

请你查找相关资料，了解LCD显示器和LED显示屏的特点，填写下列表格。

分类	LCD显示器	LED显示屏
优点		
缺点		

打印机：用于将计算机处理的结果打印在相关介质上。常见的打印机有针式打印机（2-1-25）、喷墨打印机（图2-1-26）、激光打印机（图2-1-27）三种。针式打印机成本最低，打印介质广，但打印质量差，噪声大；喷墨打印机价格低，噪声较小，打印速度快，打印质量好，但对打印纸张要求较高，打印成本较高；激光打印机打印速度快，打印质量好，噪声小，但价格昂贵，打印成本较高。

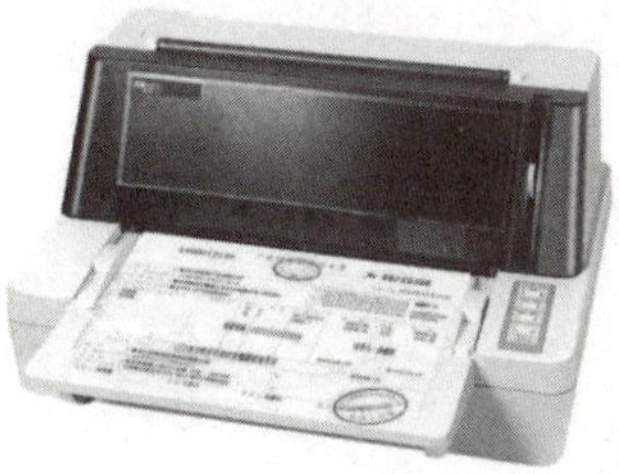

图 2-1-25 针式打印机

图 2-1-26 喷墨打印机

图 2-1-27 激光打印机

阅读有益

3D打印技术：由计算机辅助设计模型（Computer Aided Design，CAD）直接驱动的，运用金属、塑料、陶瓷、树脂、蜡、纸、砂等材料，在快速成形设备里分层制造任何复杂形状的物理实体的技术。通过3D打印设备分层堆积，最后可以形成一个三维的实物。该技术已经在珠宝、鞋类、工业设计、建筑、汽车、航空航天、医疗、教育以及其他领域得到广泛应用。3D打印需要使用专用的3D打印机，如图2-1-28所示。

2020年5月5日，中国首飞成功的长征五号B运载火箭上搭载着"3D打印机"。这是中国首次开展太空3D打印实验，也是国际上第一次在太空中开展连续纤维增强复合材料的3D打印实验，如图2-1-29所示。

图 2-1-28 3D 打印机

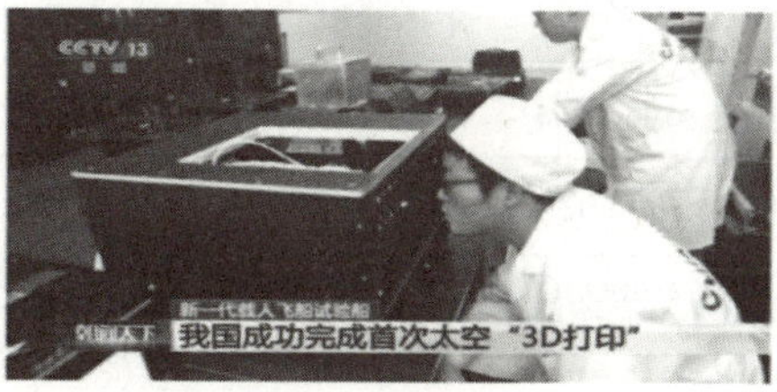

图 2-1-29 我国第一次太空"3D 打印"

音箱：把音频电能转换成相应的声能，并把它辐射到空间中，是一种用于输出声音的设备。音箱按有无接线可分为有线音箱（图2-1-30）和无线音箱（图2-1-31）。

图 2-1-30　有线音箱

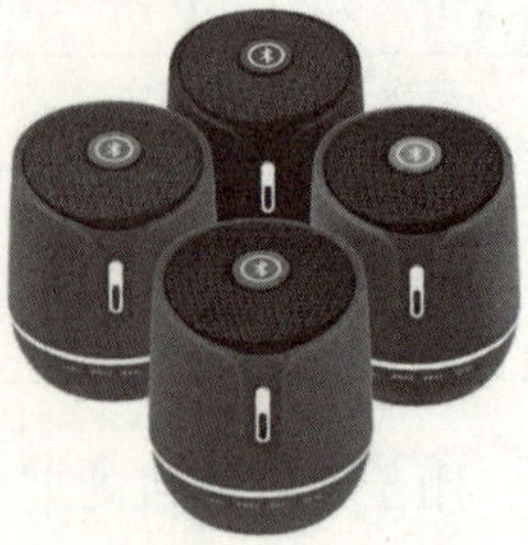

图 2-1-31　无线音箱

耳麦：耳机和麦克风的集合。麦克风用于接收声音，耳机用于播放声音。耳麦按有无接线可以分为有线耳麦（图2-1-32）和无线耳麦（图2-1-33）。

图 2-1-32　有线耳麦

图 2-1-33　无线耳麦

做一做

请你说说身边还有哪些电子设备属于输出设备。

做一做

计算机系统中常见的输出设备有多种，请你查找相关资料，填写下列表格。

名称	分类	基本特征和作用
显示器		
打印机		
音箱		

3.计算机基本结构原理

1945年，美籍匈牙利数学家冯·诺依曼提出电子计算机基本硬件结构由运算器、控制器、存储器、输入设备和输出设备五个部分组成。计算机在运行时，先从计算机内存中取出指令代码（由二进制组成），通过控制器的译码，按指令的要求再从存储器中取出数据进行指定的运算和逻辑操作等处理，然后再把结果存入内存中指定的地址。接下来，再取出第二条指令，在控制器的指挥下完成规定操作，依此进行下去，直至指令完结。那么，数据和程序主要存储在计算机的存储器中，计算机就在程序的控制和指挥下自动协调、完成数据的处理工作。

计算机基本工作原理可以理解为：首先输入程序和数据，调入内存储器中暂时保存，按计算机内部的存取指令执行操作，最后计算机根据指令自动地完成相关工作。计算机数据处理基本流程如图2-1-34所示。

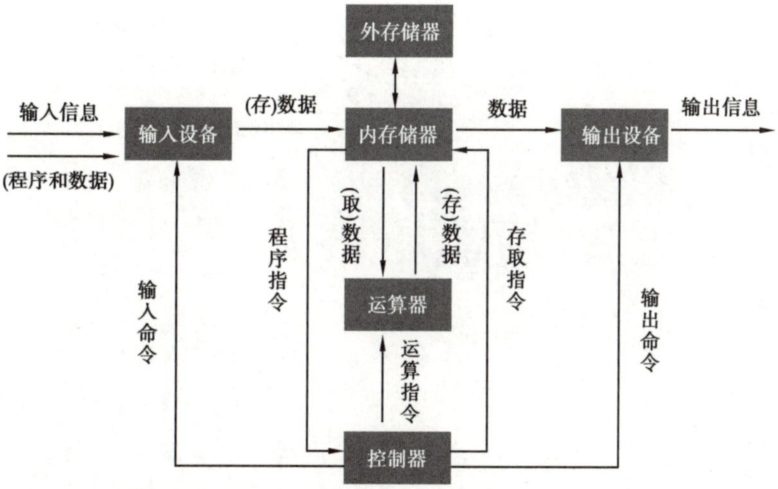

图 2-1-34　计算机数据处理基本流程

阅读有益

现代计算机硬件系统大部分都是建立在冯·诺依曼体系结构之上的，因此，计算机基本结构原理又被称为冯·诺依曼原理。冯·诺依曼原理最重要的三大要点基本可以总结如下：

- 计算机基本硬件系统由运算器、控制器、存储器、输入设备、输出设备五大部分组成。
- 计算机内部的指令代码采用二进制形式存储。
- 数据和程序存储在计算机内部，计算机在程序的控制和指挥下自动协调工作。

阅读有益

笔记本电脑虽然在外观上和台式机有着很大差异，但是内部构造其实相差无几，都是由计算机基本硬件系统的五大部分构成。现阶段笔记本电脑采用全内置方式，硬盘、内存、电池、显卡、光驱等以接口的方式与主体相连，体积小，携带方便，在框架设计工艺上也更加精细。

4.硬件系统和软件系统的关系

计算机的硬件系统和软件系统缺一不可。硬件建立了计算机能运行的物质基础，它的档次决定了计算机性能的高低；而计算机能否完成某一任务，取决于是否有合适的软件。只有硬件而没有配备任何软件的计算机，被称为“裸机”。

与计算机硬件系统直接接触的是操作系统，它处于硬件与其他软件之间，表示它可以向下控制硬件，向上支持其他软件。在操作系统之外的各层分别是语言处理程序、数据库管理系统、各种功能软件，最外层才是用户最终使用的应用软件。计算机硬件系统和软件系统的关系层次如图2-1-35所示。

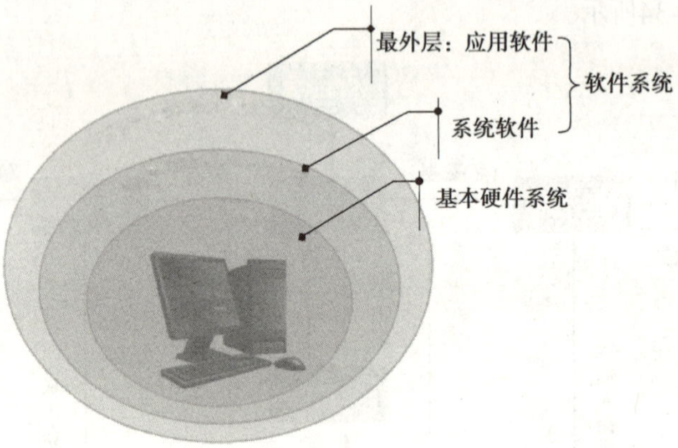

图 2-1-35　计算机硬件系统和软件系统的关系层次图

学习活动

活动1　计算机硬件系统中的常见外部设备有哪些？请你查找相关资料，独自完成下表。

分类	硬件名称	功能和作用
外部存储器		
输入设备		
输出设备		

活动2　计算机基本硬件系统由五大部分组成，请你根据所学内容，独自完成下表。

分类	功能和作用
运算器	
控制器	
存储器	
输入设备	
输出设备	

活动3 请你列出常见家用计算机的基本硬件。

____

职场融通

通过本任务的学习，小龙同学感触颇深，立志要像表哥一样成为一名计算机行业的专业技术人才。请你根据所学专业以及自身实际情况，填写下列表格。

	自我认识	行业认识	职业目标	努力方向
职业生涯目标				

能力评价

回顾本任务的学习e情况，根据评价内容填写掌握程度，并填写自我反思表。

评价内容	自我评价	学生互评	教师评价
计算机系统的组成	5分□ 3分□ 2分□	5分□ 3分□ 2分□	5分□ 3分□ 2分□
计算机硬件系统的组成	5分□ 3分□ 2分□	5分□ 3分□ 2分□	5分□ 3分□ 2分□
计算机基本结构原理	5分□ 3分□ 2分□	5分□ 3分□ 2分□	5分□ 3分□ 2分□
硬件系统和软件系统的关系	5分□ 3分□ 2分□	5分□ 3分□ 2分□	5分□ 3分□ 2分□

	优点	不足	改进措施
自我反思			

[任务二]

NO.2

计算机常见硬件配置

微课

情景导入

为满足小龙的好奇心和求知欲，表哥向其展示了自己的计算机配置清单（表2-2-1），并告诉小龙，选购计算机要结合自身需求综合考虑，不能一味盲目跟从和追求高端。为增强专业知识技能，拓展眼界，小龙决定跟随表哥来到电脑城进行实践探究。电脑城里各种品牌、各种型号的硬件产品琳琅满目，对于商家口中的专业术语，小龙更是似懂非懂。本任务将带领大家一起学习计算机各硬件的主要技术参数，识别和选购计算机硬件，最后配置一台适合自己的计算机。

表2-2-1 计算机配置清单

配件名称	品牌型号	参考价格/元
主板	华硕PRIME B660M-K D4	899
CPU	Intel Corei5-12400F 单核睿频4.4 GHz	1 189
CPU散热器	九州风神 玄冰400 V5ARGB白色	125
内存	金士顿FURY 16 GB DDR4 3 200单条	470
显卡	华硕EX-RX580 2 048 8 GB GDDR5	939
硬盘	希捷固态2 TB 7 200 rpm SATA 6 Gb/s	429
机箱	爱国者T19黑色 玻璃侧透 台立式机箱	229
电源	游戏悍将 熊猫SP750银牌电源（额定750 W）	249
显示器	Redmi 1 A 23.8英寸 液晶（16：9宽屏）	529
键盘、鼠标	罗技MK540 键鼠套装 无线	219
总计		5 277

任务目标

1.理解计算机各硬件的主要技术参数；

2.能正确识别和选购计算机硬件；

3.能根据用户需求配置一台计算机，并列出配置清单。

知识链接

一、计算机各硬件的主要技术参数

1.主板的主要技术参数

主板就像地基，用于支持计算机系统中各个硬件的正常运行。主板为计算机其他部件提供插槽和接口，几乎所有的计算机硬件都要连接在主板上，所以要求主板质量好。它不仅决定了计算机系统性能的好坏，还对计算机运行的稳定性和耐用性起着重要影响。选购时可以考虑以下参数：

● 规格：目前，市场上主要有ATX、Micro ATX、Mini ITX等几种主流规格。ATX主板插槽多，扩展性强，且拥有更好的散热效果，但价格较高。而Micro ATX和Mini ITX规格的主板体积较小，集成度高，经济实惠，适用于轻薄便携电脑或办公电脑。因此，主板规格要根据需求而定。

● CPU插座：主板必须考虑与特定CPU型号兼容和匹配的问题，包括CPU接口类型、针脚数等。

● 内存插槽：一般是主板上最长的插槽，用来连接内存条。主板的内存插槽容量决定了可以安装的内存条数量。

● 芯片组：主板上的芯片很多，但最重要的是南、北桥芯片，被称为“芯片组”。芯片组是决定主板性能和功能以及档次的重要部件。北桥芯片：又称“主桥”，位于CPU旁边，是主板最为核心的芯片，主要负责CPU、内存、显卡三者之间的“交通”，保证三者的数据传输。南桥芯片：负责I/O总线之间的通信，如PCI总线、USB、SATA等外围设备接口管理等。

● 扩展槽：又称总线插槽或总线扩展槽，是主板上总线的延伸，用来连接显卡、声卡等外部设备。扩展槽的数目反映了主板的扩充能力。扩展槽的类型由系统总线决定，主要类型有PCI、AGP、PCI-E，见表2-2-2。

表2-2-2 总线扩展槽主要类型

类型	主要作用
PCI	外围设备互联总线。一般呈乳白色，在主板上所占面积最大。主要用于连接声卡、网卡、股票接收卡等PCI接口卡
AGP	加速图形接口。在PCI总线基础上发展起来的，通常为棕色，主要接显卡。目前AGP插槽已逐渐淘汰，取代它的是PCI Express插槽，即PCI–E系列
PCI-E	扩展外围设备互联总线。新一代总线接口，采用点对点的多通道串行传输，数量和类型因主板型号而异，一般规格有X1、X4、X8、X16、X32等

● 其他外围设备接口：如IDE接口（主要接IDE接口设备，如光驱）、SATA接口（主要接SATA接口设备，如硬盘）、M.2接口（安装SSD等高速存储设备）、电源接口（为主板

供电，一般为白色20针插座）、I/O设备接口（在主板的最边上，主要用于接输入设备和输出设备，如鼠标、键盘、耳麦、音箱、打印机、USB接口设备等）。

●品牌：根据支持CPU的能力，主板有Intel和AMD两大主流品牌。随着我国信息技术的不断发展，市场上可以见到多种国产品牌的主板，如华硕/ASUS、技嘉/GIGABYTE、微星/msi、七彩虹/Colorful、华擎/ASROCK、玩家国度/ROG、昂达/ONDA、影驰/GALAXY、精英/ECS等。

主板结构如图2-2-1所示。

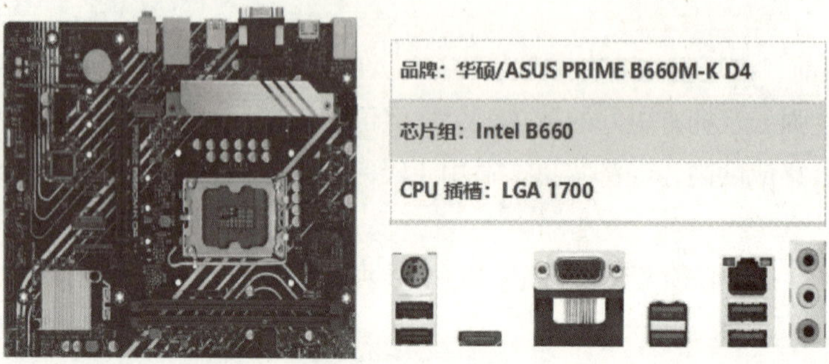

图 2-2-1 主板结构

阅读有益

选购主板时除了要认真考虑上述主要技术参数外，还应了解以下内容：

● 其他芯片：主要有BIOS芯片和I/O芯片。BIOS（Basic Input Output System）基本输入输出系统，能让主板识别各种硬件，是设置引导系统的一组程序，一般被固化到ROM当中。I/O芯片主要负责控制软件驱动、打印口、键盘、鼠标等输入输出设备接口。

● 纽扣电池：主要满足BIOS在计算机断电时的供电需求，保证BIOS的配置信息长时间保存。

● 跳线：

电源按钮接口："PWR SW" "power PWR"字样。

复位按钮接口："RSR" "Rest SW" "Reset SW"字样。

电源指示灯："power LED" "P LED" "PWR LED"字样。

硬盘指标灯："H.D.D. LED" "HDD LED+"和"HDD LED−"字样，分红白两线，"+"接红线，"−"接白线。

扬声器："SPEAKER" "Speaker" "SPK"字样。

● 电容、电阻和散热片：主板上数量较多的元器件就是电容、电阻以及散热片。电容、电阻主要起整流作用，控制主板上的电压、电流大小，给主板芯片及接口提供稳定的电流。散热片的作用是给主板散热，散热片越多说明主板散热能力越强，数量根据主板大小和结构而定，分布合理为宜。

做一做

请你查询网络资料，列举表格中各品牌主板的代表产品及型号。

品牌名称	品牌标识	国家	主要产品型号（主板）
华硕/NSUS	ASUS	中国	
技嘉/GIGABYTE	GIGABYTE	中国	
微星/msi	msi	中国	
七彩虹/Colorful	COLORFUL 七彩虹	中国	
华擎/ASROCK	ASRock	中国	

2.CPU的主要技术参数

CPU是一台计算机的大脑和神经中枢，是一台计算机的运算核心和控制核心，其性能强弱是决定整台计算机性能的重要因素。选购时可以考虑以下参数：

● 字长：又称机器字长，是CPU在单位时间内一次性处理二进制数的位数，其衡量单位是位（bit）。字长的大小直接反映计算机的数据处理能力，字长的数值越大，CPU一次可处理的二进制数据位数就越多，其运算能力就越强。字长一般有8、16、32、64、128位，当前主流是64位。

● 主频：又称时钟频率，用于表示CPU内部数字脉冲信号振荡的速度，即CPU执行指令的频率，单位是Hz（赫兹）。主频越高，其处理数据的速度就越快。目前CPU主频通常在2 GHz到5 GHz之间。具体的频率取决于CPU的型号和制造商。

$$1\ \text{MHz}=1\times10^{6}\ \text{Hz} \qquad 1\ \text{GHz}=1\times10^{3}\ \text{MHz}$$

● 处理核心：又称内核，CPU中心隆起的一块芯片，大多采用单晶硅做成。CPU所有计算、接收/存储命令、处理数据都由处理核心执行。因此，处理核心在很大程度上影响着计算机的运算速度。例如，Intel Core i7处理器有4个处理核心，Intel Core i5处理器有2个处理核心。这些核心可以同时处理多个任务，从而提高CPU的处理性能。目前CUP的核心数有4核、6核、8核以及12核。

● 缓存：位于CPU和主内存之间，用于暂时存放即刻参与运算的指令和数据的存储空间。缓存可分为L1缓存（一级缓存）、L2缓存（二级缓存）和L3缓存（三级缓存）三种。缓存容量较小，一般在几兆字节（MB）到几十兆字节（MB）之间，如2 MB、4 MB、8 MB、12 MB、16 MB、32 MB等。缓存的大小在某种程度上会对CPU的性能有很大的影响。

● 外频：CPU的基准频率，是指CPU与主板之间同步运行的速度，它通常为系统时钟频率的倍数。外频是CPU乃至整个计算机系统的基准频率，单位是MHz（兆赫兹）。外频是衡量PCI及其他总线频率的一个重要指标，且可以影响主板的运行速度。

● 倍频：倍频系数，它是主频与外频之间的倍数，主频=外频×倍频。在相同的外频下，倍频系数越高，CPU的时钟频率也就越高。

做一做

若已知一款CPU的外频是220 MHz，倍频为11，计算该CPU的主频。

____

●接口类型：CPU与主板连接的接口，取决于其针脚数目和插槽类型。CPU接口主要经历过四个类型：引脚式、插卡式、针脚式和触点式，目前主流为触点式接口。市场上常见的CPU接口类型包括AMD公司的Socket系列（如Socket AM4、Socket AM3+、Socket TR4）和Intel公司的LGA系列（如LGA 1151、LGA 1700、LGA 2066、LGA 1206、LGA 2011、LGA 2280）等。CPU的接口类型会直接影响与主板的兼容和性能表现，不同接口类型对应不同的CPU型号，不能混用。因此在选择CPU时一定要考虑接口类型是否与主板上的CPU插座匹配。

●品牌：CPU的主要品牌是Intel、AMD。目前，部分国产品牌也受到广大用户喜爱，如飞腾/PHYTIUM、龙芯/Loongson、紫光/Unis、申威、中科曙光等。

CPU外观如图2-2-2所示。

品　牌：__________

型　号：__________

主　频：__________

核心数：__________

缓　存：__________

接口类型：__________

图 2-2-2　CPU 外观

阅读有益

CPU的造假主要是把低频的CPU打磨（Remark）成高频的CUP后出售。这些被打磨的CPU有一些特征，我们可以根据这些特征加以辨别。

●凡是被打磨过的CPU，在CPU的正面标记处会有摩擦留下的痕迹。

●用手摩擦CUP表面的字迹，涂改后的字迹容易被擦掉。

●上机检验，把CPU的频率调高一、二个档次，如果出现死机、花屏等现象，质量可能有问题。

另外，在选购CPU时还会考虑选择盒装还是散装产品，前者有散热装置，后者没有。但在性能上两者没有本质区别，使用体验基本相同。

3.CPU散热器的主要技术参数

CPU散热器是不可或缺的计算机配件之一，选择合适的CPU散热器，对于保持CPU的稳定运行和整个计算机系统的正常运行非常重要。选购时可以考虑以下参数：

●散热方式：常见散热方式有风冷、水冷和液态金属散热等。首选风冷散热，一般都能满足需求，是最经济实惠的选择。水冷的散热效果会更好，但价格更高。液态金属散热器则是一种新型的散热方式。

● 散热器材质：不同材质的散热器，其散热性能有较大的差异，目前市场上铜制和铝制的散热器居多。铜的热传导性能更好，因此散热性能也更好。但因铜的密度更大，所以质量更大，成本更高，同时价格也会更高。铝制散热器，成本低廉，质量较小，但导热性稍差。

● 功率：风扇功率越高，散热效果越好。也就是说，在同样尺寸下，风扇转速越高，散热效果越好，同时产生的噪声也会越大。

● 风扇类型：一般指散热风扇采用的轴承，常见的有磁浮轴承、滚珠轴承、液压轴承。采用磁浮轴承的散热风扇在静音和散热效果方面会更好，但价格也会更贵，如果对散热没有太高需求，可以选择价格稍微便宜的采用滚珠轴承或者液压轴承的散热风扇。

● 炫彩灯效：有些CPU散热器具有炫彩效果，主要是通过LED灯或其他光源来营造出炫目的视觉效果（图2-2-3）。可以给计算机增添一份时尚感和个性化，更具吸引力。这并不是散热器的重要参数，可根据个人喜好而定。

图 2-2-3　CPU 散热器炫彩效果

● 品牌：九州风神/DEEPCOOL、超频三/PCCOOLER、酷冷至尊/CoolerMaster、利民/Thermalright、大水牛/BUBALUS、爱国者/aigo、华硕/ASUS、金河田/Golden Field、长城等。

做一做

CPU温度过高的原因可能有哪些？对计算机有什么影响？你会如何解决CPU温度过高的问题？

____

4.内存的主要技术参数

内存是计算机外围设备与CPU沟通的桥梁，用于暂时存储程序以及数据，起到缓冲和数据交换的作用。任何一台计算机如果不配置内存将无法正常工作。选购时可以考虑以下参数：

● 传输类型：指所采用的内存类型，不同传输类型的内存在传输速率、工作频率、工作方式、工作电压等方面都有所不同。市场中主要存在的内存类型有SDRAM、DDR SDRAM、RDRAM三种。常见的内存条类型是DDR SDRAM（Double Data Rate

SDRAM，双倍速率同步动态随机存储器），一般有DDR、DDR2、DDR3、DDR4、DDR5，使用较多的是DDR3和DDR4内存，其中DDR4速度更快，能耗更低，性能更好。

● 传输速率：内存模块所能达到的最高数据传输速率，通常由主板芯片组和内存本身的速度决定。在DDR4以后的内存则采用MT/s（每秒兆次传输）来衡量内存的传输速率，一般表示为MTs或GTs。MHz是频率单位，表示每秒振荡的次数。DDR速率 MTs（GTs）= 数据传输频率 MHz，比如：1 000 MHz=1 000 MT/s（每秒1 000兆次数据传输）。

1 Hz=1 T/s，1 MHz=1 MT/s，1 GT/s=1 000 MT/s

目前，DDR3传输速率在 800 ~ 1 600 MT/s，DDR4的传输速率可达2 133 ~ 3 200 MT/s。

● 容量：内存模块或芯片可以容纳的二进制信息量，单位是MB（兆字节）或GB（千兆字节）。内存容量越大，计算机能够处理的数据量就越大，系统的运行速度也会更快。目前，市场上常见的内存容量有4 GB、8 GB、16 GB、32 GB、64 GB，一些高端服务器或工作站使用的内存的容量可达128 GB或256 GB。对于一般用户而言，选择4 GB到16 GB的内存容量已经可以满足日常使用需求。

● 存取周期：指连续两次读或写操作所需的最短时间，单位为ns（纳秒）。目前内存的存取周期约为几到几十纳秒，存取周期越小，数据交换速度就越快。

● 接口：俗称金手指，主要实现内存条与主板的连接。金手指是内存条边缘的一排铜导电接触片，又习惯指为内存的针脚数（单位是Pin）。不同规格的内存条具有不同的针脚数，如DDR3的针脚数为240 Pin，普通DDR4的针脚数为284 Pin，DDR5的针脚数可达288 Pin。

品牌：金士顿/Kingston、美商海盗船/CORSAIR、影驰、联想/Lenovo、威刚/ADATA、七彩虹/Colorful、宇瞻/Apacer、三星/SAMSUNG、芝奇/G.SKILL、英睿达等。

内存外观如图2-2-4所示。

品　牌：________

型　号：________

容　量：________

传输类型：________

散热马甲：________

图 2-2-4　内存外观

阅读有益

选购内存时大家一般都会考虑容量、传输类型，还有其他一些参数也值得我们考量。

● 兼容性：在配置高频率内存条时，也需要有CPU和主板的频率支持。安装好内存后，计算机能够正常开机，不会黑屏、蓝屏，容量完全识别，计算机能正常使用即可。

● 内存芯片：内存条最重要的部件就是内存芯片，它的优劣直接影响整个内存模组的性能。

- PCB电路板：承载内存芯片的重要部件，其重要指标是层数及布线工艺。层数越多，信号抗干扰能力越强。

关于如何鉴别内存造假，可以注意以下几点：

- 对于Remark的内存，可以用手擦拭芯片，如果其标注文字有褪色，就是假的。
- 对于将旧芯片组合成新芯片的情况，观察内存上的各块芯片，注意识别生产厂家、生产时间等信息，如果一块内存上所有芯片的标注不是显示的是同一厂家和同一生产时间，其肯定是假货。
- 名牌产品用料考究，做工精细，芯片排列整齐，而劣质内存的材质较差，做工粗糙，线路板的边缘不整齐，要注意观察。

做一做

请你说说笔记本电脑的内存和台式机电脑内存是否可以通用。为什么？

____

5.显卡的主要技术参数

显卡是计算机进行数模信号转换的设备，承担着输出显示图形的任务。显卡决定计算机显示处理的能力，同时决定主板类型是否为集成式。选购时可以考虑以下参数：

- 显示芯片：显卡最重要的部件，负责处理显示数据，它的速度越快，数据显示处理就越快，显卡性能也越好。由于发热量大，往往需要安装散热片和散热风扇。
- 显存：显示内存，也称为帧缓存，用于存储GPU（Graphics Processing Unit，显卡上的处理芯片）处理后的图像数据。显存的容量大小和带宽直接影响GPU芯片的处理能力和性能。显存容量一般有2 GB、4 GB、8 GB、16 GB，专业级绘图显卡的显存容量可能会达到32 GB或更高。
- 接口：一般指独立显卡与主板总线之间的接口，主要有PCI、AGP、PCI-E三种类型。大多数独立显卡都使用PCI-E X16接口连接主板。
- 品牌：华硕/ASUS、影驰、七彩虹/Colorful、技嘉/GIGABYTE、微星/msi、昂达/ONDA、盈通/Yeston、铭瑄、索泰、瀚铠/VASTARMOR。

显卡外观如图2-2-5所示。独立显卡和集成显卡的优缺点对比见表2-2-3。

图 2-2-5　显卡外观

表2-2-3　独立显卡和集成显卡优缺点对比

显卡类别	优点	缺点
独立显卡	功能更强、选择更多，需求不同则配置不同； 强大的图形处理能力，速度更快； 有专门的散热装置，性能更好； 对CPU和内存的资源占用更小	价格贵、质量参差不齐； 需要专用的接口连接主板
集成显卡	价格便宜，简便、易维护保养； 不需要用到额外的接口，不需要安装	性能弱、图形处理能力差； 容易出现卡顿的问题； 需要占用CPU和内存中的资源

6.硬盘的主要技术参数

目前，市场上的硬盘主要有固态硬盘和机械硬盘两种，由于内部构造、容量、速度、价格等原因，固态硬盘依然无法完全取代机械硬盘。选购时可以考虑以下参数：

● 容量：硬盘能存储数据的多少，单位为GB（1 GB=1 024 MB）、TB（太字节）。目前个人计算机的硬盘容量一般为500 GB、640 GB、750 GB、800 GB、1 TB、2 TB、4 TB，企业级硬盘的容量可达6 TB、8 TB、10 TB、12 TB、14 TB。一般用户选择1 TB到4 TB容量的硬盘已完全能够满足需求，容量越大，价格越高。

● 缓存：硬盘内部存储和外界接口之间的缓冲器，它具有极快的存取速度。缓存越大，硬盘读写性能就越好。常见缓存容量为16 MB、64 MB、128 MB、256 MB、512 MB。

● 转速：硬盘盘片一分钟内所能完成的最大转数，主要是指硬盘内电机主轴的旋转速度，一般以每分钟多少转来表示，单位为r/min（转/分钟）。转速越高，硬盘访问时间越短，读取速度也就越快。常见硬盘转速为5 400转/分、5 900转/分、7 200转/分、10 000转/分、15 000转/分。

● 传输速率：硬盘读写数据的速度，单位为兆字节每秒（MB/s），根据硬盘接口类型的不同，传输速率有所不同，有150 MB/s、300 MB/s、600 MB/s。

● 平均访问时间：从硬盘开始运作到找到数据为止所需的时间。时间越短，运行速度越快。

● 接口类型：硬盘的接口类型决定了它的传输速率和兼容性，甚至影响系统性能。常见硬盘接口有IDE、ATA、SCSI、SATA、mSATA、NGFF等，目前市场上多为SATA接口（即串行ATA接口，共7针，4针传输数据，3针接地）。SATA接口分为SATA1.0、SATA2.0、SATA3.0，作为主流高效的SATA3.0，其最大传输速率可达600 MB/s。

硬盘的选购及保养注意事项见表2-2-4。

表2-2-4　硬盘的选购及保养注意事项

选购	保养
● 容量、价格，作为直观参数； ● 其次考虑品牌、接口、缓存、转速； ● 还需考虑数据安全、兼容性等	● 忌突然断电； ● 防震动、高温、撞击； ● 不随意格式化、删除； ● 定期整理磁盘碎片

品牌：西部数据、希捷/Seagate、华硕/ASUS、海康威视/HIKVISION、科硕/KESU、浦科特/Plextor、联想/Lenovo、闪迪/SanDisk、金士顿/Kingston等。

机械硬盘的内部结构及外观如图2-2-6所示。

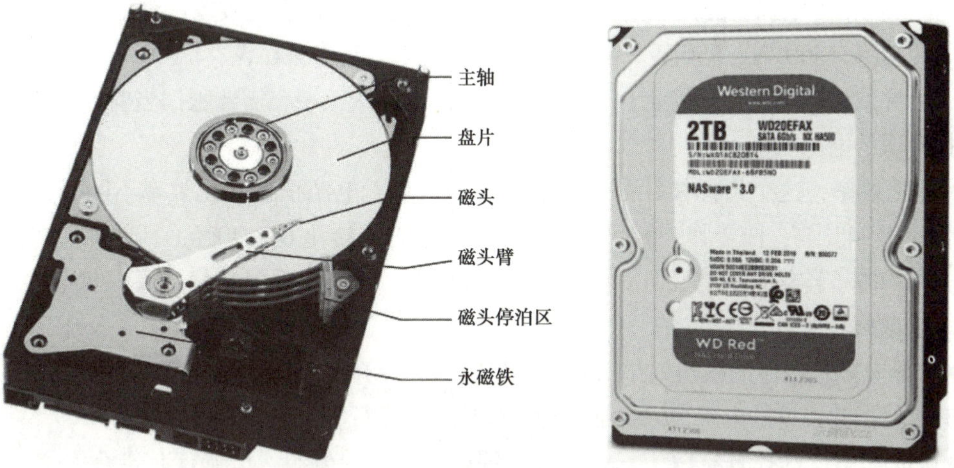

图 2-2-6　机械硬盘的内部结构及外观

7.机箱和电源的主要技术参数

机箱是主机的外壳，为主机各部件提供一个稳固的安装支架。选购时可以考虑以下参数：

● 尺寸和兼容性：选择机箱时，首先要确保其尺寸大小能支持主板。根据市面上常见主板的类型，机箱尺寸包括ATX、M-ATX、Mini ITX等。目前以ATX立式机箱为主流，喜欢小机箱且不需要太多扩展功能的用户可选择M-ATX和Mini ITX机箱。

● 扩展槽和接口：体现计算机的扩充能力，如支持PCI-E插槽、SATA接口、USB接口、音频接口等。

● 散热性能：选择具有良好通风设计和足够散热风扇安装位置的机箱，以确保硬件在运行时保持低温。

● 电源供电：确保机箱有足够的电源供电接口和电源容量，以满足计划使用的各硬件的供电需求。

● 制作工艺和材质：机箱的外部通常是由一层1 mm以上的钢板构成，钢板的厚度及材质直接关系到机箱的稳定性以及隔音和抗电磁波辐射的能力。也有用户选择镁铝合金机箱或钢化玻璃机箱，其外观炫酷，科技感十足，线条流畅，更具立体视觉效果，如图2-2-7所示。

图 2-2-7　机箱外观及炫彩效果

电源主要分为ATX电源和SFX电源。ATX电源是最常见的计算机电源，能在操作系统的控制下实现自动关机。SFX电源相对较小，又称为服务器电源，适合小型机箱。选购时可以考虑以下参数：

● 电源功率：电源所能提供的最大电力输出。选购电源时首先要看的就是电源功率，主流的电源功率有500 W、550 W、600 W、700 W、750 W、900 W、1 200 W等。电源功率过小，会导致计算机运行不稳定；若功率过大，则会造成浪费，需要根据当前计算机的配置来选择合适的电源功率。

● 转化效率：这个指标往往是中高端电源的卖点，电源根据转化效率不同分为钛金牌（转化效率94%）、白金牌（转化效率92%）、金牌（转化效率90%）、银牌（转化效率88%）和铜牌（转化效率85%）五种。转化效率越高，电源的质量越好、保修期越长，当然价格上也越高。

● 散热效果：电源的散热效果对电源的稳定性和计算机硬件的安全都有很大影响，需要选择有良好散热设计的电源，以保证电源的长期稳定运行。

● 认证标志：选择具有FCC、CE、UL等认证标志的电源，以确保其符合安全标准。

● 品牌：华硕、爱国者、大水牛、航嘉、安钛克、联力、赛睿等。

用户在购买计算机时，机箱和电源大多时候是搭配好的，只需注意电源和机箱是否匹配即可。

电源外观如图2-2-8所示。

图 2-2-8　电源外观

8.显示器的主要技术参数

显示器是计算机向用户传递信息的主要窗口，通过显示器人们可以直观地看到输出结果。选购时可以考虑以下参数：

● 屏幕尺寸：一般是指显示器对角线的尺寸大小，单位为英寸（in，1 in= 2.54 cm）。显示器有15 in、17 in、19 in、21 in、23 in、27 in、29 in、32 in、37 in等尺寸，目前，主流的屏幕尺寸是23 in到27 in。屏幕尺寸越大，显示器可视角度越大，能显示的图像就越多，用户的观看体验会更好，但价格也会越高，根据个人预算和使用需求来选择即可。

- 分辨率：指屏幕包含像素点的多少，即屏幕水平方向和垂直方向所能显示的点的个数。比如：1 024×768，表示水平方向包含1 024个像素，垂直方向包含768个像素，屏幕总像素的个数是它们的乘积。分辨率越高，显示的图像和视频质量就越高。
- 刷新频率：每秒屏幕刷新图像的次数，又称场频。刷新率越低，肉眼可见的屏幕图像闪烁越明显，眼睛就越容易产生疲劳。常见的显示器刷新率有60 Hz、75 Hz、90 Hz、100 Hz、120 Hz、144 Hz和240 Hz等。刷新率越高，显示效果越稳定，一般设置75 Hz或90 Hz的刷新率基本可以消除闪烁效果。
- 带宽：显示器每秒内传输的像素数量，单位是MHz（兆赫）、GHz（千兆赫兹）。通常带宽越大，显示器的性能越好，因为它可以更快地传输更多的像素，从而提高图像的清晰度和细节。比如：110 MHz带宽可以设置1 024×768分辨率、85 Hz的刷新率。因此，带宽可表示为：

$$带宽=分辨率\times刷新率\times色深/8/1\ 024/1\ 024$$

- 点距：屏幕上相邻两个像素点之间的距离。点距越小，图像显示越清晰，分辨率和图像质量也就越高。目前，大多数显示器点距在0.25 mm甚至更小。
- 响应时间：显示器从黑屏到显示正确颜色所需的时间。响应时间越短，能更好地避免显示器出现延迟或开机反应较慢、残影等问题。
- 亮度和对比度：这两个参数可以影响显示器的光线输出和颜色表现，对于视觉效果有着非常重要的作用。对比度越大，则显示的字符或画面越清晰，但需根据视觉效果进行设置。
- 品牌：优派、HKC、华硕、红米、联想、微星、宏碁、惠普、LG、三星、冠捷、戴尔、明基、惠科等。

液晶显示器外观如图2-2-9所示。

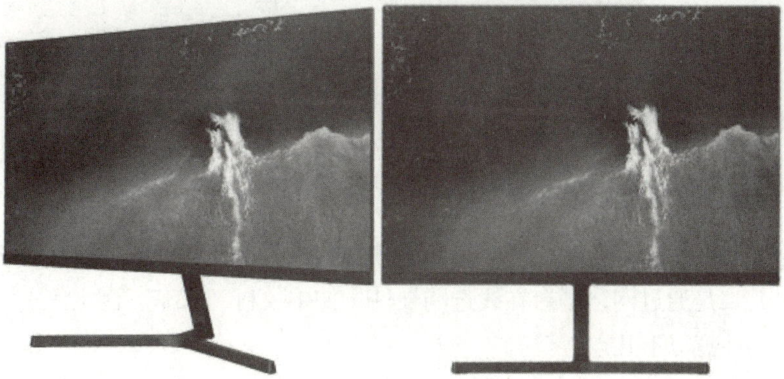

图 2-2-9　液晶显示器外观

做一做

请你说说影响LCD显示器显示效果的重要技术参数。

9.键盘和鼠标的技术参数

键盘和鼠标是计算机配置必不可少的输入设备。选购时可以考虑以下参数：

● 连接方式：目前市场上键盘和鼠标的连接方式主要有有线和无线两种，有线连接的接口有PS/2、USB 和 USB+PS/2 双接口三种。有线连接较多选择USB接口，目前无线连接更受用户喜爱。

● 键数：标准键盘一般为104键，目前市场上还有107键、87键和61键等类型。鼠标按键数可分为两键鼠标、三键鼠标、五键鼠标和新型的多键鼠标。用户较多选择两键加中间滚轮的鼠标。

● 反应速度：指按下按键后到响应出字符之间的时间差，单位为毫秒（ms）。反应速度越快越好。

● 背光效果：目前市场上很多键盘都支持背光功能，颜色和亮度可以自定义，一些高端产品还支持RGB灯效。在使用过程中视觉效果会更加美观和炫酷。

● 静音效果：为感受更好的击键效果，可选择静音式按键的键盘和鼠标，可降低噪声。

● 品牌：罗技、雷柏、达尔优、微星、雷蛇、狼蛛、黑爵、双飞燕等。

键盘和鼠标的外观如图2-2-10所示。

图 2-2-10　键盘和鼠标的外观

二、计算机配置选购注意事项

如果准备购买一台计算机，一是可以选择到实体店进行选购，销售顾问会根据客户需求推荐相关配置，二是通过网络平台在线选购硬件（如中关村、京东、淘宝等）。如果选择网购计算机则需要注意以下几点：

● 选择可靠的商家：网购时一定要选择可靠、评价高、信誉良好的商家，货比三家。

● 看清商品参数和配置：购买前，需仔细查看商品的参数和配置，确保与自己的需求相符合。

● 询问并确认售后服务：网购计算机时，特别需要问清售后服务政策，确保在购买后能够得到及时、有效的售后服务。

● 注意价格和支付方式：在购买时，需要注意价格和支付方式，避免被不良商家欺骗。可以选择货到付款或者通过安全的支付方式进行付款，如支付宝、微信支付等。

● 注意个人信息安全：网购计算机时，需要注意个人信息安全，避免泄露个人信息和支付信息，可以选择使用强密码、不保存密码、不轻易泄漏个人信息等措施来保护个人信息安全。

● 及时关注快递信息：支付后，要及时关注是否发货、快递情况，到货后需先检验后收货。

阅读有益

面对技术飞速发展的信息化时代，台式计算机已成为人们生活和工作的常用办公工具之一。可在面对市场上那些琳琅满目的计算机硬件产品时，我们经常感到困惑。下面介绍一些选购注意事项：

● 预算：根据自己的购买预算选择最合适的配置，切勿盲目追求低价或高端；

● 兼容性：如果是自己选购硬件来组装计算机，各硬件之间的兼容性是必须要考虑的因素；

● 定位：根据办公、游戏、设计等不同需求，选择配置合适的计算机；

● 品牌及售后：选择知名品牌和有售后保障的商家，可以保证计算机的质量和售后服务；

● 其他：计算机的外观、尺寸等，可根据个人的喜好选择。

学习活动

活动1 你认为影响一台计算机性能优劣的主要因素有哪些？请说明理由。

活动2 请你根据所学知识，结合目前的市场行情，为自己或朋友配置一台计算机（可以是入门级配置、中端配置、高端配置，列出配置清单和价格）。

知识拓展

笔记本电脑的产生，既满足了人们对于便携式计算机的需求，也提高了工作效率。近些年，国产笔记本电脑在产品质量方面已经处于世界前列，核心技术也有了长足的进步。扫描二维码，了解著名国产笔记本电脑品牌以及笔记本电脑的选购注意事项。

职场融通

通过到电脑城实践学习、探究市场，小龙已经能配置出适合自己的计算机，同时还发现计算机专业学生未来的一个就业方向——电脑销售员。假如你是一名电脑销售员，请说说，你觉得这个职业应具备的职业素养和专业技能。

	应具备的职业素养	应具备的专业技能
电脑销售员		

能力评价

回顾本任务的学习情况，根据评价内容填写掌握程度，并填写自我反思表。

评价内容	自我评价	学生互评	教师评价
各硬件的技术参数	5分□ 3分□ 2分□	5分□ 3分□ 2分□	5分□ 3分□ 2分□
正确选购计算机硬件	5分□ 3分□ 2分□	5分□ 3分□ 2分□	5分□ 3分□ 2分□
完成计算机配置清单	5分□ 3分□ 2分□	5分□ 3分□ 2分□	5分□ 3分□ 2分□

	优点	不足	改进措施
自我反思			

[任务三]

NO.3

组装计算机

微课

情景导入

小龙在表哥的帮助下，已在电脑城顺利完成计算机硬件的选购，现在需要将各个硬件组装起来。通过现场向计算机销售员学习和实践操作，小龙知道了组装一台完整计算机的方法及注意事项。

任务目标

1.能说出计算机组装方法及注意事项；

2.能正确连接计算机各硬件；

3.能根据配置清单组装一台完整的计算机。

知识链接

一、组装计算机前的准备工作及注意事项

1.组装前的准备工作

- 准备工具：磁性螺丝钉旋具、尖嘴钳、镊子等。
- 释放静电：防止静电，不能带电操作。在安装前，应先消除身上的静电，方法为用手摸一下自来水管等接地物；如果有条件，可以佩戴防静电环，以提高安全水平。

2.注意事项

①组装时配件轻拿轻放，切勿碰撞或重摔，尤其是硬盘。

②组装过程中保持断电操作，不能带电连接各硬件。

③组装完成后，不在通电情况下触摸或卸载机箱内的任何物件。

④安装主板、显卡、声卡等要平稳，固定牢靠。同时要防止主板变形，不然会对主板的电子线路造成损伤，主板上的绝缘垫片应安装，可以防静电。

⑤在紧固其他部件、接插数据线和电源线时，要适度用力，不要动作过猛，安插板卡要换方向。

⑥螺丝钉最好全部安装，一个都不能少。

⑦设置主板跳线时要参照主板说明书进行，避免因跳线设置错误无法正常启动或烧毁CPU。

阅读有益

计算机DIY：指自己动手组装一台计算机的过程，其中DIY是“Do It Yourself”的缩写。在电脑DIY过程中，用户可以自定义计算机的配置、性能、功能和外观，选购所需的计算机硬件（如主板、处理器、内存、显卡、硬盘等），然后，将这些组件安装到一个完整的计算机系统中。通过电脑DIY，可以更深入地了解和学习计算机系统及硬件工作原理，也是一种有趣和满足个性化需求的体验。

二、组装一台完整的计算机

本次组装的计算机硬件包括机箱和电源、主板、CPU、CPU散热器、内存条、硬盘、显示器、键盘和鼠标。机箱内安装的主要硬件如图2-3-1所示。

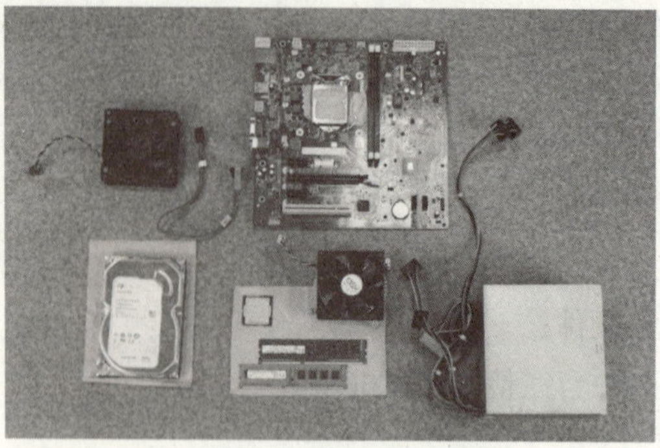

图 2-3-1　机箱内安装的硬件

1.安装CPU

①取出主板，把主板放在平整的桌面上，底下放一层保护垫。将主板上CPU插槽右侧的金属拉杆向外拉开，完成解锁。观察主板CPU插槽上的缺针三角符号，与准备的CPU的缺针三角符号正对，手持CPU两侧，缓缓放入插槽中，如图2-3-2所示。安装时注意“缺针对缺口”。

图 2-3-2　安放 CPU

②将CPU放入插槽后，可以从侧面观察CPU针脚是不是已完全插入CPU插槽中，如果无异常即可压下固定器，稳固锁定CPU，如图2-3-3所示。注意：一定要在确保CPU已正确安装在插槽中后，才能压下固定器，若安装不当可能会直接导致CPU损坏，并无法正常工作。

图 2-3-3　压下 CPU 固定器

2.安装CPU散热器

①安装前在CPU散热器底座和CPU背面均匀涂抹散热硅脂，将CPU散热器放在CPU上

面，对准主板上的散热器螺丝孔，采用对角线分步拧紧的方式，拧紧各个螺丝，防止散热器在使用过程中发生移动。注意安装时要使各固定点受力均匀，以免损坏主板，如图2-3-4所示。固定好螺丝后，可以用手指轻轻摇晃一下CPU散热器，查看是否有松动。

图 2-3-4　安装散热器

②连接CPU散热器电源线。将CPU散热器的电源线与主板上的风扇电源接口进行连接，CPU散热器电源线一般为3 Pin或4 Pin接口，图2-3-5中为4 Pin接口。

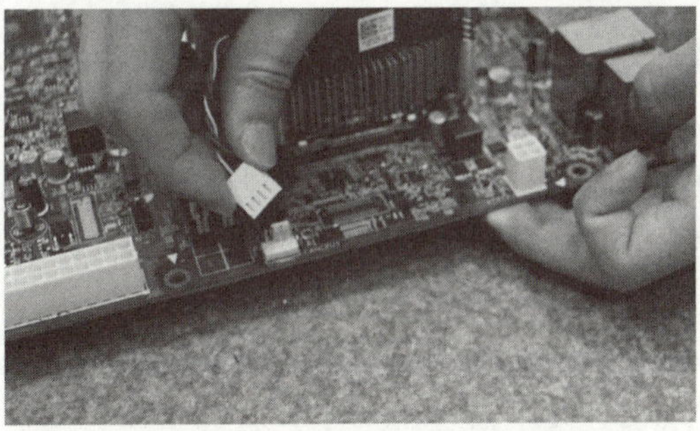

图 2-3-5　安装散热器电源线

3.安装内存条

①安装前要确保选择的内存条与插槽类型匹配。一般主板上会有2～3个内存插槽，如果只有一根内存条需要安装，就选择离CPU最近的一个插槽。先把两端的白色卡口往外掰开，同样采用“缺针对缺口”的技巧，将内存条的金手指与插槽对应。然后，两手大拇指按住内存条两端同时用力往下压，随后听到“咔”的声音，两端白色卡口自动回弹，表示安装成功，如图2-3-6所示。

图 2-3-6　插入内存条

②若需再扩展一根内存条，用同样的方法将其插入另一个内存插槽中，如图2-3-7所示。

图 2-3-7　插入第二根内存条

阅读有益

本范例采用的是集成了声卡、显卡、网卡的主板，若有独立的板卡，请按照如下方法连接：

- 安装独立显卡：找到显卡卡槽的位置，目前大多显卡连接的是PCI-EX16卡槽，但实际操作时要根据显卡的类型而定。对准卡槽接入显卡，注意“缺针对缺口”，然后连接好显卡电源线。开机后，需要安装显卡驱动，并检测该显卡是否兼容。
- 安装声卡和网卡：找到主板上的PCI插槽，将声卡和网卡的金手指插入插槽中，随后连接声卡、网卡的电源线。同样，启动计算机后，需要安装声卡和网卡的驱动程序。

4.固定主板到机箱

①安装主板前，先把机箱挡板装好，这样可以避免主板装好后而无法操作的情况，如图2-3-8所示。

图 2-3-8　安装机箱挡板

②把连接好CPU、散热器、内存、显卡的主板小心放入机箱中，这里要注意主板边界上的各种接口要与机箱上预留的孔位相对应，同时对准主板螺丝孔与机箱螺丝孔的位置，如图2-3-9所示。

图 2-3-9　将主板放入机箱

③使用对角线法将主板上的螺丝逐个拧紧，把主板固定在机箱上，如图2-3-10所示。

图 2-3-10　拧紧主板螺丝

5.安装硬盘

①拿到硬盘后，先为硬盘装上硬盘固定支架，如图2-3-11所示。安装固定支架一是对硬盘起保护作用，二是方便将硬盘固定在机箱上，硬盘本身是不能直接固定在机箱上的。

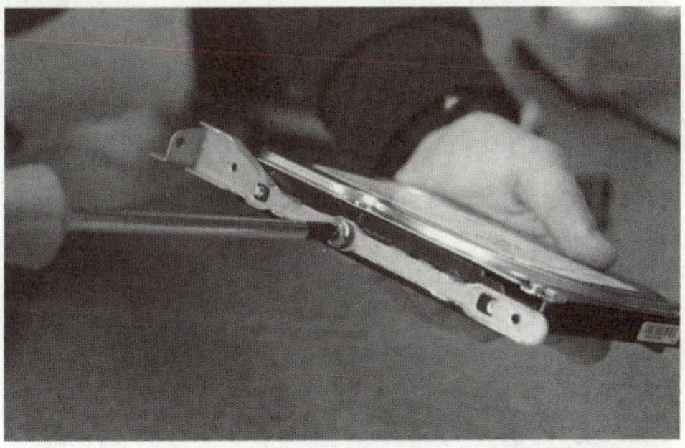

图 2-3-11　安装硬盘固定支架

②把硬盘固定到机箱对应的硬盘安装位上，如图2-3-12所示。注意对准螺丝孔位。

图 2-3-12　将硬盘装入机箱

③找到硬盘固定支架和机箱上的螺丝孔位，拧紧螺丝，固定好硬盘，如图2-3-13所示。

图 2-3-13　固定硬盘到机箱上

6.安装机箱电源

①将电源放入机箱对应位置，有电源线的一面朝机箱内部，如图2-3-14所示。

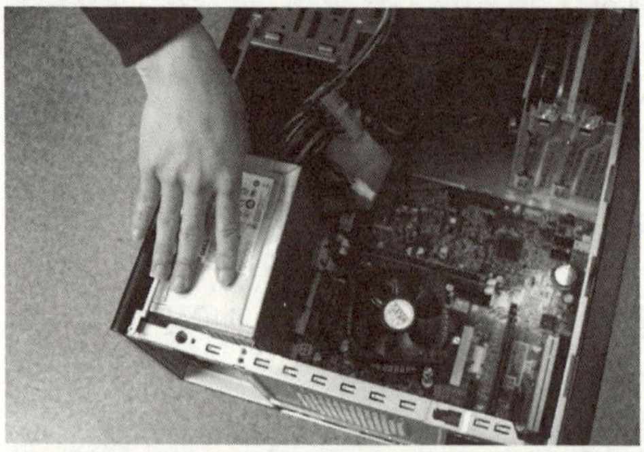

图 2-3-14　放入机箱电源

②找准螺丝孔位，拧紧螺丝，固定电源，如图2-3-15所示。

图 2-3-15　固定电源

7.连接各硬件电源线

①连接CPU电源线，将为CPU供电的4 Pin供电接口接到主板上，注意卡口方向，如图2-3-16所示。

图 2-3-16　连接电源 4 Pin 接口

②将为主板供电的白色24 Pin接口接到主板上，注意卡口方向，如图2-3-17所示。

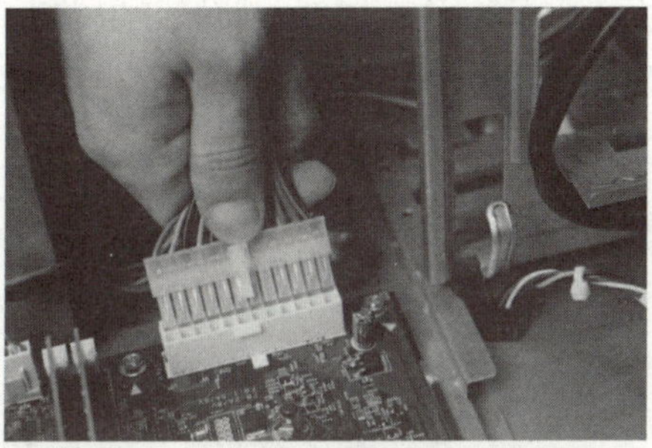

图 2-3-17　连接电源 24 Pin 接口

③连接硬盘SATA接口电源线，注意防呆口，如图2-3-18所示。

图 2-3-18　接上硬盘电源线

④各电源线都接上后，连接硬盘的SATA数据线，注意防呆口，如图2-3-19所示。

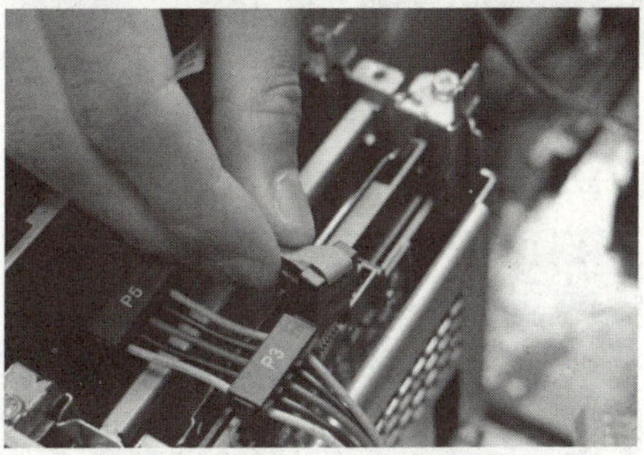

图 2-3-19　接上硬盘数据线

⑤把硬盘数据线接入主板，注意防呆口，如图2-3-20所示。

图 2-3-20　将硬盘数据线接入主板

8.连接跳线

连接完各硬件的电源线后，还需要连接跳线。跳线是电源上的一组较小接口的连接线，包含了机箱前面板的开关键、重启键、硬盘指示灯、机箱电源指示灯、声频线等连接线。根据跳线上对应的标记，依次连接在主板对应的插针上。

①连接机箱按键及指示灯跳线，如图2-3-21所示。

图 2-3-21　连接机箱按键及指示灯跳线到主板上

②连接USB接口的跳线，如图2-3-22所示。

图 2-3-22　将 USB 接口的插针接入主板

③连接机箱面板上前置的音频线，如图2-3-23所示。

图 2-3-23　将音频线接入主板

④连接好所有线后，整理机箱内部凌乱的线束，保证机箱内部散热顺畅，如图2-3-24所示。

图 2-3-24　整理好线束

9.安装机箱风扇

①为保证机箱内部更好地散热，可装一个机箱风扇。需要注意的是，机箱风扇的出风方向应朝着机箱外部，如图2-3-25所示。

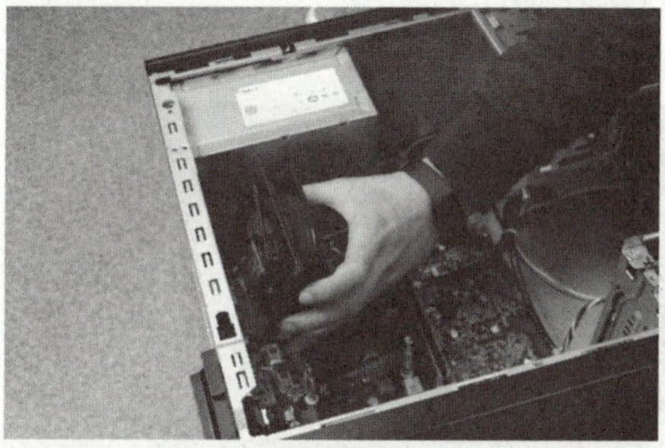

图 2-3-25　安装机箱风扇

②用对角线法拧紧螺丝，把风扇固定在机箱上，如图2-3-26所示。

图 2-3-26　固定风扇

③连接风扇的3 Pin电源线，如图2-3-27所示。

图 2-3-27　接上风扇的电源线

④机箱内部各硬件安装好后，就可以盖上机箱侧板并拧紧螺丝，如图2-3-28和图2-3-29所示。此时，计算机系统中主机部分的所有硬件就安装好了。

图 2-3-28　盖上机箱侧板

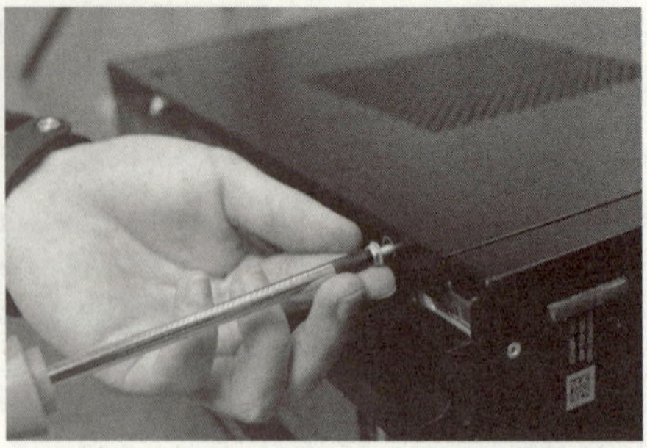

图 2-3-29　拧紧螺丝

10.连接显示器

装完主机，接下来连接显示器。显示器数据线一般是一个15针的VGA接头，连接到主机箱后面板对应的VGA接口上，如图2-3-30所示。另一端是三针的电源插头，接到电源插座上。

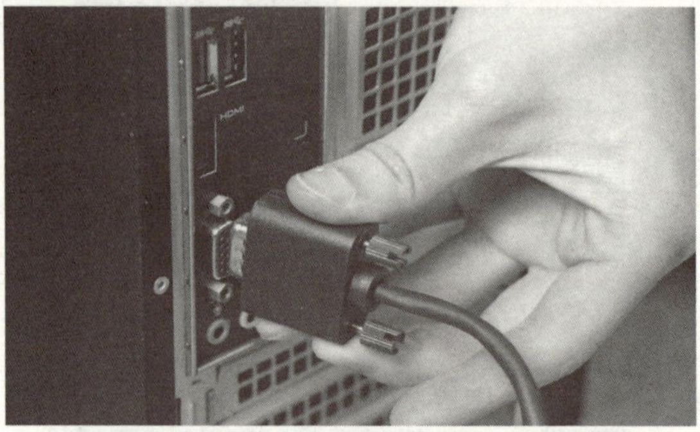

图 2-3-30　连接显示器数据线

11.连接键盘和鼠标

范例采用的是USB接口的键盘和鼠标，插入机箱上的USB接口即可，如图2-3-31和图2-3-32所示。

图 2-3-31　接上键盘线

图 2-3-32　接上鼠标线

12.主机箱通电

将机箱主电源线的三孔接头连接到机箱后面板的三针电源插座上，如图2-3-33所示，另一端接电源插座。此时，一台完整的计算机就组装好了，如图2-3-34所示。

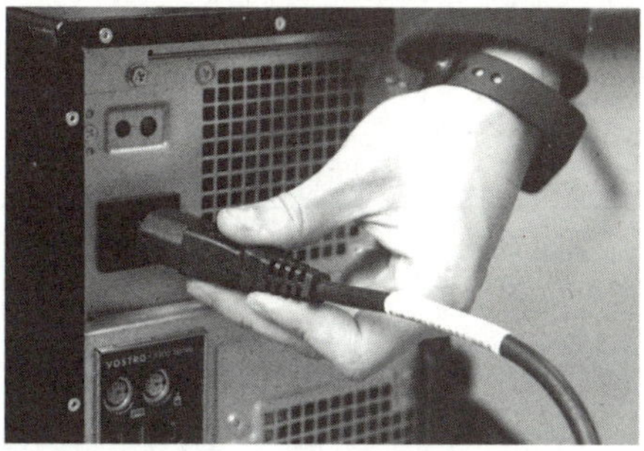

图 2-3-33　连接主机箱电源线

图 2-3-34　一台组装完成的计算机

阅读有益

在安装各硬件时需要注意的细节：

- 安装前一定先观察好各硬件和对应的接口。
- 保证各个板卡与主板的良好接入。
- 安装时用力要适度，不能用力过猛，导致硬件损坏。
- 要注意观察各接口、卡槽内是否有异物或灰尘。
- 可根据个人爱好和办公需求，继续安装音箱、打印机等外部辅助设备。

如果你对以上硬件的安装不熟悉或无法完成，建议寻求专业人员的帮助，切勿盲目自信。

学习活动

活动　通过网络查询相关资料，了解电脑一体机。它与组装的计算机有什么不同？

____

知识拓展

除了台式计算机以外，笔记本电脑也可以实现自己组装。扫描二维码，了解笔记本电脑的组装知识。

职场融通

经过一段时间的学习，小龙已经对自己所学的计算机专业有了全新的认知并积累了丰富的理论知识，加上暑假的实践经验，小龙被选为学校机房管理员，可以协助老师完成机房计算机的日常维护工作。请你说一说，我们可以通过哪些方式提升计算机专业实践经验？

____

能力评价

回顾本任务的学习情况，根据评价内容填写掌握程度，并填写自我反思表。

评价内容	自我评价	学生互评	教师评价
组装计算机的方法及注意事项	5分□ 3分□ 2分□	5分□ 3分□ 2分□	5分□ 3分□ 2分□
正确连接计算机硬件	5分□ 3分□ 2分□	5分□ 3分□ 2分□	5分□ 3分□ 2分□
组装一台计算机	5分□ 3分□ 2分□	5分□ 3分□ 2分□	5分□ 3分□ 2分□

	优点	不足	改进措施
自我反思			

项目三 / 认识计算机软件

项目概述：

信息社会越来越发达，计算机给人们的工作、生活、学习都带来了非常多的便利。比如，人们可以利用计算机完成设计工作、制作短视频和3D动画、网上云游各大景区，足不出户就能购物、订票、订餐等。本项目主要学习计算机软件的概念和分类、系统软件、应用软件，以及系统软件与应用软件的关系。

学习目标：

+ 理解计算机软件的概念；
+ 掌握计算机软件的分类；
+ 了解计算机系统软件；
+ 了解计算机应用软件；
+ 了解系统软件与应用软件的关系。

思政目标：

+ 增强学生对计算机专业技术的兴趣，激发求知欲；
+ 培养学生的团结协作能力、学习能力、创新能力；
+ 提升学生对国产品牌的认识，增强民族自豪感。

［任务一］

NO.1

认识计算机软件

微课

情景导入

通过前面的学习，小龙已经对计算机的硬件系统有了了解，并学会了组装计算机。硬件配置好以后，小龙发现计算机却无法启动，于是去请教计算机专业的周老师，周老师告诉小龙："计算机要安装了软件才有智慧，才能帮助人们完成各种复杂的工作。"那么，究竟要装什么软件，才能让计算机运行起来并正常工作呢？带着这些疑问，小龙将开始探索计算机软件的奇妙世界。

任务目标

1.理解计算机软件的概念；

2.掌握计算机软件的分类；

3.了解系统软件与应用软件的关系；

4.熟悉常用的计算机软件。

知识链接

一、什么是计算机软件

计算机软件就是用于操作、管理和使用计算机内部硬件和外部设备的各种程序、数据及相关文档的集合。用户主要通过软件与计算机进行各种交互，完成各种任务和操作。例如，用户使用软件编写文档、制作演示文稿、创建编辑表格、播放视频或音频文件、浏览网页等。当用户打开计算机，在桌面上单击 "开始" 按钮，可以查看本计算机安装的一些软件，如图3-1-1所示。

图 3-1-1　查看安装的软件

二、计算机软件的分类

软件系统是在硬件系统的基础上，为有效使用计算机而配置的。计算机软件的种类很多，从软件的功能和应用环境可分为系统软件和应用软件两大类，如图3-1-2所示。

- 软件系统
  - 系统软件
    - 操作系统
    - 语言处理程序
    - 数据库管理系统
    - 服务性程序
  - 应用软件
    - 办公软件
    - 多媒体软件
    - 人工智能软件
    - 网络软件
    - 其他应用软件

图 3-1-2　计算机软件的分类

阅读有益

随着互联网的发展，软件有C/S（Client/Server）模式和B/S（Browser/Server）模式两种架构。

- C/S模式（即客户端和服务器模式）：客户端与服务器直接通信，由客户端负责处理部分业务逻辑。每个客户端都需要安装应用软件，如WPS、Photoshop、QQ等。
- B/S模式（即浏览器和服务器模式）：主要是通过浏览器与服务器进行交互，服务器完全负责业务逻辑和数据处理，客户端无须安装软件，如淘宝、京东、天猫等。

三、常见的系统软件

系统软件是一种用于管理和控制计算机硬件和应用软件的软件，负责协调和管理计算机的各种资源，为用户提供一个友好和高效的操作环境。系统软件主要有操作系统、语言处理程序、数据库管理系统、服务性程序等。这类软件是人机交互的桥梁，有了这个桥梁，人们就可以轻松方便地使用计算机。

1.操作系统

操作系统是管理和控制计算机硬件与软件资源的计算机程序，是直接运行在裸机上的最基本的系统软件，为用户和其他应用软件提供正常的运行环境。不同的设备有不同的操作系统，目前主流的操作系统有Windows（图3-1-3）、MAC OS（图3-1-4）、Linux、Android、iOS、Harmony OS（图3-1-5）等。

目前市场上使用较多的操作系统是Windows、iOS、Android，但国内一些自主研发的操作系统已逐渐被推广使用，如华为鸿蒙、中标麒麟、银河麒麟、中科方德、统信。

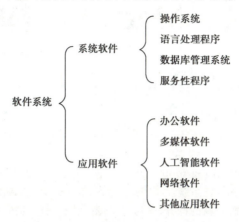

图 3-1-3 Windows 11 微软视窗操作系统

图 3-1-4 Mac OS 苹果操作系统

图 3-1-5 国产华为鸿蒙操作系统

阅读有益

操作系统是计算机的灵魂，也是计算机的核心技术。我国早在1983年就研究开发了国产的第一个操作系统CCDOS。

华为鸿蒙系统（HUAWEI Harmony OS），是华为公司在2019年8月9日的华为开发者大会上正式发布的自主研发的操作系统。华为鸿蒙系统是一款全新的面向全场景的分布式操作系统，创造一个超级虚拟终端互联的世界，将人、设备、场景有机地联系在一起，使消费者在全场景生活中接触的多种智能终端实现极速发现、极速连接、硬件互助、资源共享，用合适的设备提供场景体验。鸿蒙系统是开源的，开源计划名称是Open Harmony。说明，鸿蒙系统未来不只是会搭载在华为手机上，其他手机厂商也可以根据开源协议进行开发，让他们生产的手机也可以装上鸿蒙系统。

2.语言处理程序

语言处理程序是用于编写和运行程序的系统软件，如编译器、解释器、汇编器、连接器等。常见的语言处理程序有C语言编译器、Java虚拟机、Python解释器等。

3.数据库管理系统

数据库管理系统主要负责存储、管理和查询大量的数据，如Access、VFP、Oracle、MySQL等。

4.服务性程序

服务性程序是指帮助用户使用与维护计算机，提供服务性手段并支持其他软件开发的一类程序，如驱动程序、故障诊断程序、纠错程序等。

做一做

系统软件的种类相对应用软件来说比较少，请查阅相关资料，填写下表。

系统软件类型	软件的功能	软件举例
操作系统		
语言处理程序		
数据库管理系统		
服务性程序		

四、常见的应用软件

应用软件是用户为利用计算机解决某个领域的实际问题而编写的程序，用户可以使用合适的应用软件帮助自己完成各种任务。应用软件的种类繁多，可以在计算机、手机、平板电脑、智能电视等各种终端设备上运行，为用户的工作和生活提供方便。应用软件主要有办公软件、多媒体软件、人工智能软件、网络软件等。

1.办公软件

办公软件主要用来编辑排版文档、创建表格、制作幻灯片等，如WPS、Word、Excel、PowerPoint、Google Docs、腾讯文档等，如图3-1-6所示。

图 3-1-6　办公软件

阅读有益

1989年，中文字处理软件WPS研发完成，经过不断发展，WPS成为国内主流的办公软件产品之一。

近年来，为了保护信息安全，金山WPS Office在央企、国企等大型企业的应用也十分广泛。2008年，国家电网公司采购了金山WPS，成为大型企业成功应用国产办公软件的典范。2009年12月，中央企业正版软件集中采购网正式开通，中国通用集团、中钢集团、航天科工集团、普天集团、中海油集团等企业在内的十多家大型中央企业与金山软件签订协议，统一采购金山WPS Office办公软件产品。

2.多媒体软件

多媒体软件是帮助用户操作计算机实现多媒体功能的软件，如图形图像处理软件、音视频编辑软件、三维动画制作软件等。

- 图形图像处理软件：对图片进行美化、编辑、修改的软件，如Photoshop（图3-1-7）、CorelDRAW（图3-1-8）、Illastrator、Auto CAD、光影魔术手、美图秀秀（图3-1-9）等。无论是我们正在阅读的图书封面、杂志，还是大街上看到的招贴、海报、宣传册，这些具有丰富图像的平面印刷品，基本上都需要Photoshop、CorelDRAW。

图 3-1-7 Photoshop 图形处理软件　　图 3-1-8 CorelDRAM 图形处理软件　　图 3-1-9 国产美图秀秀图形处理软件

- 音视频编辑软件：主要用于音频、视频的编辑，如Premiere、After Effect、剪映、爱剪辑等。
- 三维动画制作软件：主要用于模型制作、三维动画设计、场景渲染等，如3ds max、Maya、Cinema 4D、Blender等。

3.人工智能软件

人工智能软件是运用人工智能技术实现人机交互的软件，它可以模拟人的思考方式和学习能力来完成智能识别、智能控制、智能对话等智能服务，如ChatGPT、文心一言等。

阅读有益

ChatGPT（Chat Generative Pre-trained Transformer）是OpenAI 研发的聊天机器人程序，于2022年11月30日发布。ChatGPT是人工智能技术驱动的自然语言处理工具，它能够通过理解和学习人类的语言来进行对话，还能根据聊天的上下文进行互动，真正像人类一样聊天交流，甚至能完成撰写邮件、视频脚本、文案、翻译、代码、论文等任务。

“文心一言”（英文名：ERNIE Bot）是百度全新一代知识增强大语言模型，文心大模型家族的新成员，能够与人对话互动，回答问题，协助创作，高效便捷地帮助人们获取信息、知识和灵感。文心一言是知识增强的大语言模型，基于飞桨深度学习平台和文心知识增强大模型，持续从海量数据和大规模知识中融合学习，具备知识增强、检索增强和对话增强的技术特色。

“文心一言”云服务在2023年3月27日正式上线。

4.网络软件

网络软件是用于支持数据通信和各种网络活动的软件，如微信（图3-1-10）、QQ、微博、抖音（图3-1-11）、淘宝（图3-1-12）等。

图 3-1-10 国产社交软件微信　　图 3-1-11 国产短视频软件抖音　　图 3-1-12 国产购物软件淘宝

5.其他应用软件

- 教育软件：主要用于提供教学、学习、考试等与教育相关的内容和服务，如课堂直播、在线课堂、知识问答等。

- 编程开发软件：主要用于各种软件开发和测试，如C、Java、PHP、Python等。

做一做

在计算机的桌面上有很多软件的快捷方式图标，请查阅相关资料，填写下面的表格。

软件快捷图标	软件名称	软件类别

续表

软件快捷图标	软件名称	软件类别

五、系统软件与应用软件的关系

计算机系统软件和应用软件相互依赖，缺一不可。系统软件为应用软件提供了运行环境和底层资源管理的功能，应用软件的开发和运行都需要系统软件的支持。系统软件需要应用软件来发挥其功能和优势。

学习活动

任务描述：某学校计算机专业新建了一间多功能实训室，计算机硬件已经组装完成。为了满足学生的学习需求，需要安装一些合适的软件。学生主要运用计算机完成以下操作：

- 练习文档、表格、演示文稿的操作；
- 学习操作系统的基本操作；
- 学习图片的编辑、修改、美化；
- 学习三维模型的创建和动画制作；
- 学习视频的编辑和视频特效的处理。

活动1　阅读相关资料，按照软件的分类，填写下面的表格。

学习需求	软件名称	是系统软件还是应用软件
练习文档、表格、演示文稿的操作		
学习操作系统的基本操作		
学习图片的编辑、修改、美化		
学习三维模型的创建和动画制作		
学习视频的编辑和视频特效的处理		

活动2 软件功能小探索：每位同学自己选择至少一款常见的软件，如Word、Excel、Photoshop、IE浏览器等。在5分钟内探索该软件的基本功能，并记录下自己发现的有趣或实用的功能，完成下列表格内容的填写。

序号	软件名称	你发现的有趣或实用的功能

活动3 打开手机，查看里面安装了哪些应用软件，并说说这些软件有哪些用途。

知识拓展

人工智能是推动数字化转型的关键技术，在助力中国推动产业升级、促进数字经济与实体经济深度融合方面发挥着越来越重要的作用。中国人工智能产业发展取得了重大进展，一些领域的技术创新能力位居世界前列，扫描二维码可了解详细情况。

职场融通

通过本任务的学习，小龙不仅惊叹有这么多具有不同功能的软件，还为我国有这么多优秀的软件和龙头企业感到自豪。小龙对计算机专业也多了一份热爱，下决心一定要认真学习各种软件的操作方法，提高自己未来就业的竞争力。请你根据自己所学的专业和自身实际情况，完成以下的职业生涯目标。

职业生涯目标	行业需求	自我分析	希望从事的工作	努力方向
计算机维护				
平面广告设计				
短视频制作				

能力评价

回顾本任务的学习情况，根据评价内容填写掌握程度，并填写自我反思表。

评价内容	自我评价	学生互评	教师评价
软件的概念	5分□ 3分□ 2分□	5分□ 3分□ 2分□	5分□ 3分□ 2分□
软件的分类	5分□ 3分□ 2分□	5分□ 3分□ 2分□	5分□ 3分□ 2分□
系统软件	5分□ 3分□ 2分□	5分□ 3分□ 2分□	5分□ 3分□ 2分□
应用软件	5分□ 3分□ 2分□	5分□ 3分□ 2分□	5分□ 3分□ 2分□

	优点	不足	改进措施
自我反思			

[任务二]

NO.2

认识系统软件

微课

情景导入

一天，小龙来到机房进行观摩学习，见老师和同学经过一系列的操作，重启计算机后，一个熟悉的图形窗口界面就呈现在眼前。小龙说道："这不就是系统软件中操作系统的界面吗！"老师回答小龙："是的，这就是操作系统的界面，用户就是通过这个界面与计算机进行交互的。"小龙在老师的帮助下，开始对系统软件进行更深入的了解。

任务目标

1.掌握系统软件的概念及功能；

2.了解系统软件的组成；

3.认识计算机操作系统；

4.掌握安装Windows 10操作系统的方法。

知识链接

一、什么是系统软件

系统软件是指控制和协调计算机及外部设备，支持应用软件开发和运行，提高计算机性能，方便用户使用计算机资源的软件。其主要功能是调度、监控和维护计算机系统，负责管理计算机系统中各种独立的硬件，为应用软件提供基础的运行环境和服务。

二、操作系统

1.操作系统的概念和功能

（1）操作系统的概念

操作系统是管理、控制和监督计算机软件、硬件资源协调运行的计算机程序，是直接运行在裸机上的最基本的系统软件。它是系统软件的核心，其他软件都必须在操作系统的支持下才能运行。操作系统保证了计算机硬件资源的有效利用和系统的稳定性、安全性。同时操作系统提供友好的用户接口，让用户能够更加便捷地操作计算机，满足多种应用需求。

（2）操作系统的功能

操作系统的主要功能包括进程管理、存储器管理、设备管理、文件管理、作业管理。

- 进程管理：当多个程序同时运行时，解决处理器时间的分配问题。
- 作业管理：为用户提供一个使用计算机的接口，使其方便地运行自己的作业，并对所有进入系统的作业进行调度和控制，尽可能高效地利用整个系统资源。
- 存储器管理：为各个程序及使用的数据分配存储空间，并保证它们互不干扰。
- 设备管理：根据用户提出的使用设备的请求进行设备分配，同时还能接收设备的请求（称为中断）。
- 文件管理：主要负责文件的存储、检索、共享和保护，方便用户进行文件操作。

2.操作系统的分类

操作系统按使用的设备和应用场景的不同，可分为桌面操作系统、服务器操作系统、移动设备操作系统、嵌入式操作系统。

（1）桌面操作系统

桌面操作系统主要用于个人计算机（如台式机、笔记本电脑）和工作站等桌面设备。常见的桌面操作系统有Windows、Mac OS和Linux。它们提供了图形化用户界面和多任务管理等功能，适用于个人办公、娱乐和学习等。

（2）服务器操作系统

服务器操作系统是为了满足服务器运行需求而设计的。它们具有提供高性能、高可靠性和高安全性的服务，支持同时处理多个连接和用户请求，如处理网站、数据库和打印服务等。常见的服务器操作系统有Windows Server、NetWare、UNIX和Linux。

（3）移动设备操作系统

移动设备操作系统主要是指手机和平板电脑等移动设备所使用的操作系统。常见的移动设备操作系统有iOS、Android和HarmonyOS等。

（4）嵌入式操作系统

嵌入式操作系统是为嵌入设备（如家电、智能穿戴设备、汽车电子和工业控制系统等）设计的。它们通常需要满足实时性、低功耗和资源受限等特定要求。常见的嵌入式操作系统有FreeRTOS、uC/OS、QNX和Embedded Linux等。

做一做

阅读相关资料，了解操作系统的分类方法，对以下操作系统进行归类。

序号	操作系统名称	属于哪一类操作系统
1	Windows 11	□桌面操作系统 □服务器操作系统 □移动设备操作系统 □嵌入式操作系统
2	Linux	□桌面操作系统 □服务器操作系统 □移动设备操作系统 □嵌入式操作系统
3	Android	□桌面操作系统 □服务器操作系统 □移动设备操作系统 □嵌入式操作系统
4	QNX	□桌面操作系统 □服务器操作系统 □移动设备操作系统 □嵌入式操作系统

3.典型操作系统介绍

Windows操作系统是美国微软公司开发的一种面向对象的图形界面操作系统，也是一个闭源操作系统。它的版本从Windows 1.0发展到了现在的Windows 11。Windows在个人桌面电脑中占据着主流地位，具有友好的图形化操作界面、操作简单、能够支持多种应用软件和硬件设备等优点，如图3-2-1所示。

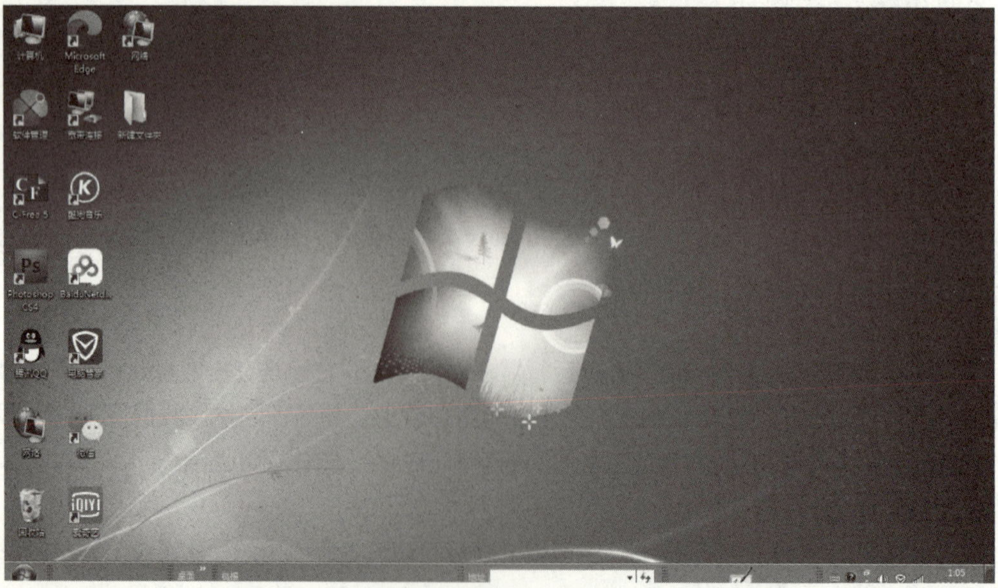

图 3-2-1　Windows 操作系统界面

Unix操作系统是一个付费的多用户、多任务操作系统，支持多种处理器架构。早期的Unix是个开源的操作系统，在1973年才成为一款闭源且收费的操作系统。Unix没有用户界面，只有命令行，用户需要具有大量专业知识才能操作。Unix操作系统有较强的可移植性，并具有高稳定性、高可靠性和高安全性等优点，主要用于企业级的服务器上，如银行、电信等领域。

Mac OS是苹果公司推出的基于图形用户界面的闭源操作系统，提供了直观的用户界面、强大的创作者工具、大量的应用程序和安全性，比较适合创造者、设计师和一些大型的广告公司使用。

Linux操作系统是开源免费的操作系统。最初，Linux只是一位芬兰大学生编写完成的一个内核。他把这个内核放到互联网上，允许自由下载，许多人对这个内核代码进行了大量的修改、扩充、完善，才逐步发展成为真正的Linux操作系统，它允许用户根据自己的需求自定义和优化系统。Linux具有较高的稳定性、可靠性和安全性，主要用于科研、互联网、软件与技术企业、工业、金融等领域。

安卓操作系统是美国谷歌公司基于Linux开发的开放源代码的移动设备操作系统，广泛应用于智能手机、平板电脑、电视、智能手表等移动设备。它采用了分层架构设计技术，能够适配多种设备，允许用户自由访问、修改和定制系统，提供了丰富的开发工具和支持。

鸿蒙操作系统是华为公司基于Linux自主研发的一款全场景的分布式操作系统。它能够在不同硬件设备上运行，包括智能手机、平板电脑、智能电视、汽车娱乐系统等，实现设备间的无缝连接和协同工作，实现智能互助和资源共享。“大连1号—连理卫星”搭载了鸿蒙操作系统，如图3-2-2所示。

图 3-2-2 “大连 1 号—连理卫星” 示意图

阅读有益

● 闭源操作系统：指其源代码不公开或不可访问的操作系统。在闭源操作系统中，源代码是由开发者或所属公司保管，不对外公开。用户无法查看、修改或分发该代码。常见的闭源操作系统包括Windows、Mac OS和iOS等。

● 开源操作系统：指其源代码是公开的，可自由访问、查看和修改的操作系统。开源操作系统鼓励用户参与开发，共享、修改源代码，这样可以提高透明度、安全性，以及用户的自主权。常见的开源操作系统包括Linux、FreeBSD、OpenBSD、Ubuntu、安卓操作系统等。

4.国产主流操作系统

近年来，我国在操作系统领域的研发力度持续加大，取得了显著的成就。具有代表性的企业主要有麒麟、统信、深度科技、普华、中科方德、华为、中兴新支点等。

麒麟公司开发的麒麟操作系统具有高度的兼容性、稳定性和安全性。其主要有中标麒麟和银河麒麟两大品牌。中标麒麟广泛应用于政府机关、教育机构、医疗卫生、金融服务、企业生产等领域。银河麒麟主要运用在航天、军工领域，如“天问一号”火星探测器使用的操作系统就是银河麒麟操作系统。

统信公司针对不同的市场用户推出了统信服务器操作系统和个人桌面操作系统（UOS）两大品牌。统信服务器操作系统是一种高性能、高可靠性和高安全性的服务器操作系统，满足于企业级服务器和数据中心的计算和存储的需求，并提供强大的管理和监控功能。个人桌面操作系统针对个人用户提供了美观的桌面环境和丰富的应用生态系统。

深度科技公司专注于Linux发行版和相关技术的开发与推广。Deepin操作系统是它的主要产品。Deepin操作系统以其美观、易用、个性化定制和稳定性等特点深受用户喜爱，比较适用于个人电脑。

普华公司开发的操作系统包括桌面端和服务器端，是国产主流操作系统之一。它采用自主设计的内核，可运行在多种硬件平台上。普华的太极服务器操作系统是一款面向党政机关、金融、电信、医疗卫生及能源等单位的企业级通用服务器操作系统。

中科方德是最主要的国产操作系统厂商之一，已形成成熟完善的服务器操作系统、桌面操作系统产品线，并提供云计算、高可用集群软件等工具。产品可良好支持台式机、笔记本电脑、嵌入式设备，被广泛应用于嵌入式系统、智能家居、智能互联、智能交通等领域。

华为公司除了鸿蒙操作系统能与安卓、iOS系统一较高下外，还有一款欧拉（openEuler）操作系统。华为欧拉是一款面向企业级和云计算环境的高可靠性、高安全性和高性能的服务器操作系统。

中兴新支点公司开发的操作系统支持主流国产芯片，可兼容运行Windows平台的日常办公软件，实用性强。公司提供了一整套完整的操作系统解决方案，包括无人驾驶车载操作系统、智慧城市操作系统、智能网关操作系统等。公司的操作系统不仅能安装在计算机上，还能安装在ATM柜员机、取票机、医疗设备等终端上。

做一做

查找相关资料，了解主流操作系统，填写下面的表格。

序号	软件公司	品牌产品	主要用途
1	微软		
2	谷歌		
3	麒麟		
4	统信		

续表

序号	软件公司	品牌产品	主要用途
5	深度科技		
6	普华		
7	中科方德		
8	华为		
9	中兴新支点		

三、数据库管理系统

数据库管理系统是用于管理、存储、维护和使用数据库的软件系统。它是建立在操作系统之上的一种软件工具，为用户提供了方便的数据管理服务。数据库管理系统在系统软件中的作用非常重要，可以帮助用户方便地管理和使用大量数据。常用的数据库有VFP、SQL、Oracle、MySQL等。数据库管理系统的基本工作原理如图3-2-3所示。

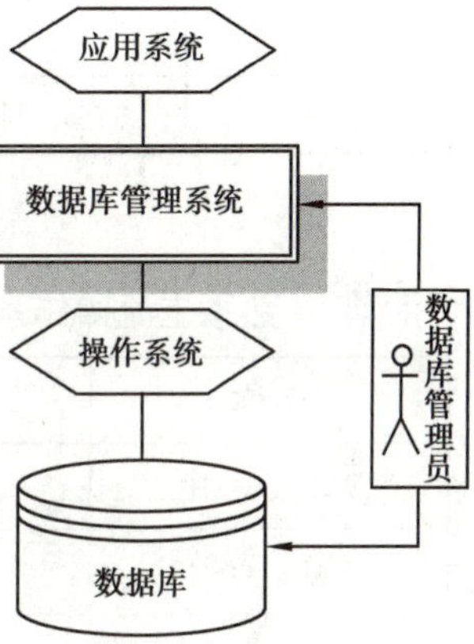

图 3-2-3　数据库管理系统的基本工作原理

四、语言处理程序

如果直接用机器语言来编写软件，是一件工作量极其繁重且艰难的事情。为了提高编程效率，人们常用高级语言来编写软件程序。然而，计算机硬件设备只能直接识别和执行机器语言，这就需要语言处理程序将高级程序设计语言编写的源程序转换成机器语言，以便计算机能够运行，这一转换是由翻译程序来完成。不同的高级语言有对应的翻译程序，如C语言的编译器Microsoft visual studio、Java语言的编译器JAVA 2 SDK，Python语言也有多种编译和解释工具可供选择，如CPython、Jython、IronPython等，开发者可以根据自己的需求进行选择和使用。

五、其他服务性程序

其他服务性程序是辅助操作系统对计算机的软件和硬件资源进行管理的应用程序。其作用包括用户身份认证、驱动管理、网络连接等。

学习活动

任务描述：小龙非常热爱计算机专业，课后他跑去维护小组实训室学习，组长今天让他跟着大家一起学习安装计算机的系统软件。在动手安装操作系统前，必须做以下的准备工作：

- 熟悉常见的系统软件及其功能；
- 熟悉主流操作系统的优点和适用范围；
- 熟悉维护计算机所需的一些服务性程序；
- 熟悉安装操作系统的流程。

活动1　查找相关资料，熟悉常见系统软件及其功能，填写下表。

序号	系统软件类型	系统软件的功能
1	操作系统	
2	语言处理程序	
3	数据库管理系统	
4	其他服务性程序	

活动2　熟悉主流操作系统的优点和适用范围，填写下表。

名称	优点	适用范围
Windows 10		
Mac OS		
Linux		
Android		
Deepin		
中标麒麟		
银河麒麟		

活动3　利用网络搜索相关资料，了解一些计算机服务性程序及其功能。

软件名称	软件的功能
驱动精灵	
360杀毒软件	
网络协议软件	
防火墙	

活动4　为计算机安装Windows 10操作系统。

①制作系统U盘。可以在百度搜索“Windows 10下载”，选择“下载Windows 10光盘映像（ISO文件）官网”，进去之后单击“立即下载工具”，制作好系统U盘，如图3-2-4所示。

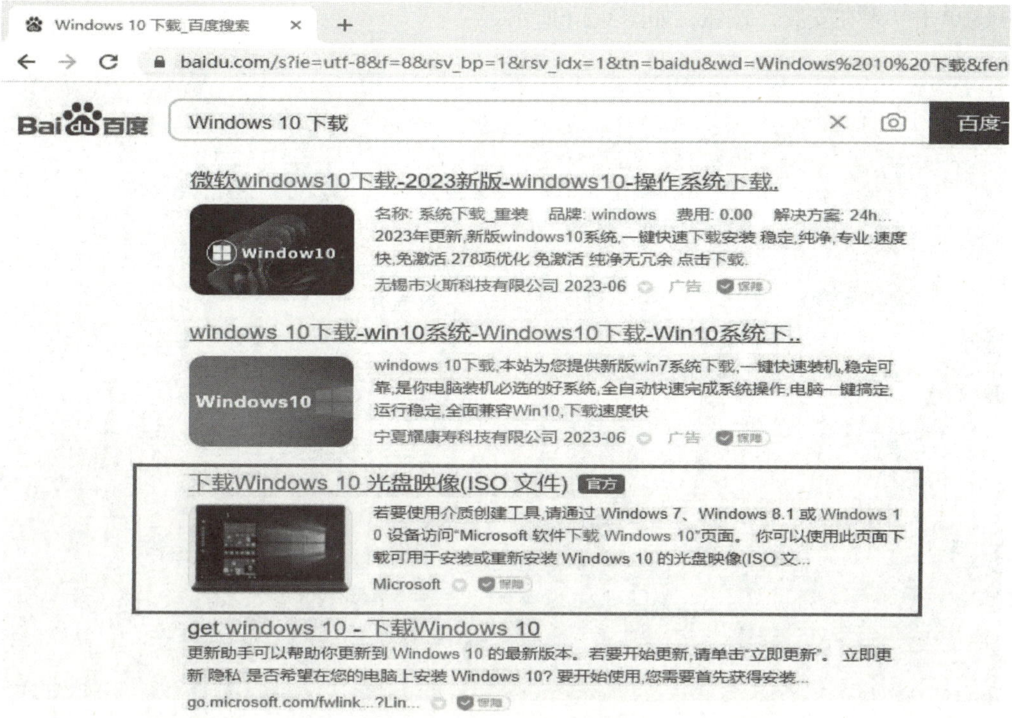
Windows 10 下载_百度搜索
baidu.com/s?ie=utf-8&f=8&rsv_bp=1&rsv_idx=1&tn=baidu&wd=Windows%2010%20下载&fen
Windows 10 下载
百度一
微软windows10下载-2023新版-windows10-操作系统下载.
名称: 系统下载_重装 品牌: windows 费用: 0.00 解决方案: 24h...
2023年更新,新版windows10系统,一键快速下载安装 稳定,纯净,专业,速度快,免激活.278项优化 免激活 纯净无冗余 点击下载.
无锡市火斯科技有限公司 2023-06 广告
windows 10下载-win10系统-Windows10下载-Win10系统下..
windows 10下载,本站为您提供新版win7系统下载,一键快速装机,稳定可靠,是你电脑装机必选的好系统,全自动快速完成系统操作,电脑一键搞定,运行稳定,全面兼容Win10,下载速度快
宁夏耀康寿科技有限公司 2023-06 广告
下载Windows 10 光盘映像(ISO 文件) 官方
若要使用介质创建工具,请通过 Windows 7、Windows 8.1 或 Windows 10 设备访问"Microsoft 软件下载 Windows 10"页面。 你可以使用此页面下载可用于安装或重新安装 Windows 10 的光盘映像(ISO 文...
Microsoft
get windows 10 - 下载Windows 10
更新助手可以帮助你更新到 Windows 10 的最新版本。若要开始更新,请单击"立即更新"。 立即更新 隐私 是否希望在您的电脑上安装 Windows 10? 要开始使用,您需要首先获得安装...
go.microsoft.com/fwlink...?Lin...

图 3-2-4 下载 Windows 10 安装工具包

②将U盘插入计算机后启动计算机，将计算机设置为U盘启动，进入安装程序界面，选择安装语言、时间和货币格式、键盘和输入方法，单击“下一步”按钮，如图3-2-5所示。

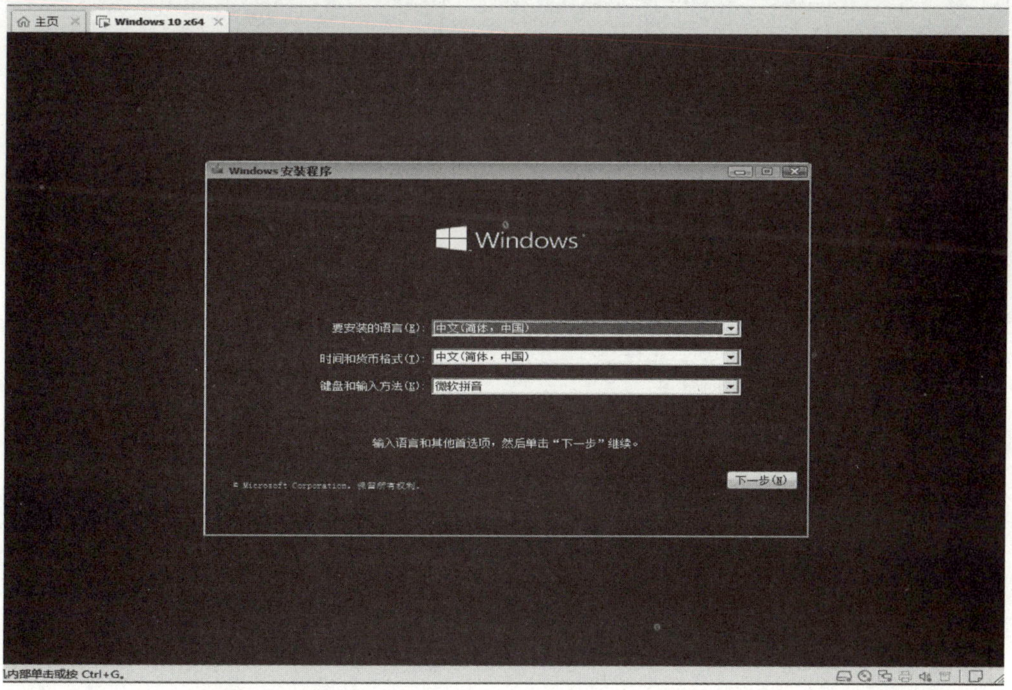
主页
Windows 10 x64
Windows 安装程序
Windows
要安装的语言(E): 中文(简体，中国)
时间和货币格式(T): 中文(简体，中国)
键盘和输入方法(K): 微软拼音
输入语言和其他首选项，然后单击“下一步”继续。
下一步(N)
内部单击或按 Ctrl+G。

图 3-2-5 Windows 10 安装程序界面

③单击“现在安装”按钮，如图3-2-6所示。

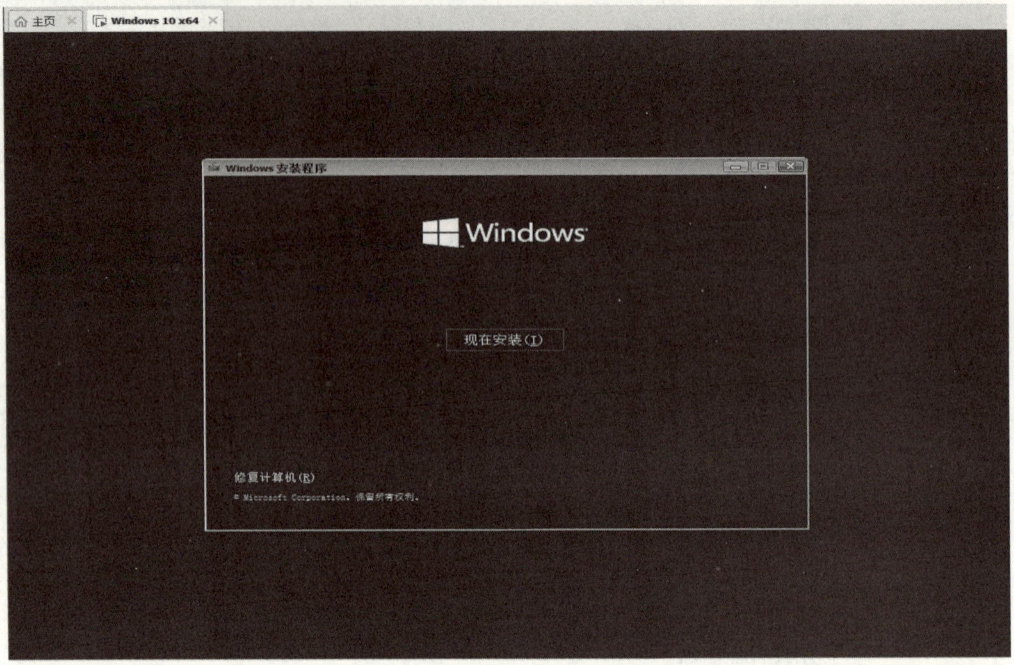
主页
Windows 10 x64
Windows 安装程序
Windows
现在安装(I)
修复计算机(R)

图 3-2-6　选择“现在安装”

④勾选“我接受许可条款”，单击“下一步”按钮，如图3-2-7所示。

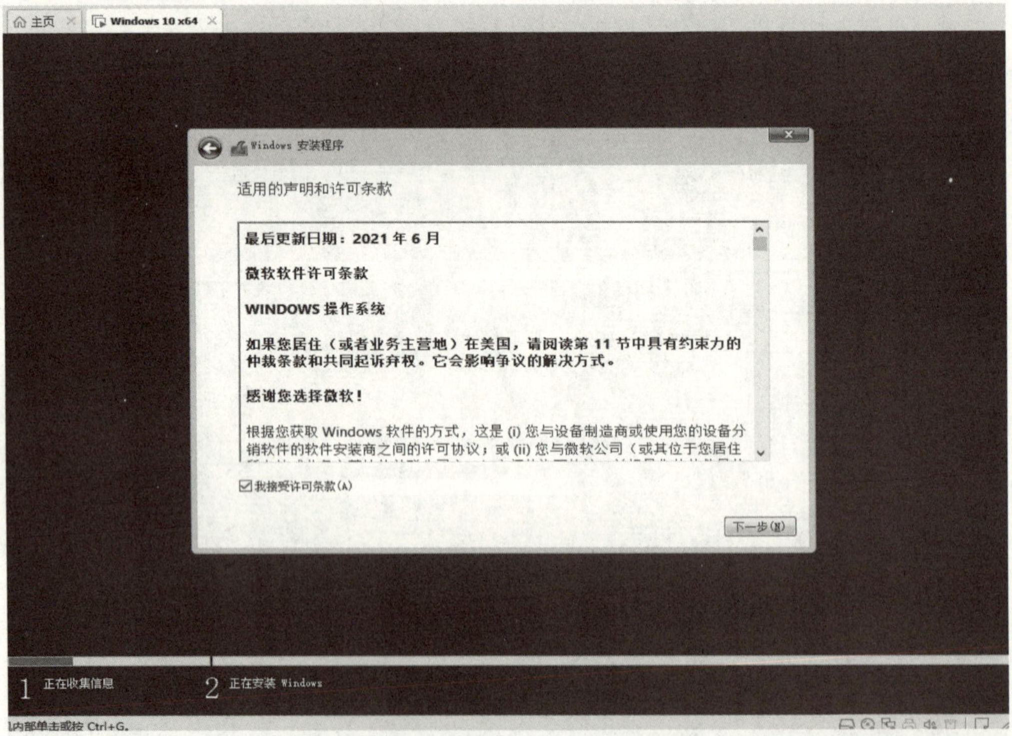
主页
Windows 10 x64
Windows 安装程序
适用的声明和许可条款
最后更新日期：2021 年 6 月
微软软件许可条款
WINDOWS 操作系统
如果您居住（或者业务主营地）在美国，请阅读第 11 节中具有约束力的仲裁条款和共同起诉弃权。它会影响争议的解决方式。
感谢您选择微软！
根据您获取 Windows 软件的方式，这是 (i) 您与设备制造商或使用您的设备分销软件的软件安装商之间的许可协议；或 (ii) 您与微软公司（或其位于您居住
我接受许可条款(A)
下一步(N)
1 正在收集信息
2 正在安装 Windows

图 3-2-7　查看许可条款

⑤选择安装类型，本次操作选择“仅安装Windows”，如图3-2-8所示。

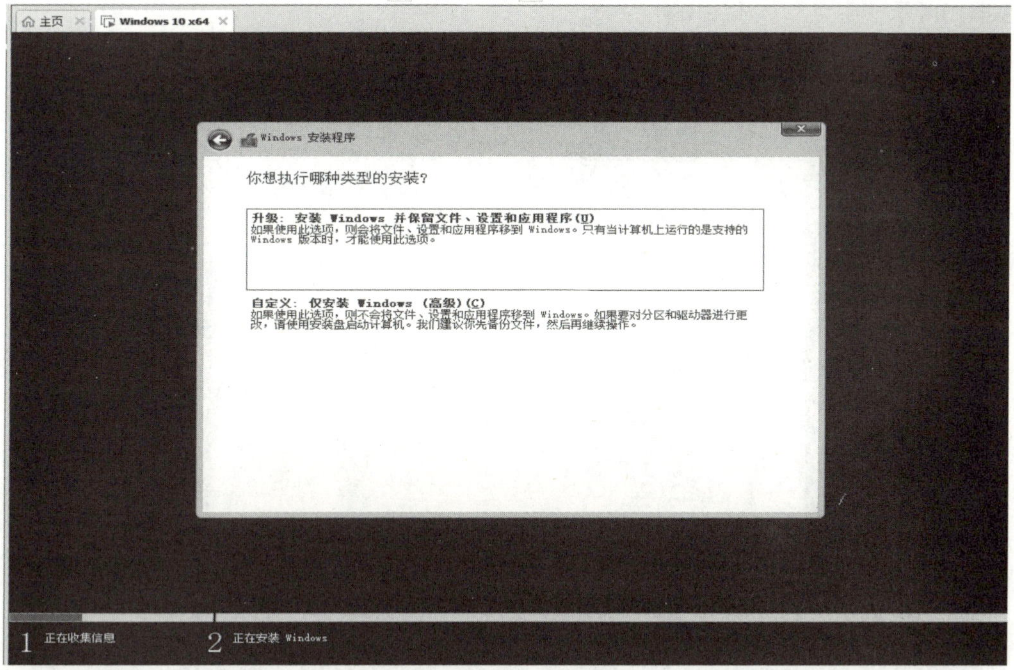

图 3-2-8　选择安装类型

⑥新建硬盘分区，确定每个分区的存储空间大小，如图3-2-9所示。

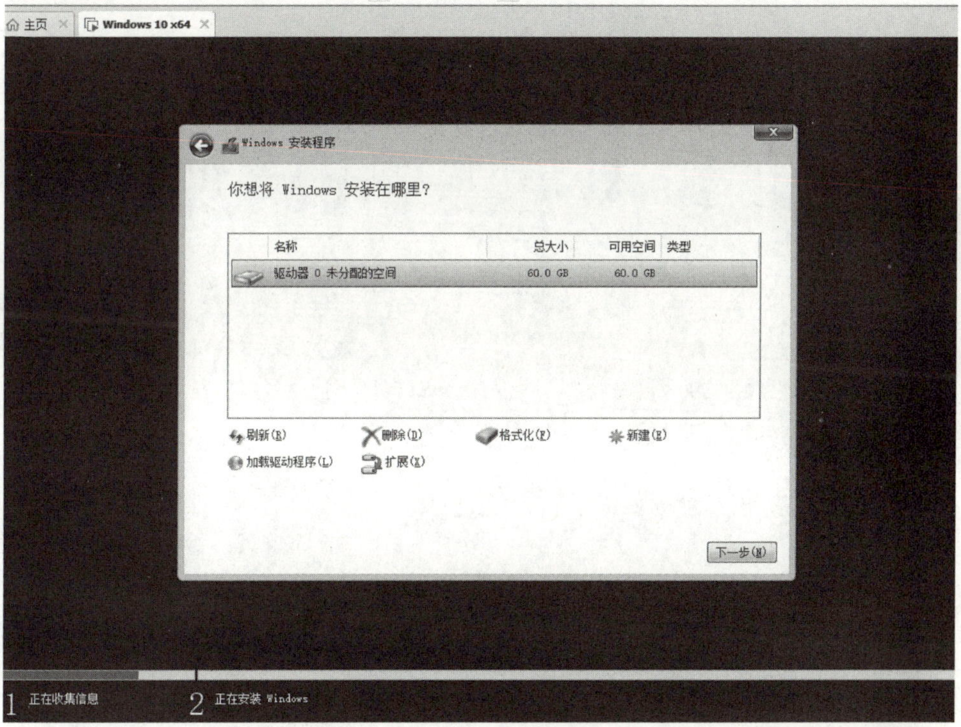

图 3-2-9　硬盘分区

⑦确定操作系统的安装位置。注意系统保留分区不能选为操作系统的安装位置，一般选择系统保留分区后一个分区安装操作系统，单击“下一步”按钮，将进入自动安装过程，如

图3-2-10所示。

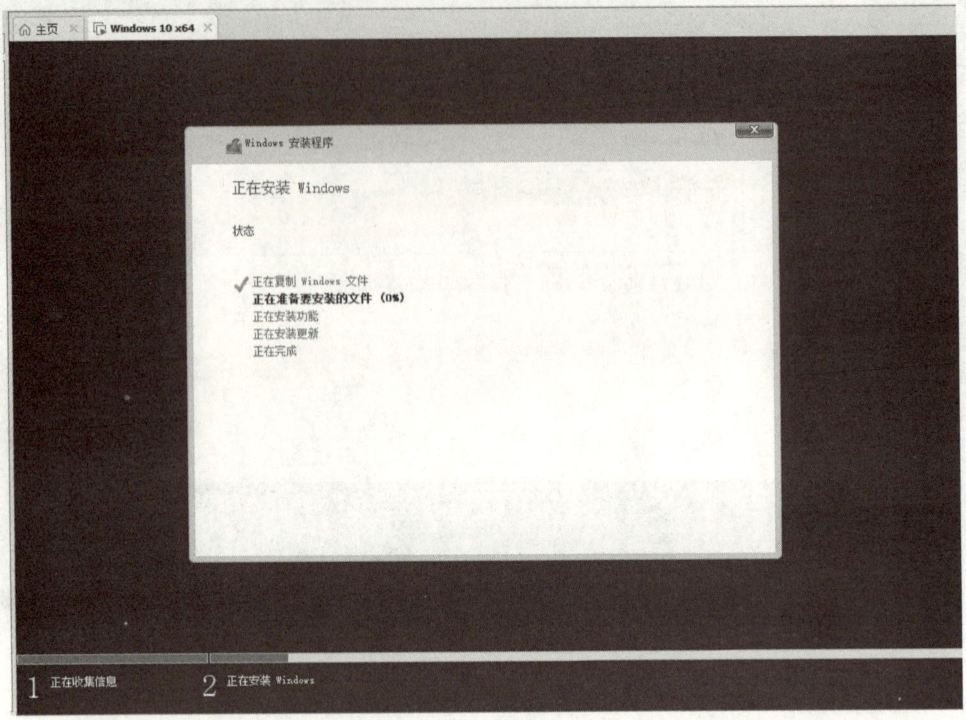

图 3-2-10　正在安装 Windows

⑧自动安装部分完成以后，根据系统提示并结合自身需求可以进行系统设置，之后会出现Windows 10 桌面，操作系统安装完毕，如图3-2-11所示。

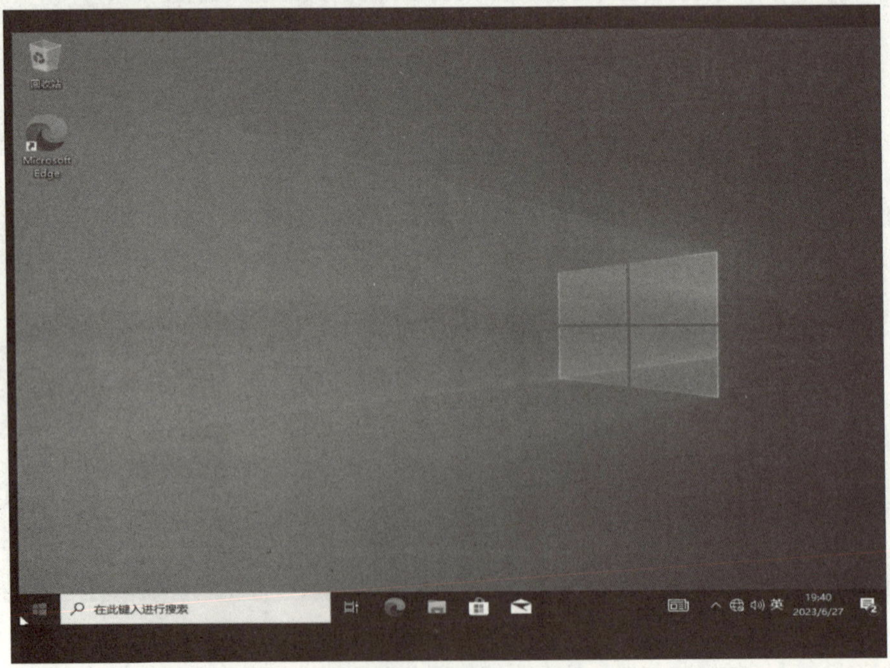

图 3-2-11　安装完毕

知识拓展

计算机软件的发展和变化对我们的生活产生了巨大影响。伴随着科学技术的发展，AI技术逐渐成为软件开发技术的热点。华为的AI大模型盘古大模型3.0已经在服务众多客户，扫描二维码可了解更多内容。

职场融通

通过本任务的学习，小龙认识到系统软件在计算机中的重要作用。他非常佩服国内软件企业自主研发操作系统的创新精神，国产软件的不断进步，增强了他的民族自豪感。小龙下定决心，一定要认真学习系统软件的工作原理，熟练掌握操作系统的安装方法，提高自己在职场上的竞争力。请你根据自身的实践情况，结合所学专业，制订自己的职业生涯目标。

职业生涯目标	行业需求	自我分析	希望从事的工作	努力方向
计算机维修				
软件系统维护				

能力评价

回顾本任务的学习情况，根据评价内容填写掌握程度，并填写自我反思表。

评价内容	自我评价	学生互评	教师评价
系统软件的概念和功能	5分□ 3分□ 2分□	5分□ 3分□ 2分□	5分□ 3分□ 2分□
系统软件的组成	5分□ 3分□ 2分□	5分□ 3分□ 2分□	5分□ 3分□ 2分□
操作系统的功能和分类	5分□ 3分□ 2分□	5分□ 3分□ 2分□	5分□ 3分□ 2分□
安装操作系统	5分□ 3分□ 2分□	5分□ 3分□ 2分□	5分□ 3分□ 2分□

	优点	不足	改进措施
自我反思			

[任务三]

NO.3

认识应用软件

微课

情景导入

自从小龙学习了软件相关知识并学会了安装系统软件后，便成了家里的电脑小达人，他希望能够用所学知识帮助家里人解决各种问题。爷爷希望他帮忙播放电影，奶奶希望他能帮忙剪辑广场舞视频，妈妈有些表格需要他帮忙完成，爸爸有些照片需要他帮忙处理。但想要帮助家人，小龙只学会了安装系统软件是远远不够的，因此小龙开始了对应用软件的学习。

任务目标

1.了解应用软件的基本概念和分类；

2.掌握常见应用软件的功能；

3.能使用常见应用软件。

知识链接

一、应用软件的定义和作用

应用软件是指为满足用户特定需求而开发的软件程序，它们通常用于完成特定的任务、提供特定的功能或解决特定的问题。应用软件可以运行在各种不同的设备上，包括台式计算机、智能手机、平板电脑等。应用软件的作用主要有以下几个方面。

1.提高工作效率

应用软件可以帮助用户更高效地完成各种任务，例如，办公软件可以帮助用户编辑文档、制作演示文稿和管理数据，图像处理软件可以帮助用户编辑和处理图片，音频和视频编辑软件可以帮助用户剪辑和编辑音频和视频等。

2.简化操作流程

应用软件通常提供直观的用户界面和操作方式，使用户能够更轻松地完成各种任务，无须掌握复杂的专业知识。

3.提供丰富的功能和服务

应用软件可以提供各种各样的功能和服务，满足用户的不同需求。例如，社交媒体应用软件可以帮助用户与他人保持联系和分享信息；电子商务应用软件可以提供在线购物和支付；游戏应用软件可以提供娱乐和休闲体验等。

4.促进创新和发展

应用软件的不断发展和创新推动了科技的进步和社会的发展。通过应用软件，人们可以实现更多的创意，推动各个领域的发展和变革。总之，应用软件在日常生活和工作中扮演着重要的角色，它们使我们的生活更加便捷、高效，并为我们提供了丰富多样的功能和服务。

二、办公软件

办公软件是用于提高办公效率和协作的应用软件。常用的办公软件主要有微软公司开发的Office软件套装和金山公司开发的WPS软件套装。Microsoft Office包括Word、Excel（图3-3-1）、PowerPoint等。Word用于图文混排，Excel用于表格制作和数据分析，PowerPoint用于制作演示文稿。

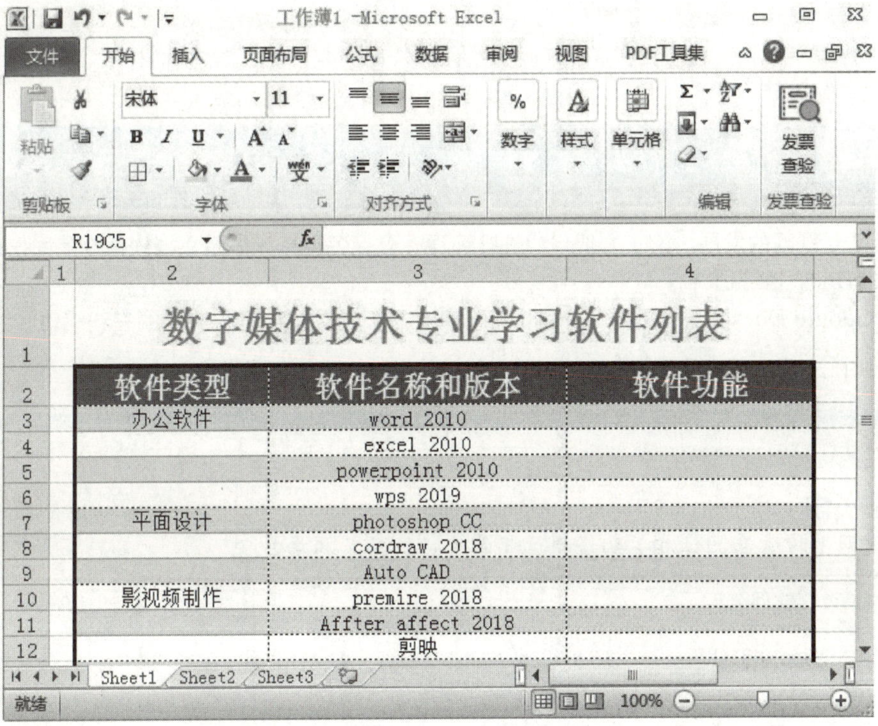

图 3-3-1　Excel 操作界面

WPS Office（图3-3-2）：中国自主开发的一款办公软件套件，包括Writer（文字处理）、Spreadsheets（电子表格）、Presentation（演示文稿）、PDF转换等功能。WPS的优势是免费使用，拥有丰富的在线模板，并支持在线存储等。

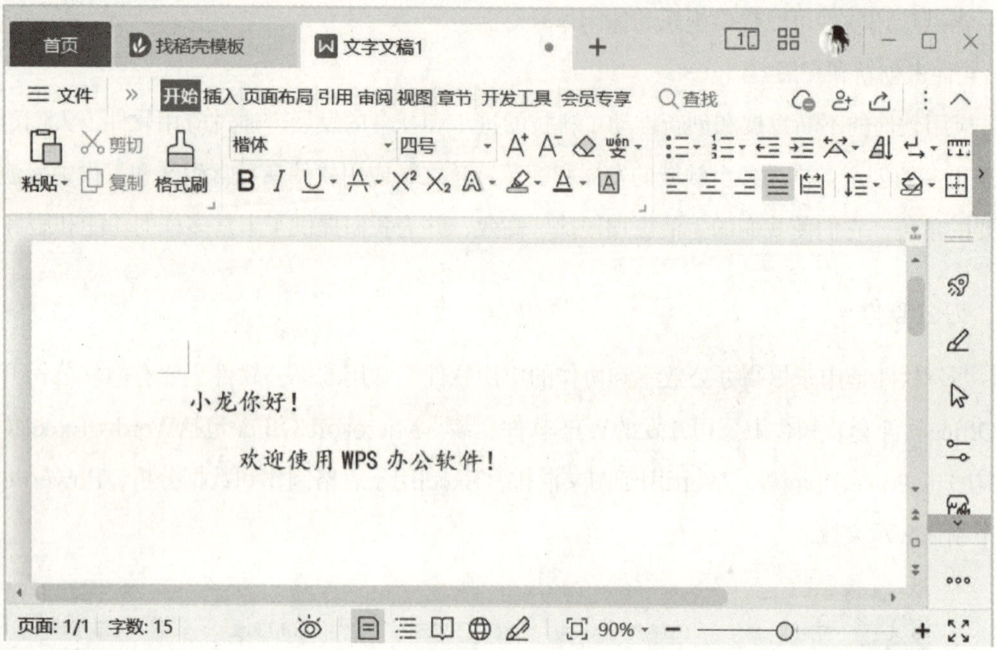

图 3-3-2　WPS 操作界面

阅读有益

随着互联网的发展，为了方便用户进行远程办公，各种在线编辑文档软件也随即出现，如 Google Docs、腾讯文档。

- Google Docs：一个基于云端的办公套件，可以通过网络进行文档的在线编辑和协作。
- 腾讯文档：由腾讯公司推出的一款在线协作文档工具，可提高协作效率。

做一做

通过网上搜索和阅读相关的资料，了解办公软件及其功能。

软件名称	开发公司	软件功能
Microsoft Office		
WPS Office		
Libre Office		
Google Docs		
腾讯文档		

三、多媒体制作软件

1.图形图像处理软件

图形图像处理软件主要有CorelDRAW、Photoshop、AutoCAD、美图秀秀等。

CorelDRAW（图3-3-3）是一款功能强大的矢量图形设计软件，它提供丰富的工具和效果，能帮助设计师和艺术家创作出高质量的作品。其适用于平面设计、商标设计、标志制作、模型绘制、插画描画、排版及分色输出等领域，也是一款专业的排版软件。

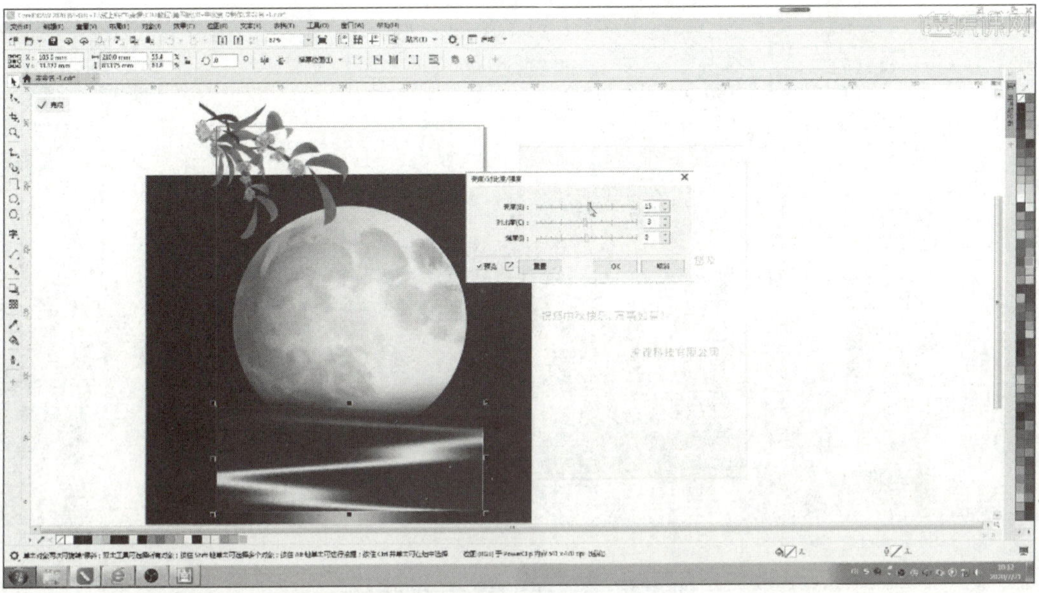

图 3-3-3　CorelDRAW 操作界面

Photoshop（图3-3-4）简称“PS”，是功能强大的位图处理软件，能够制作出有创意的合成图像，也可以对照片进行修复，还可以设计出精美的图案。其常用于平面广告设计（如海报、图书、杂志等）、修复照片（修复老照片、去除人脸斑点等）、广告摄影、影像创意、电商设计、建筑及室内后期效果图处理、视觉创意等。

图 3-3-4　Photoshop 操作界面

AutoCAD（图3-3-5）是一种利用计算机技术进行辅助设计、绘图和制图的工具软件。AutoCAD 提供了丰富的绘图工具和功能，能够快速创建和编辑二维和三维图形，并支持多种文件格式的导入和导出。它广泛应用于建筑设计、工程设计、产品设计等领域。

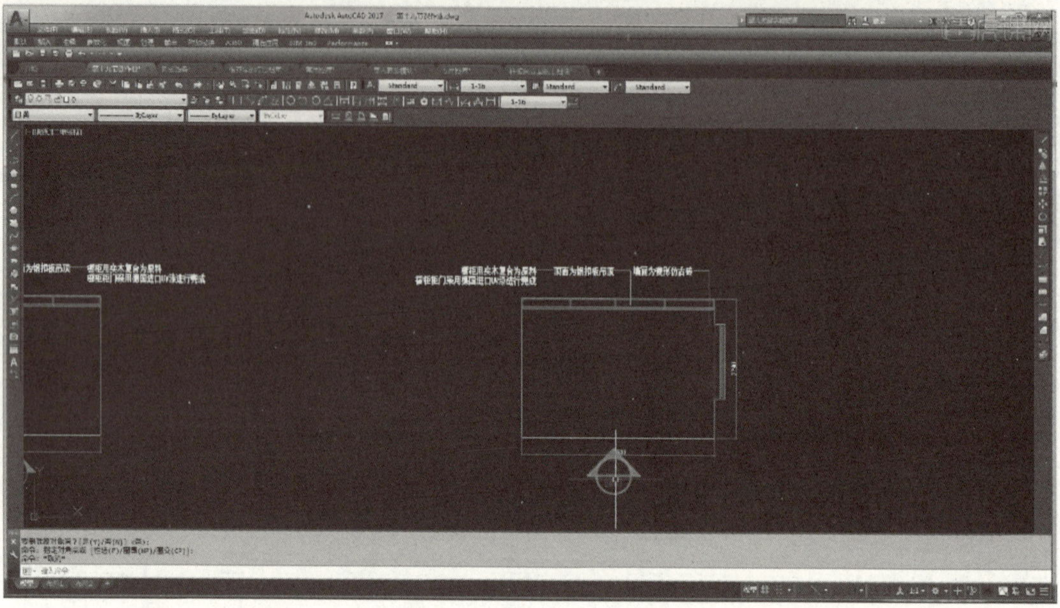

图 3-3-5 AutoCAD 操作界面

美图秀秀是一款操作简单的图片编辑软件，提供了强大的美颜功能、丰富多样的滤镜和特效、照片编辑工具、拼图和模板。

做一做

查找相关资料，查看各种图形图像处理软件的特点和使用范围，填写下表。

软件名称	软件特点	使用范围
Photoshop		
CorelDRAW		
AutoCAD		
美图秀秀		

2.音视频编辑软件

音视频编辑软件主要有Premiere、After Effects、绘声绘影等。

Premiere（图3-3-6）是一款专业的视频编辑软件。简单来说，其主要用于把一段或多段视频修剪拼接成一段完整的视频，再添加各种特效，做出满意的效果。

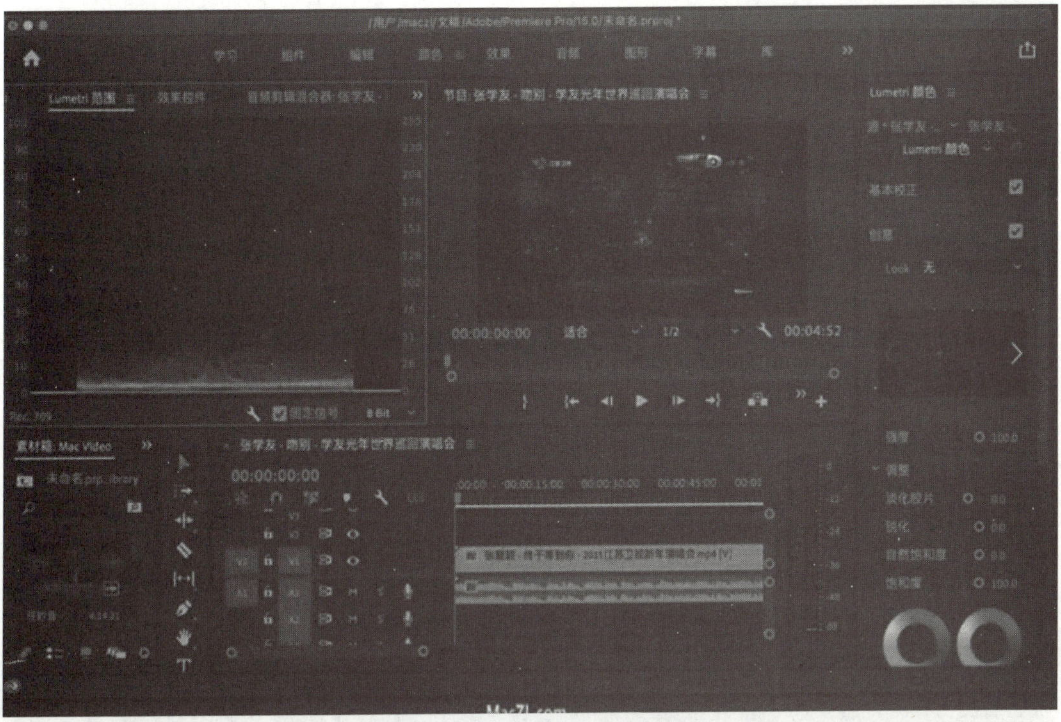

图 3-3-6　Premiere 操作界面

After Effects（图3-3-7）是专门制作后期合成效果以及特效动画的软件。其主要用于制作企业宣传片、MG动画、广告片等。

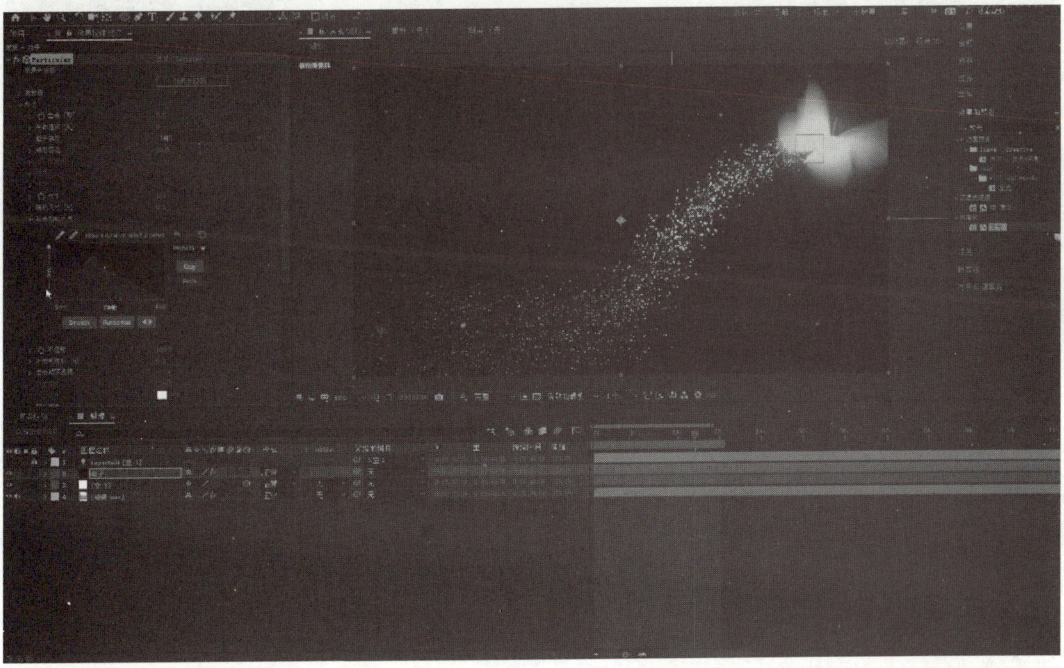

图 3-3-7　After Effects 操作界面

阅读有益

剪映：一款由字节跳动公司推出的手机视频编辑软件，旨在帮助用户轻松制作和发布优质的视频内容。它提供了丰富的视频编辑工具和特效，适用于社交媒体平台（如抖音）上的短视频制作。自2021年2月起，剪映支持在手机移动端、Pad端、Mac电脑、Windows电脑等终端使用。

爱剪辑：一款由爱剪辑科技公司推出的手机视频编辑软件。它是专为智能手机用户设计的视频编辑工具，可以帮助用户轻松地编辑、剪辑和美化他们的视频内容。

3.三维动画制作软件

三维动画制作软件主要有3ds Max、Maya、Cinema 4D、Blender等。

3ds Max（图3-3-8）是一款专业的三维动画制作软件。拥有强大的建模工具，使用户能够创建复杂的场景和角色模型。它还具有丰富的动画功能，可以实现逼真的角色动作和物体运动。此外，3ds Max还支持渲染技术，可创建逼真的光照和阴影效果，并提供了丰富的材质和纹理选项。它被广泛用于电影、电视、游戏开发和建筑可视化等领域。

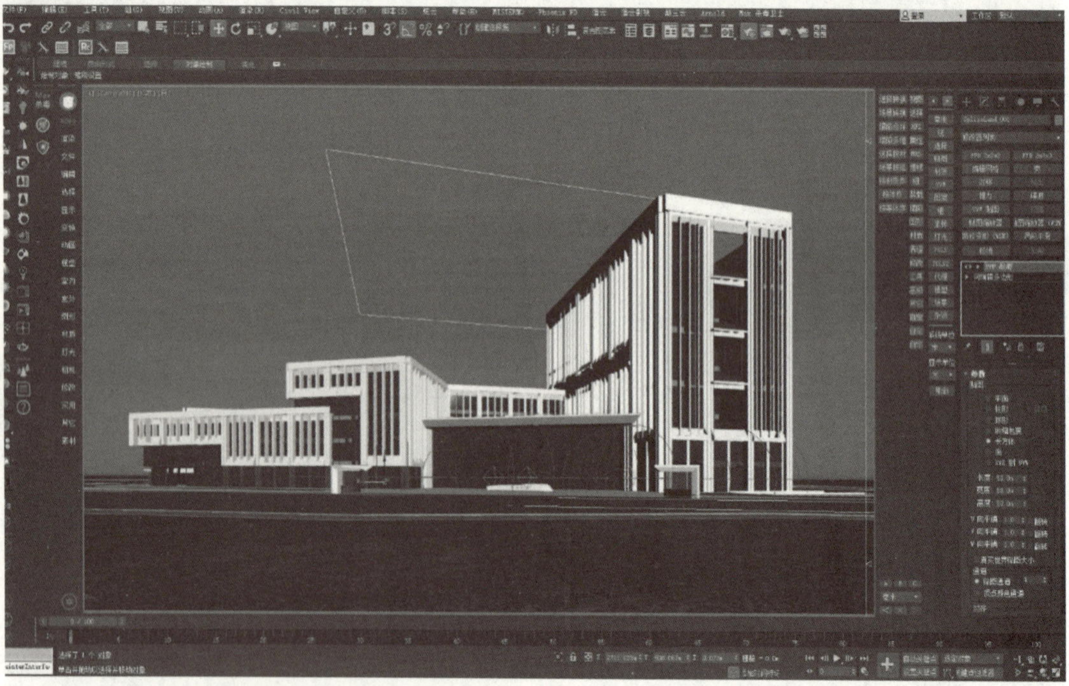

图 3-3-8　3ds max 操作界面

Maya是行业领先的三维动画制作软件之一，广泛应用于电影、视频、游戏和广告等领域。它提供了强大的建模、动画渲染和特效等功能。

Cinema 4D是非常受欢迎的三维动画制作和渲染软件。它是由德国Maxon公司开发，用于创建高质量的视觉效果、动态图形和运动图形。Cinema 4D在电影、电视广告、游戏和工业设计等领域得到了广泛应用。

Blender是一款开源的三维建模和渲染软件，用于创建动画、特效和虚拟场景等。

Unreal Engine 4是一个功能丰富、灵活且强大的实时渲染和游戏开发引擎，可用于创建高质量、逼真的游戏、虚拟现实（VR）、增强现实（AR）和交互式体验（图3-3-9）。

图 3-3-9 Blender 和 Unreal Engine 4 制作的历史展览馆

做一做

查找相关资料，了解多媒体制作软件，填写下表。

软件类型	软件举例	软件的作用	软件应用领域
图形图像处理			
音视频编辑			
三维动画制作			

四、人工智能软件

人工智能软件主要有机器学习软件、自然语言处理、计算机视觉软件、语音识别和语音合成软件等。目前人们使用最多的就是chat AI和Bing AI（图3-3-10）。Bing AI是一款智能搜索引擎，它可以帮助用户在网上找到想要的信息，也可以和用户进行有趣的对话，甚至可以为用户生成各种类型的内容，如诗歌、故事、代码等。

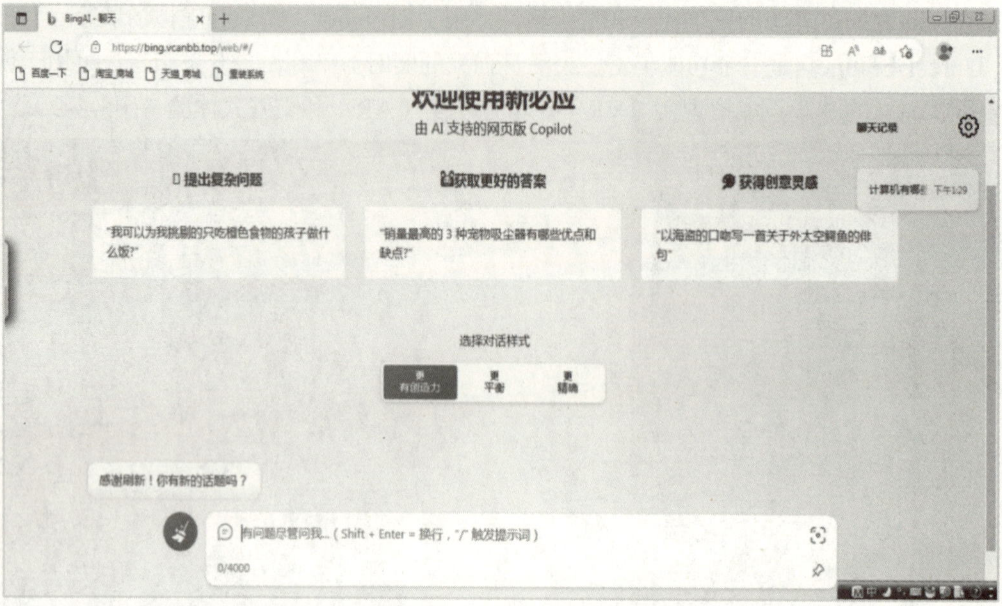

图 3-3-10　Bing AI 网页版

五、娱乐及影音软件

暴风影音是北京暴风科技有限公司推出的一款视频播放器，该播放器兼容大多数的视频和音频格式。暴风影音播放的文件清晰，当有文件不可播时，右上角的“播”起到了切换视频解码器和音频解码器的功能，会切换视频的最佳三种解码方式。

网易云音乐软件（图3-3-11）是一款由网易公司开发的音乐产品软件，依托专业音乐人、DJ、好友推荐及社交功能，提供强大的在线听歌功能，曲目丰富，音质完美，部分音乐涉及版权需要会员才能欣赏。

图 3-3-11　网易云音乐

六、移动应用软件

支付宝软件是蚂蚁科技集团股份有限公司旗下软件，是国内第三方支付开放平台，由支付宝（中国）网络技术有限公司和支付宝（杭州）信息技术有限公司作为主体运营。它负责为数字化服务商提供产品和服务接口，助力商家机构数字化经营，超过300万个商家机构小程序入驻支付宝App，为消费者提供政务服务、扫码点单、生活缴费等超过1 000余项生活服务。支付宝已服务8 000万商家、10亿消费者。

七、网络软件

网络软件是指用于支持数据通信和各种网络活动的软件。

腾讯会议（图3-3-12）是一款在线会议和远程协作工具。它能够通过互联网实现多人视频会议、语音通话、屏幕共享、在线文档协作等功能，为用户提供便捷的远程办公和会议交流解决方案。

图 3-3-12　腾讯会议移动端界面

八、其他软件

- 程序设计软件：C语言程序设计软件（图3-3-13）、C++程序设计软件、Java程序设计软件、Python程序设计软件等。

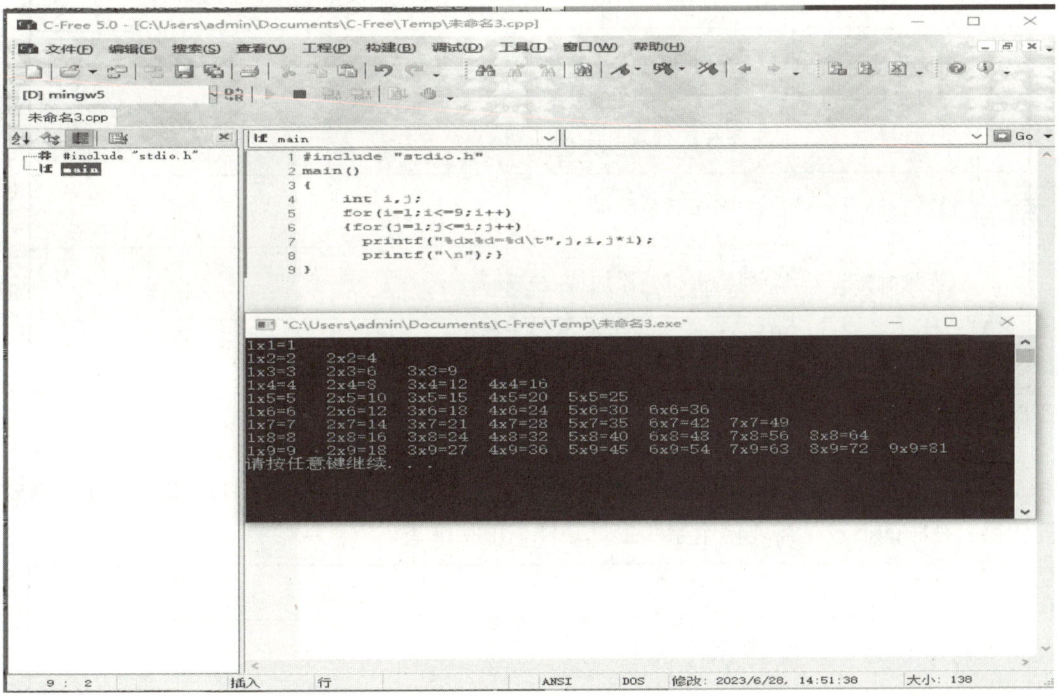

图 3-3-13　C-free

- 压缩软件：可以将多个文件压缩为一个文件，减小文件的容量，方便用户传输和携带，如zip（图3-3-14）。

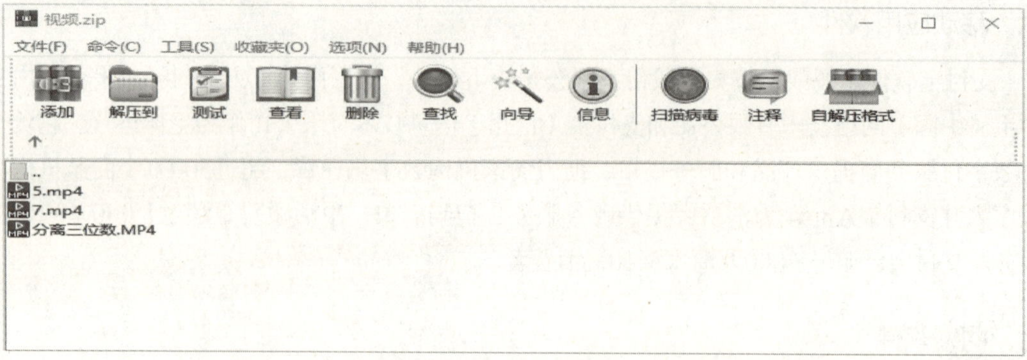

图 3-3-14 zip

学习活动

任务描述：计算机专业部为了激发学生的学习兴趣，提高学生的专业技能，决定举行“图文排版”“模型设计”“短视频制作”“程序设计”等专业技能比赛。每一个比赛项目需要掌握的软件都不同。要求：

- 学生根据自己所掌握的知识和能熟练操作的软件报名参加对应的比赛；
- 在“短视频制作”项目中，学生可以使用自己制作的图片素材；
- 学生在提交作品时，需要将作品打包上传。

活动1 查阅相关资料，了解每个比赛项目需要熟练操作的软件，填写下表。

比赛项目	比赛内容	需要熟练操作哪些软件
图文排版	文字处理、创建表格	
平面设计	图片的处理和绘制	
模型设计	制作简单的模型	
短视频制作	剪辑素材，添加特效	
程序设计	编写简单的程序代码	

活动2 查阅相关资料，短视频制作中对素材的处理（主要包括图片的美化，视频格式的转换，视频的播放）需要使用哪些工具软件，填写下表。

软件名称	功能

知识拓展

近些年，在国家数字经济发展战略的坚持下，中国App的“扬帆出海”催生了诸多位列全球各地App市场头部的“中国创造”，一批批中国互联网公司正在开启数字时代的“西进运动”，扫描二维码了解详细情况。

职场融通

俗话说“工欲善其身，必先利其器”。这些应用软件就如同兵器一样，每一种兵器都有它独特的使用价值和使用场景。大家要根据场景需求，结合自己的知识结构，选择合适的软件进行操作练习，在未来的职场中才能提高完成工作的效率和质量。请根据行业需求和自己的知识结构，制订自己的职业生涯目标。

职业生涯目标	自我认识	行业认识	职业目标	努力方向
影视和动漫设计				
平面广告设计				
软件开发				

能力评价

回顾本任务的学习掌握，根据评价内容填写掌握程度，并填写自我反思表。

评价内容	自我评价	学生互评	教师评价
办公软件	5分□ 3分□ 2分□	5分□ 3分□ 2分□	5分□ 3分□ 2分□
多媒体软件	5分□ 3分□ 2分□	5分□ 3分□ 2分□	5分□ 3分□ 2分□
人工智能软件	5分□ 3分□ 2分□	5分□ 3分□ 2分□	5分□ 3分□ 2分□
网络软件	5分□ 3分□ 2分□	5分□ 3分□ 2分□	5分□ 3分□ 2分□
其他软件	5分□ 3分□ 2分□	5分□ 3分□ 2分□	5分□ 3分□ 2分□

	优点	不足	改进措施
自我反思			

项目四 / 使用操作系统

项目概述：

为了使计算机系统中所有软、硬件资源协调一致，有条不紊地工作，就必须由操作系统统一管理和调度。操作系统是在硬件基础上的第一层软件，是其他软件和硬件之间的接口，能够最大限度地发挥计算机系统各部分的作用。通俗地讲，操作系统就是计算机系统的“管家”。假如没有操作系统，人们不得不像最早期使用计算机的用户那样，用仅有的“0”和“1”数据来和计算机进行交流。而有了操作系统，人们只要利用操作系统在显示器屏幕上给出的界面即可进行各种操作，从而为用户提供服务。本项目将以Windows 10操作系统为例，通过几个具体的任务来学习和使用操作系统。

学习目标：

+ 了解操作系统的原理和工作方式；
+ 掌握Windows 10操作系统的基本使用方法；
+ 能运用Windows 10操作系统进行文件管理；
+ 能使用Windows 10操作系统自带的常用附件；
+ 了解操作系统的安装和更新。

思政目标：

+ 培养学生的批判性思维和博采广览的精神；
+ 增强学生的民族自豪感和文化自信心；
+ 培养学生求真务实、开拓进取、踏实肯干的精神。

[任务一]

NO.1

认识Windows 10操作系统

微课

情景导入

小龙对计算机的操作系统很感兴趣，学校机房使用的是Windows 10操作系统，最近他了解到华为技术有限公司研发部的技术员来到了学校，商讨智慧校园建设事宜，探索校企合作新模式。他在网上查阅了大量资料，了解到华为研发了智能终端操作系统——鸿蒙系统。这是一款基于微内核的面向全场景的分布式操作系统，可应用于手机、平板电脑、PC、汽车等各种不同的设备。他由衷地感到自豪，暗暗下决心，想要开发出更加强大的国产操作系统，为国产软件贡献自己的一份力量，他决定首先从以下几个方面认真学习Windows 10操作系统。

任务目标

1.了解操作系统的概念及Windows 10窗口的组成；

2.了解“开始”菜单和任务栏的作用；

3.掌握Windows 10操作系统的基础操作。

知识链接

一、走进操作系统

操作系统是用户和计算机的接口，同时也是计算机硬件和其他软件的接口。操作系统的功能包括管理计算机系统的硬件、软件及数据资源，控制程序运行，改善人机界面，为其他应用软件提供支持等。操作系统是计算机系统的关键组成部分，要完成管理与配置内存、决定系统资源供需的优先次序、控制输入与输出设备、管理文件系统与网络连接等基本任务。Windows操作系统的发展史如图4-1-1所示。

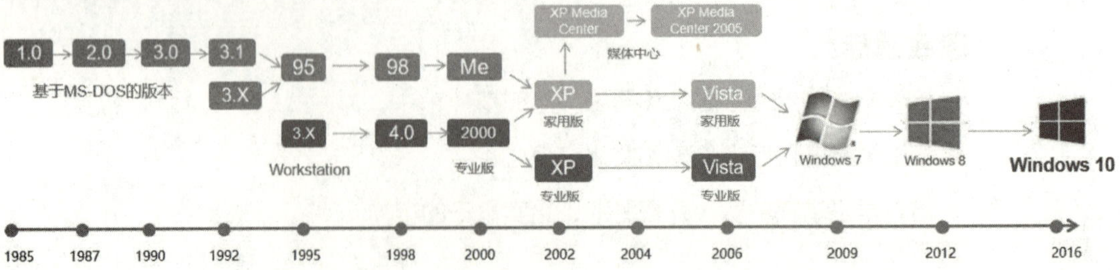

图 4-1-1　Windows 操作系统发展史

二、Windows 10的窗口与桌面

在Windows系统中，窗口是一个任务的操作显示界面，如图4-1-2所示。窗口是工作

区，每个应用程序或文档都有自己的窗口。窗口中可以根据用户需要呈现不同的“景观”。

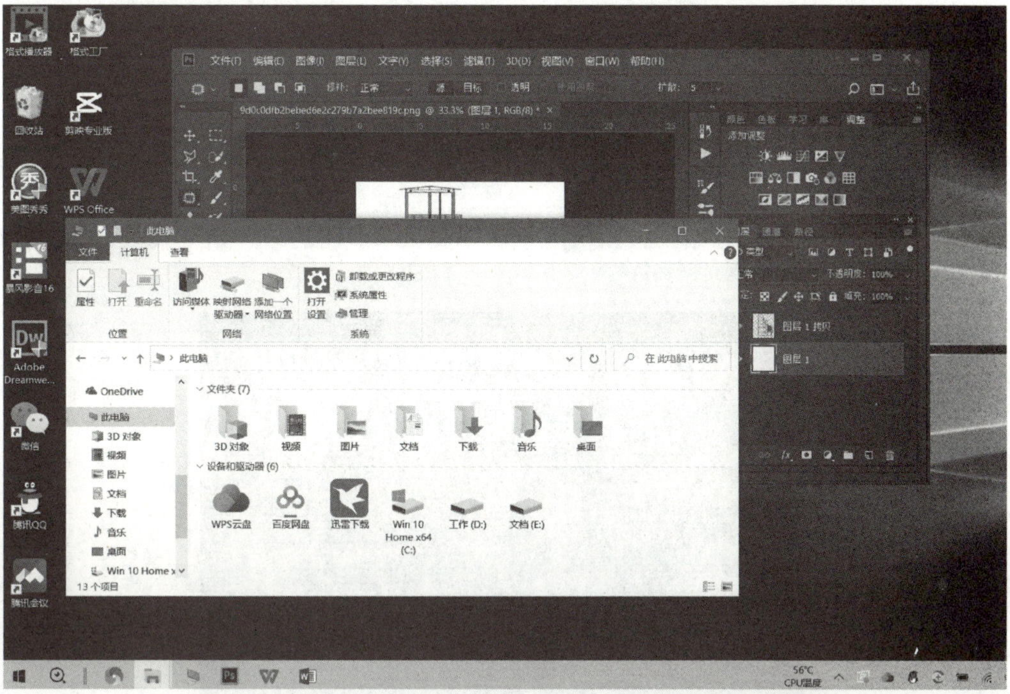

图 4-1-2　Windows 10 窗口

桌面可以理解为最底层的窗口，上面有很多常用的开关，用来打开不同程序对应的小窗口。为了方便用户区别各个开关对应的功能程序，而将开关用不同的图形来表示，这些图形就是图标，双击图标就会调用对应的程序。这个最底层窗口上还可以放一些文档，方便用户随时打开，便有了类似办公桌桌面的特征，习惯地将这个最底层的窗口称为桌面。

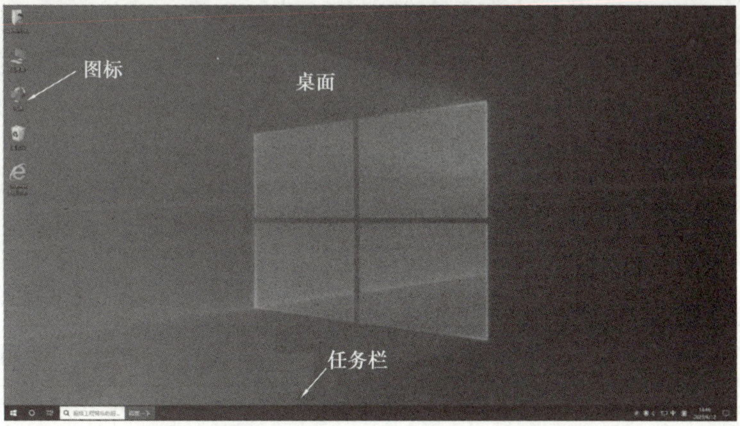

图 4-1-3　Windows 10 的桌面

1.任务栏

任务栏位于窗口的底部，包含“开始”按钮、搜索框、通知区域、程序窗口等，如图4-1-4所示。

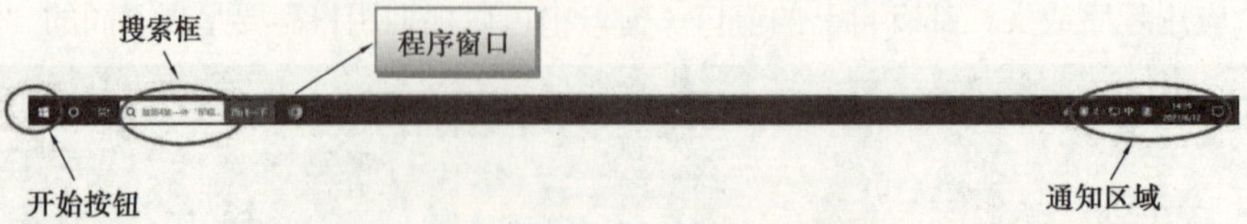

图 4-1-4　任务栏

2. “开始”菜单

单击屏幕左下角的“开始”按钮，打开Windows 10的“开始”菜单，如图4-1-5所示。

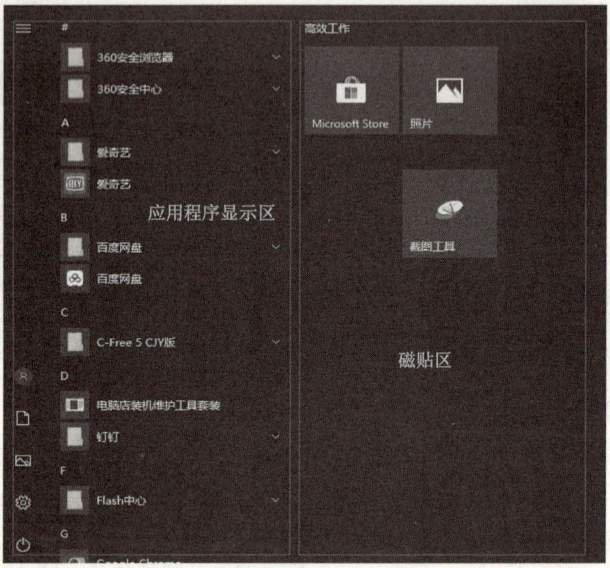

图 4-1-5　Windows 10 的“开始”菜单

Windows 10的“开始”菜单分为左右两个区域，左侧应用程序显示区可以帮助用户轻松切换到系统中的不同窗口，如“百度网盘”“设置”等的窗口，左侧区域的上方为“最常用”列表，用户每天使用的应用程序会在此处列出；右侧区域为磁贴区，可以固定程序的磁贴和图标，方便用户快速打开应用程序。

做一做

查阅资料，对比Windows 10系统和之前的Windows系统在硬件方面有哪些优势。

项目	Windows 10	Windows 7	Windows XP
处理器			
运行内存			
可用硬盘空间			
显卡			
显示器			

三、Windows 10操作系统基础操作

1.将程序图标固定到"开始"菜单

方法1：通过命令固定。

以"钉钉"程序为例，单击"开始"按钮，选择开始菜单左列中的"所有应用"，找到"钉钉"程序图标，单击右键，选择"固定到'开始'屏幕"命令即可，如图4-1-6所示。

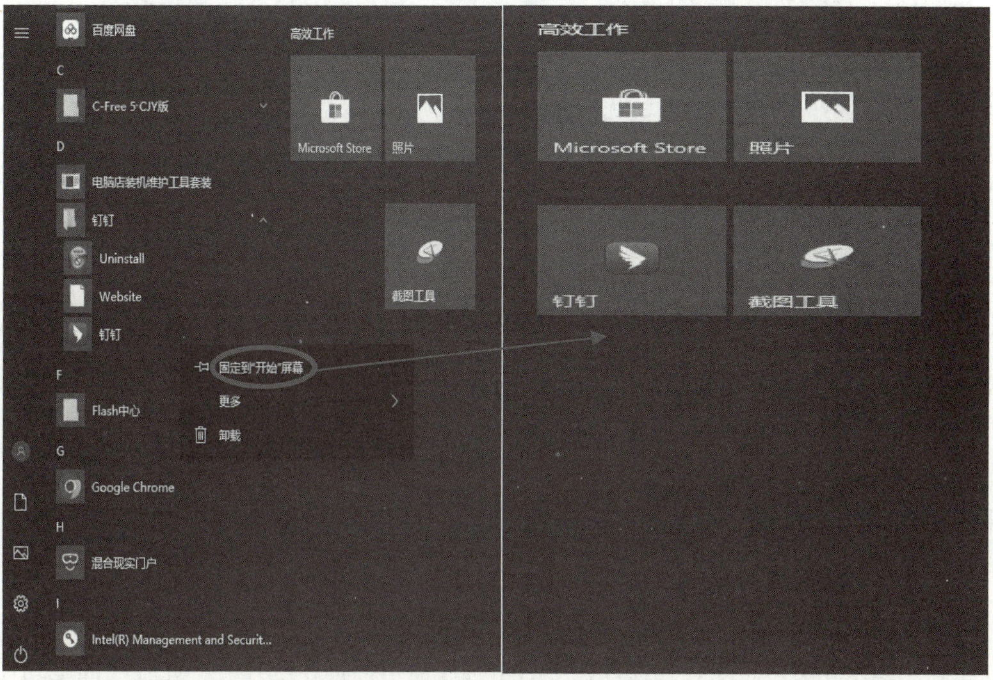

图 4-1-6　通过命令操作

方法2：通过鼠标拖动固定。

以编程软件"Python 3.10"程序为例，单击"开始"按钮，在开始菜单左列的"所有应用"中找到"Python 3.10"程序，单击程序图标并按住鼠标左键将其直接拖动到磁贴区即可，如图4-1-7所示。

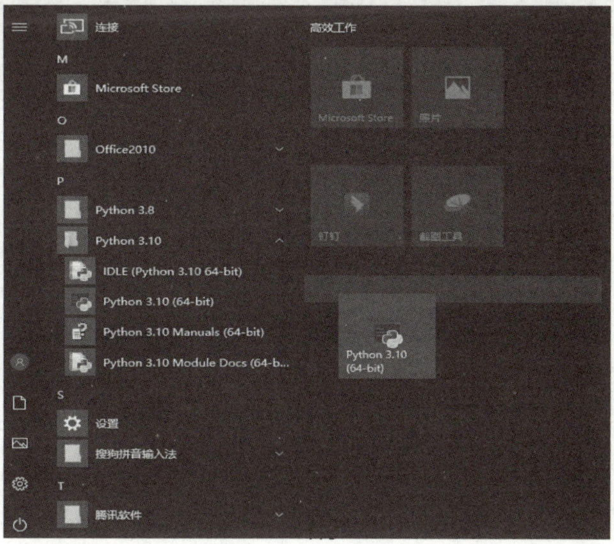

图 4-1-7　鼠标拖动

2.任务栏的使用

（1）将程序图标固定到任务栏

以“爱奇艺”程序为例，在“开始”菜单的“所有应用”中找到“爱奇艺”，单击右键，选择“固定到任务栏”命令，爱奇艺图标就会固定在任务栏中了，如图4-1-8所示。

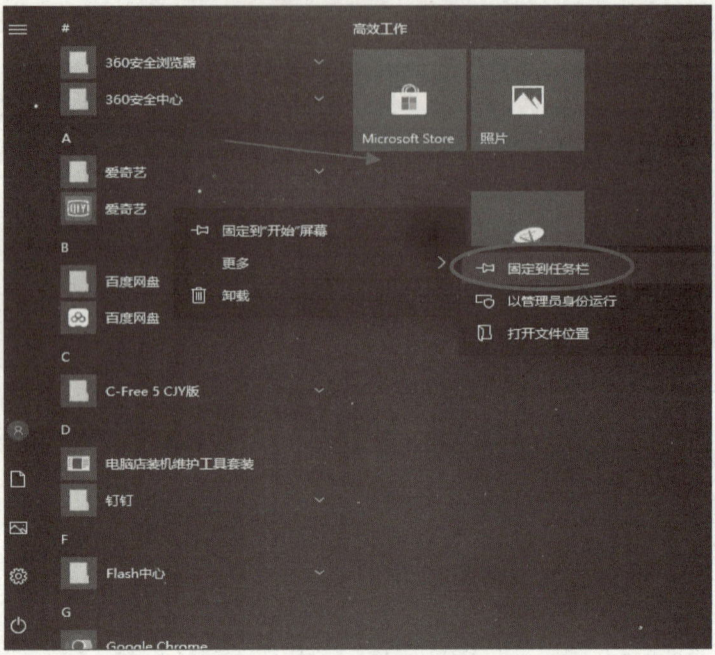

图 4-1-8　将应用程序固定到任务栏

注意：如果先运行程序，在任务栏中右击程序窗口图标，选择“将此程序固定到任务栏”命令，也可以实现相同的效果。

（2）使用搜索框

用户在搜索框中输入需要查找的内容后，即可在本地和网络上搜索相关内容。如在搜索框中输入“华为鸿蒙系统”，搜索列表如图4-1-9所示。

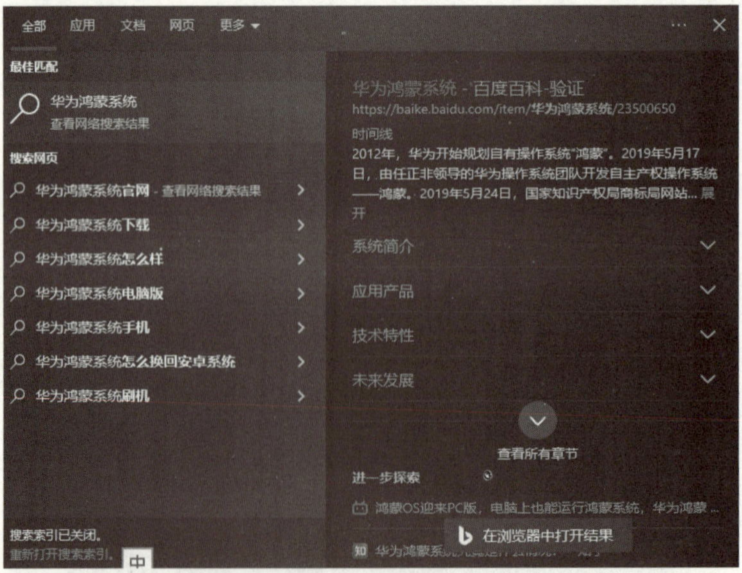

图 4-1-9　搜索框搜索内容

（3）隐藏和改变任务栏的位置

隐藏任务栏：将鼠标指向任务栏，单击右键，选择“属性”命令，在打开的窗口中勾选“自动隐藏任务栏”即可，如图4-1-10所示。

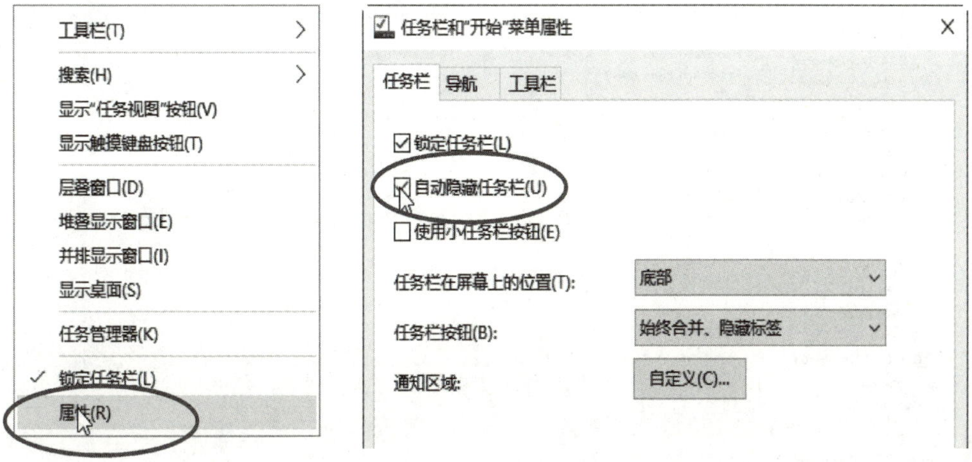

图 4-1-10 隐藏任务栏

改变任务栏的位置：首先，取消锁定任务栏，然后再根据需要将任务栏拖动到指定的位置。或者单击右键，选择“属性”命令，在打开的窗口中选择相应的位置即可，如图4-1-11所示。

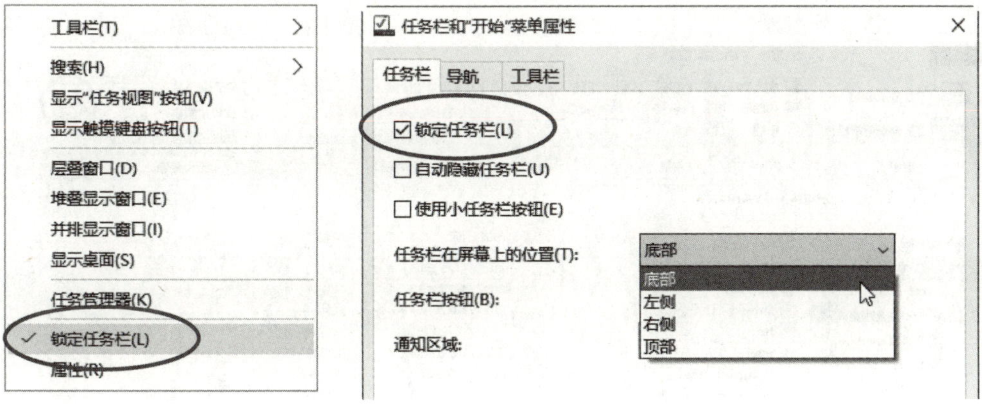

图 4-1-11 改变任务栏的位置

3.设置通过文件资源管理器默认打开此电脑

在Windows 10系统中，打开文件资源管理器默认打开的是快速访问界面，如何通过设置资源管理器默认打开电脑呢？具体的操作步骤如下：

①首先在Windows 10系统中打开此电脑或任意文件夹，如图4-1-12所示。

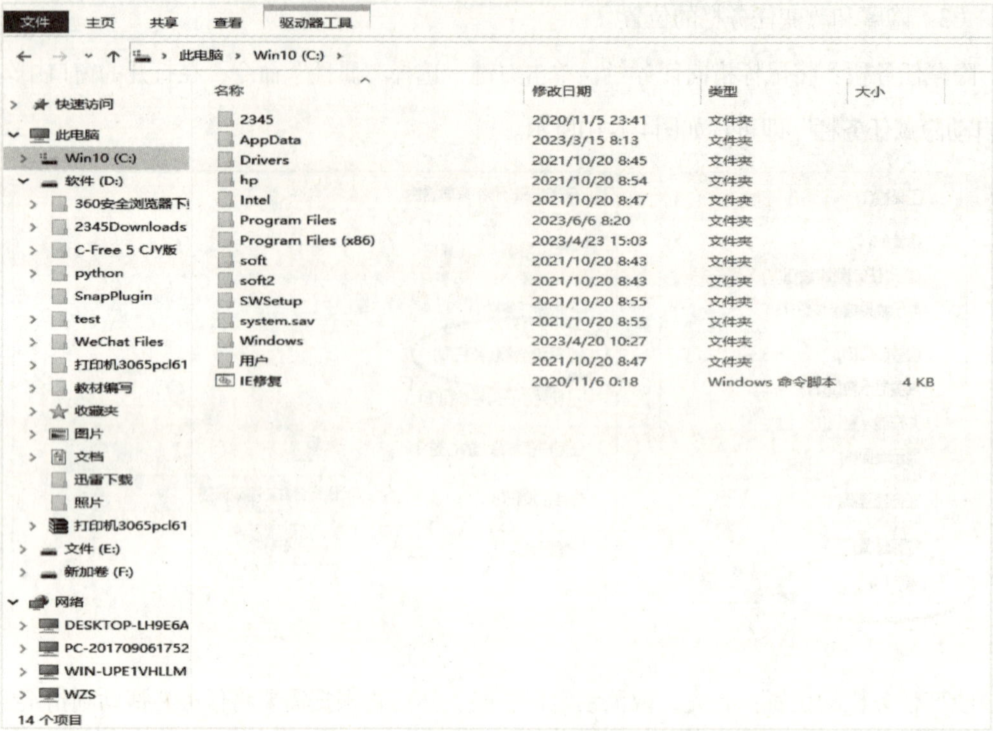

图 4-1-12　打开此电脑

②单击“查看”选项卡中的“选项”按钮，打开“文件夹选项”对话框，如图4-1-13所示。

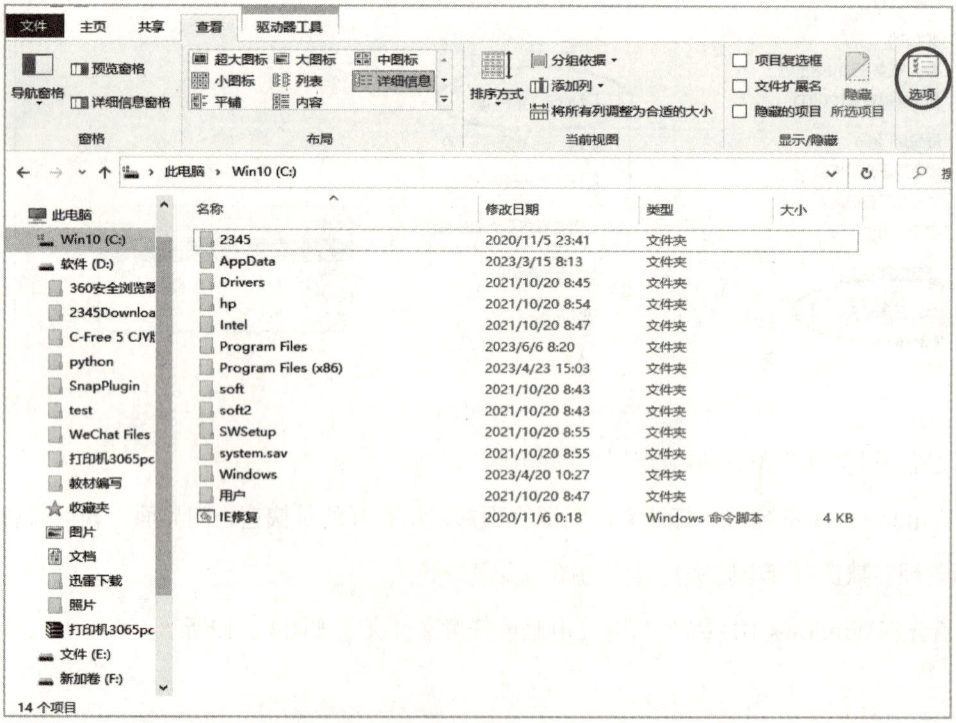

图 4-1-13　单击“选项”按钮

③在“文件夹选项”对话框的“常规”选项卡下，将“打开文件资源管理器时打开”设置为“此电脑”，然后单击“确定”按钮即可，如图4-1-14所示。

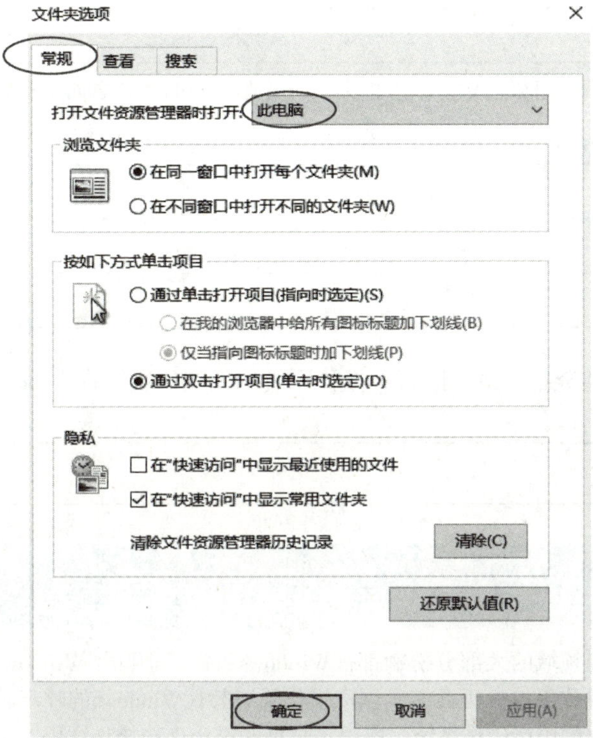

图 4-1-14　设置文件夹选项

阅读有益

● 安装Windows 10操作系统的硬件要求

处理器：主频1千兆赫（GHz）以上。

运行内存：32位：1 GB以上，64位：2 GB以上。

可用硬盘空间：16 GB以上（32位机），20 GB以上（64位机）。

显卡：包含有WDDM 1.0驱动程序的Microsoft DirectX 9的图形设备。

显示器：分辨率1 024×600像素以上。

● Windows 10的新功能

磁贴区：在新的开始菜单上面放置方块图标即磁贴区，这样就可以把常用的软件放置其中，比以前长条形的程序列表更清楚直观。

任务管理：在任务栏中出现了一个全新的按键“查看任务（Task View）”。桌面模式下可以运行多个应用和对话框，并且可以在不同桌面间自由切换，能将所有已开启窗口缩放并排列，以方便用户迅速找到目标任务。

分屏多窗：可以在屏幕中同时摆放四个窗口，还会在单独窗口内显示正在运行的其他应用程序。同时，Windows 10还会智能给出分屏建议。

学习活动

活动1　上网查询资料，将Windows 10操作系统的特色整理到下面的表格中。

特点	系统特色描述
虚拟桌面	用户可以创建多个虚拟桌面，并在不同的虚拟桌面中打开不同的应用，实现更加高效的多任务处理

活动2　上网查询资料，将Windows操作系统的发展历程写在下面。

____

____

知识拓展

计算机操作系统领域的大部分份额都被Windows占据，但除了Windows，其实还有很多不错的操作系统。近几年，国产操作系统替代Windows的呼声越来越高，涌现了多款优秀的国产操作系统，取得了长足的进步。扫描二维码，关注更多国产操作系统的情况。

职场融通

通过本任务的学习，小龙感触颇深，一是被计算机操作系统的强大功能所震撼，其次为我国攻坚克难，自主研发操作系统而深感佩服。小龙也立志要向那些优秀的技术研发人员学习，成为一名优秀的计算机专业技术人才，实现技能报国。请你根据所学专业以及自身实际情况，对标行业要求，完成以下职业生涯目标。

职业生涯目标	自我认识	行业认识	职业目标	努力方向
操作系统运维				
操作系统测试架构				
操作系统开发				

能力评价

回顾本任务的学习情况，根据评价内容填写掌握程度，并填写自我反思表。

评价内容	自我评价	学生互评	教师评价
Windows 10的特色	5分□ 3分□ 2分□	5分□ 3分□ 2分□	5分□ 3分□ 2分□
Windows 10的界面	5分□ 3分□ 2分□	5分□ 3分□ 2分□	5分□ 3分□ 2分□
程序图标的固定	5分□ 3分□ 2分□	5分□ 3分□ 2分□	5分□ 3分□ 2分□
任务栏	5分□ 3分□ 2分□	5分□ 3分□ 2分□	5分□ 3分□ 2分□
文件资源管理器	5分□ 3分□ 2分□	5分□ 3分□ 2分□	5分□ 3分□ 2分□

自我反思	优点	不足	改进措施

[任务二] NO.2

管理文件

微课

项目导入

小龙期待的暑假终于来了，他通过申请来到了学校ICT基础设施办公室实习。当他看到大家都在忙碌工作时，小龙决定要更加努力学习来帮忙分担任务。由于之前已经对Windows 10操作系统的主界面和“开始”菜单以及相关操作有了一定的了解和掌握，下一步根据老师的建议，他开始学习文件和文件夹的概念，以及文件的基本操作，从而更全面、直观地了解操作系统。

任务目标

1.了解文件和文件夹的概念；

2.掌握文件和文件夹的基本操作方法；

3.掌握回收站的用法；

4.掌握运用搜索栏搜索文件的方法；

5.掌握共享文件夹的方法。

知识链接

一、认识文件和文件夹

计算机中的所有信息都是以文件的形式存在的，在使用计算机的过程中，不管是编辑文档、浏览图片、播放音乐还是观看视频，都涉及文件的管理操作。

1.文件

文件是一组信息的集合，包含数据、图像、声音以及程序语言等，它们是独立存在的，如一张图片、一首歌、一个文档等。一个文件的外观由文件图标和文件名称组成，系统和用户通过文件名称对文件进行管理。而文件的名称由“文件名+扩展名”两部分组成，中间用“.”符号分隔开。其中，文件名用来表示文件的内容或代号，扩展名用来表示该文件的类型，比如常见的.doc、.txt、.ppt等。需要注意的是，Windows系统中规定文件名的长度不能超过255个字符，可以使用空格和汉字，但不能使用下列字符：?、/、|、\、：、*、<、>。

2.文件夹

文件夹是用来协助我们管理计算机文件的一种数据结构，我们利用文件夹把相关的文件集合在一起，形成了不同的组，便于查找和管理。文件夹内可以存放若干个文件和子文件夹，每一个文件夹都有一个文件名，但没有扩展名。默认设置下，文件夹的外观为一个黄色图标，如图4-2-1所示。

名称	修改日期	类型
2345	2020/11/5 23:41	文件夹
AppData	2023/3/15 8:13	文件夹
Drivers	2021/10/20 8:45	文件夹
hp	2021/10/20 8:54	文件夹
Intel	2021/10/20 8:47	文件夹
Program Files	2023/6/6 8:20	文件夹
Program Files (x86)	2023/4/23 15:03	文件夹
soft	2021/10/20 8:43	文件夹
soft2	2021/10/20 8:43	文件夹
SWSetup	2021/10/20 8:55	文件夹
system.sav	2021/10/20 8:55	文件夹
Windows	2023/4/20 10:27	文件夹
用户	2021/10/20 8:47	文件夹

图 4-2-1 文件夹

二、浏览文件和文件夹

双击桌面上的“此电脑”图标，从窗口中可以看到当前计算机所安装的硬盘、光盘驱动器等设备的图标。

1.查看硬盘中的内容

一个硬盘通常有多个分区，如C盘、D盘等，在“此电脑”窗口中，C盘、D盘都有它对应的图标，需要查看C盘中的内容，直接双击盘符或单击右键选择“打开”即可，如图4-2-2所示。

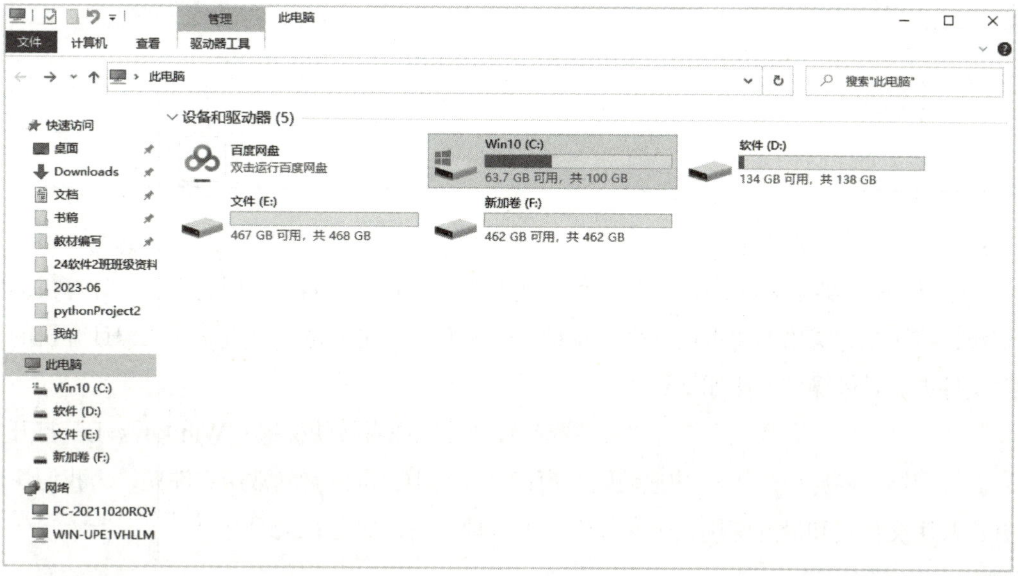

图 4-2-2　“此电脑”窗口

2.查看最近访问的文件目录或文件夹

如果将刚用过的文档放入某个文件夹，但转眼又忘记放在哪儿了，该怎么办呢？我们可以查看最近访问的文件目录或文件夹。

①按快捷键“Windows+R”打开运行界面，如图4-2-3所示。

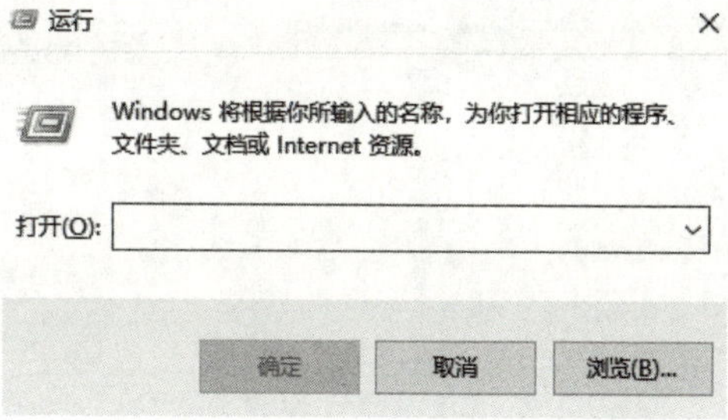

图 4-2-3　运行界面

②输入“recent”，单击“确定”按钮，就能够找到最近访问的文件目录或文件夹，如图4-2-4所示。

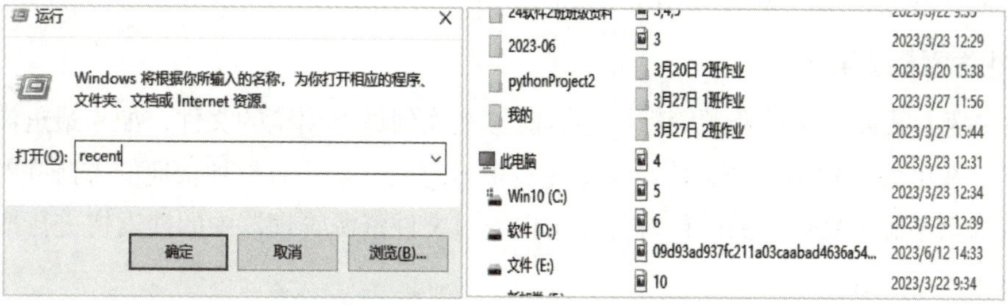

图 4-2-4　最近访问的文件目录

做一做

根据所学内容，判断以下文件名是否正确，对的打“√”，错的打“×”，如果错误，请修改。

文件名	判断	修改
hello*.ppt		
学习/材料.doc		
华为实习.txt		

3.文件资源管理器的使用

文件资源管理器是Windows 系统提供的资源管理工具，我们可以用它查看本计算机的所有资源，特别是它提供的树形的文件系统结构，使我们能更清楚、更直观地认识计算机的文件和文件夹。具体操作方法如下：

先单击“开始”菜单，后单击“文件资源管理器”或者按快捷键“Windows+E”打开文件资源管理器，将自动打开 “快速访问”窗口，在其中也可以看到常用文件夹，为我们快速打开最常用文件夹和最近使用文件夹又提供了一种方法，如图4-2-5所示。

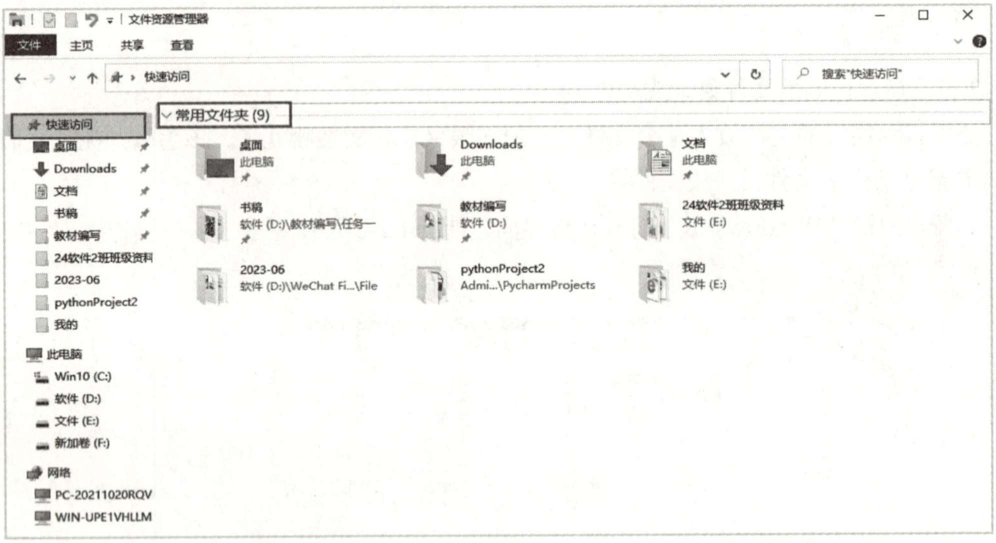

图 4-2-5　文件资源管理器

可以观察到文件资源管理器左侧为导航窗格，单击各导航项目左侧的折叠按钮“>”，可以依次展开各级目录，如图4-2-6所示。

4.利用搜索栏搜索文件

通过快捷方式或用文件资源管理器确实能够查找到最近浏览的文件，如果最近浏览的文件特别多，在里面去找某一个文档也需要花费很多时间，是否有更加快捷的方法呢？答案是肯定的，如果不确定文件存放的位置，还可以通过文件资源管理器中的搜索栏进行搜索。

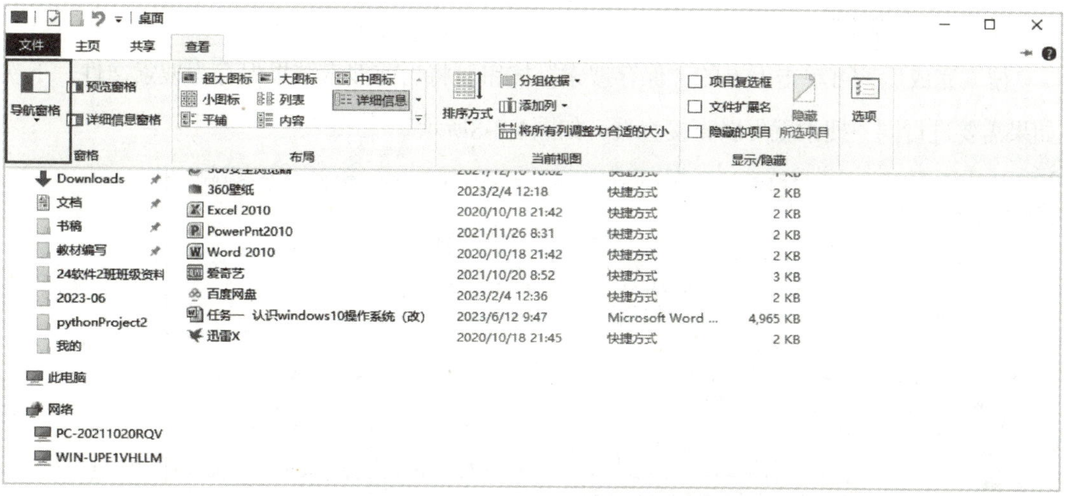

图 4-2-6　资源管理器导航窗格

（1）快速搜索文件

打开文件资源管理器，如果要在整个计算机中搜索文件，则在导航窗格中单击“此电脑”选项，打开“此电脑”窗口。如果想在指定的某个盘中搜索，就单击当前目录进行搜索，在窗口上方可以看到搜索框。如在E盘中输入“.doc”进行搜索，就可以找到整个E盘中的所有“.doc”文件，结果如图4-2-7示。

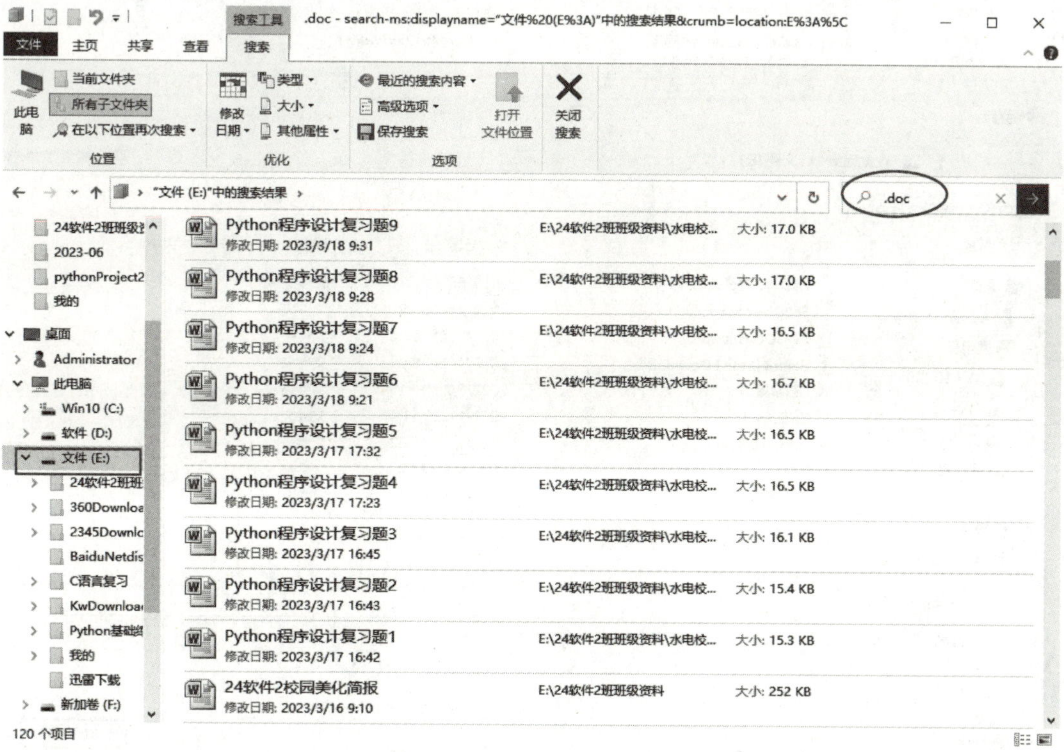

图 4-2-7　搜索文件

（2）保存搜索结果

搜索完成后，可单击上方的“保存搜索”按钮，将当前搜索结果保存为搜索文件，下次如果需要进行同一搜索就可以直接查看，如图4-2-8所示。

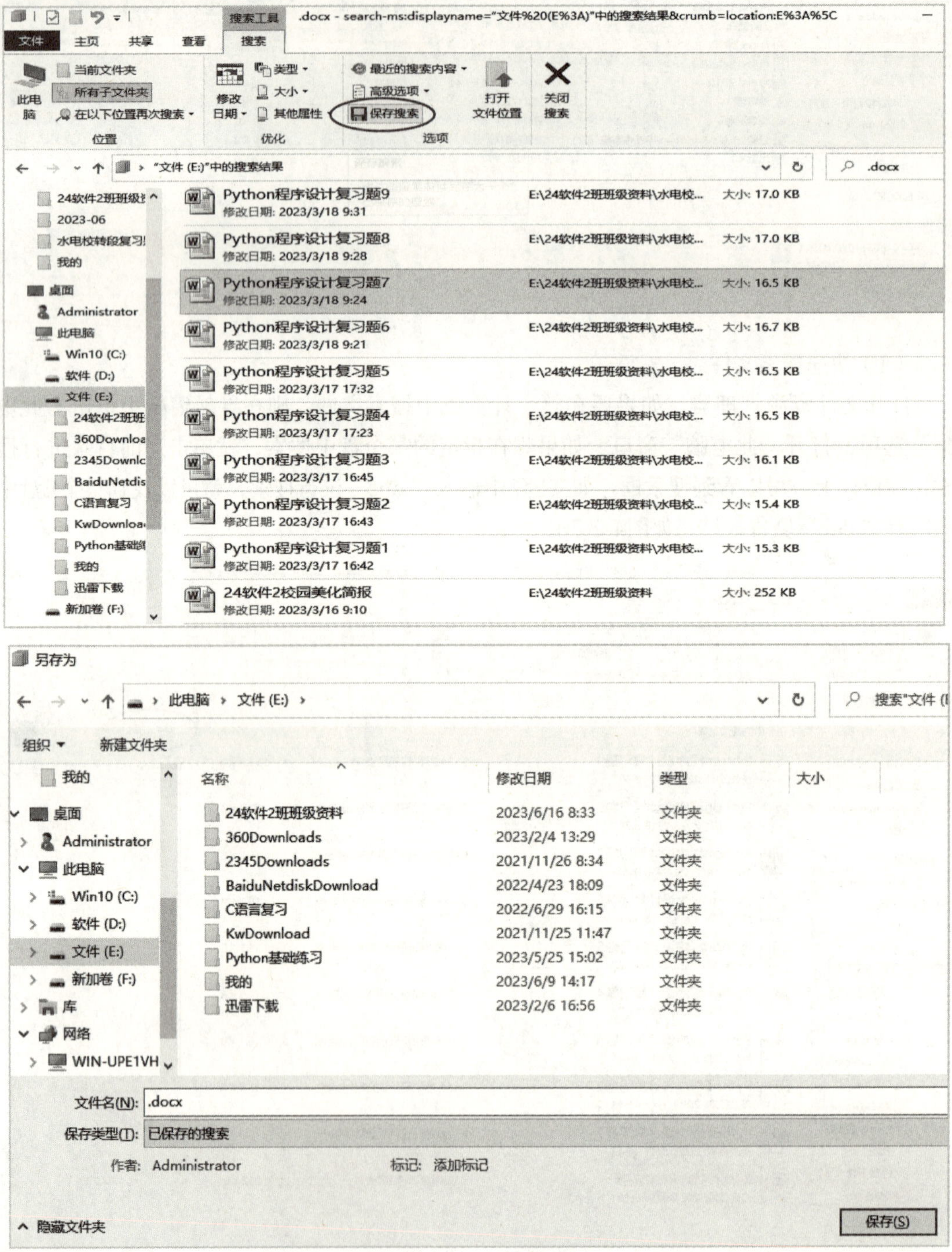

图 4-2-8　保存搜索结果

三、文件及文件夹的基础操作

1.新建文件夹

如在E盘下创建一个文件夹，命名为“学习资料”。通过小龙在网上查找到的内容和老师的补充，他总结出以下几种方法。

（1）通过右键命令创建

打开文件资源管理器，选中E盘，在E盘窗口的空白处单击右键，在弹出的快捷菜单中选择“新建”→“文件夹”命令，输入文件夹的名称后即创建成功，如图4-2-9和图4-2-10所示。

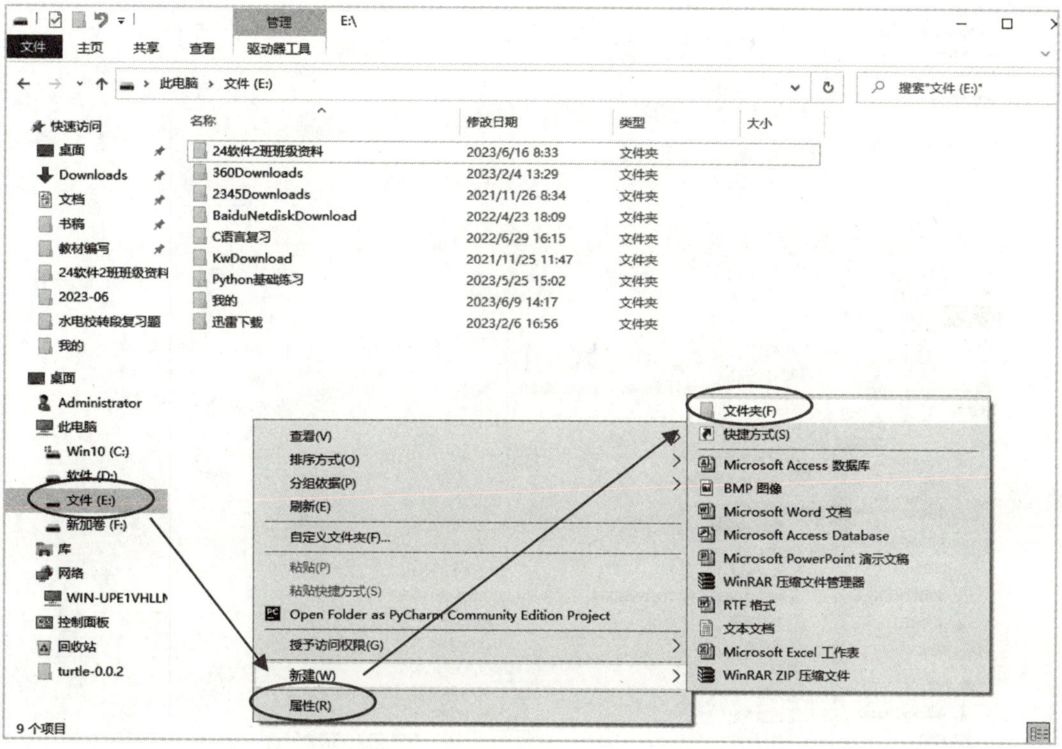

图 4-2-9　选择“文件夹”命令

（2）通过“主页”选项卡创建

如果窗口中的文件过多，不方便右击空白位置时，可单击“主页”选项卡中的“新建文件夹”按钮进行创建，如图4-2-11所示。

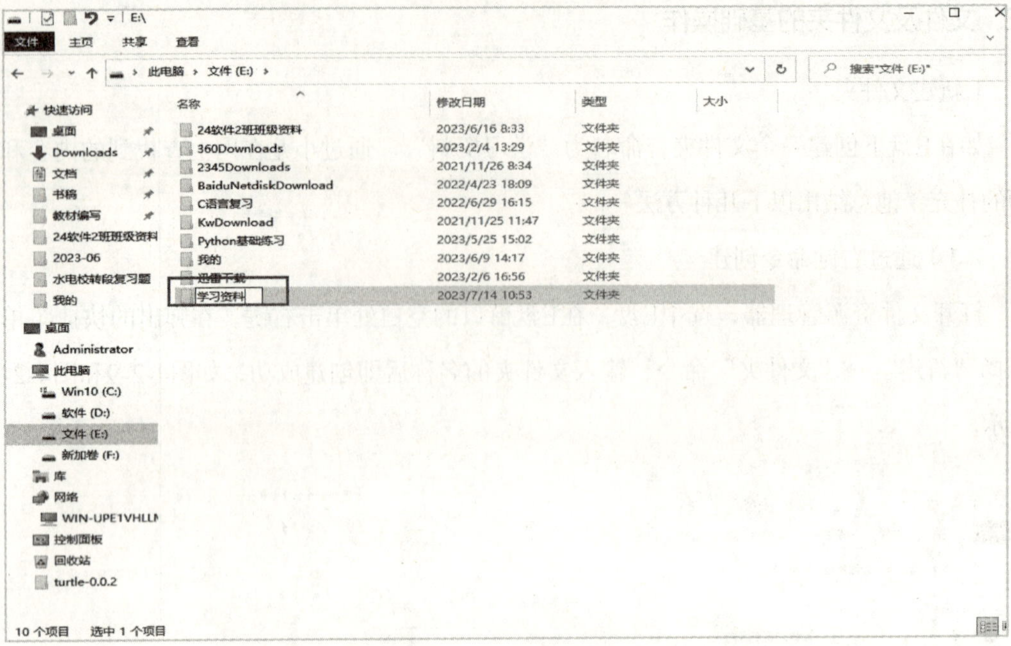

图 4-2-10 输入文件夹的名称

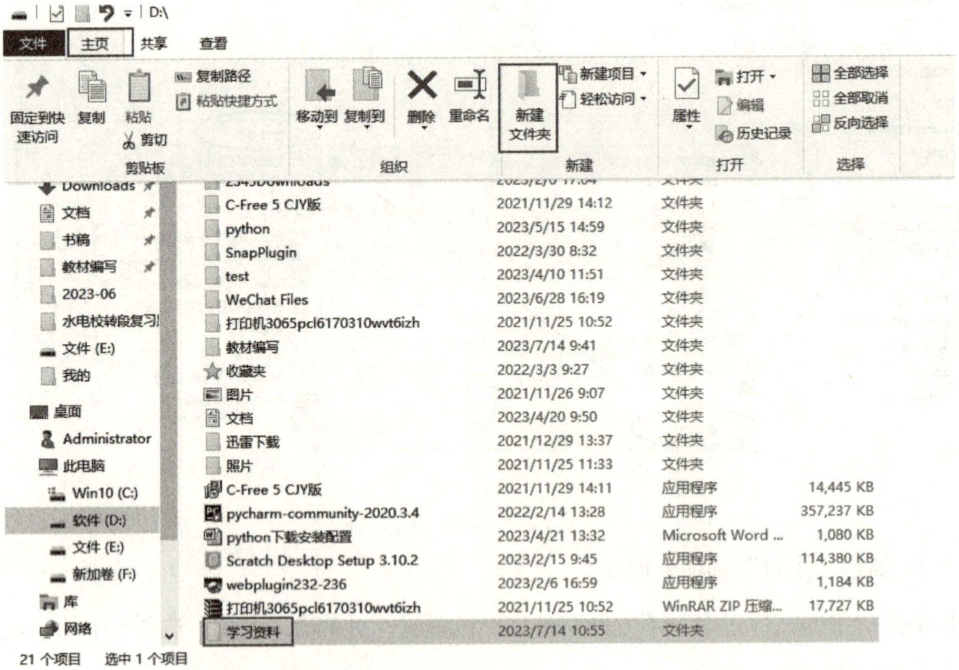

图 4-2-11 单击"新建文件夹"按钮

（3）通过快速访问工具栏创建

单击快速访问工具栏中的"新建文件夹"按钮即可，如图4-2-12所示。

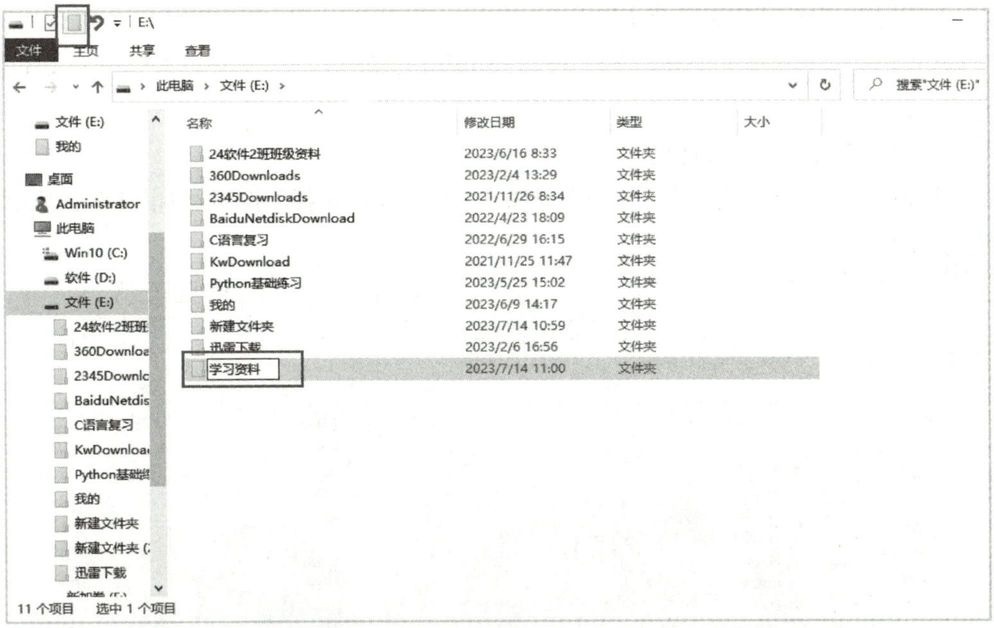

图 4-2-12 通过快速访问工具栏新建文件夹

2.选择文件或文件夹

新建好文件夹后，小龙想对文件或文件夹进行复制、移动等操作，他又学习到几种选择方式。

（1）选定一个文件或文件夹

单击文件或文件夹，被选中的文件或文件夹呈现蓝色的阴影，即表示选中。

（2）选定多个不相邻的文件或文件夹

先选中第一个文件或文件夹，然后按住Ctrl键，依次单击其他文件或文件夹即可，如图4-2-13所示。

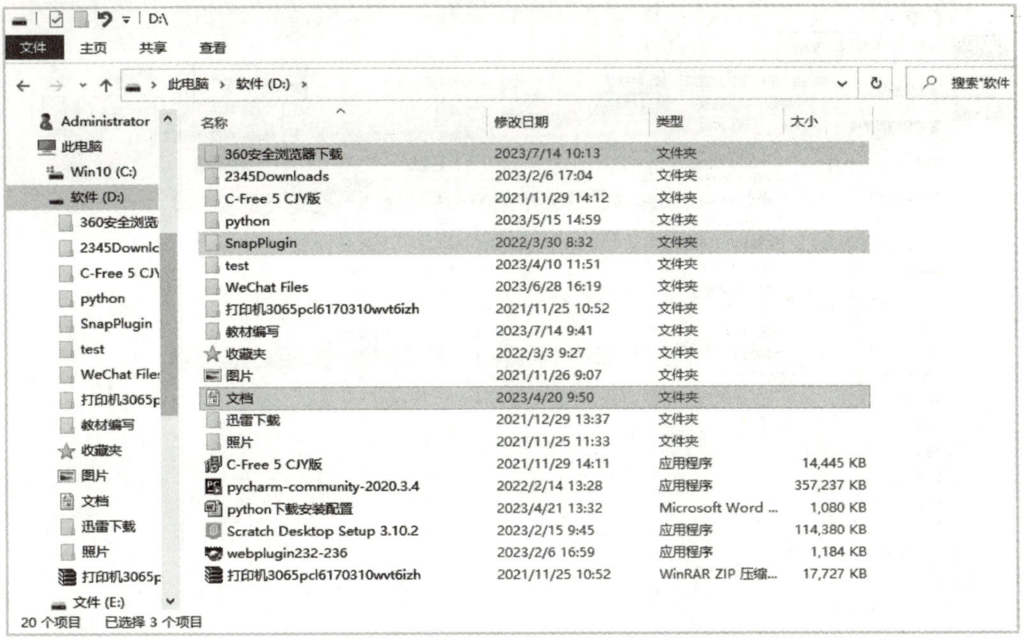

图 4-2-13 选中不相邻的文件或文件夹

（3）选择多个相邻的文件或文件夹

先选中第一个文件或文件夹，然后在按住Shift键的同时单击要选择的最后一个文件或文件夹即可。

（4）选择全部文件或文件夹

按快捷键“Ctrl+A”或单击“主页”选项卡下的“全部选择”按钮，如图4-2-14所示。

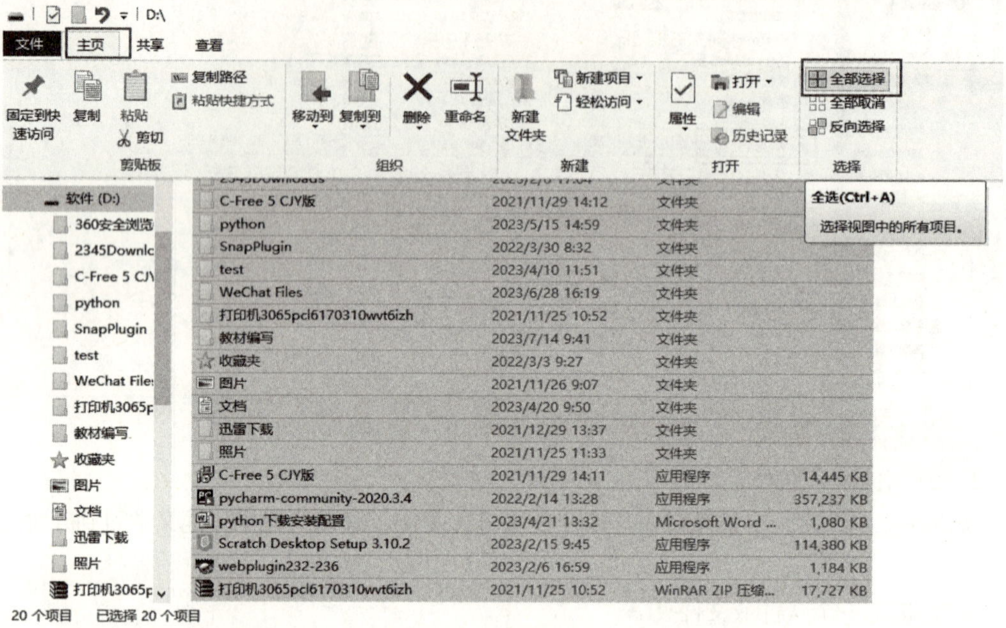

图 4-2-14　选择窗口中的全部文件或文件夹

（5）根据需要选择文件

在资源管理器窗口中单击“查看”选项卡，在“显示/隐藏”组中勾选“项目复选框”，此时就可以根据需要勾选需要选中的文件或文件夹，如图4-2-15所示。

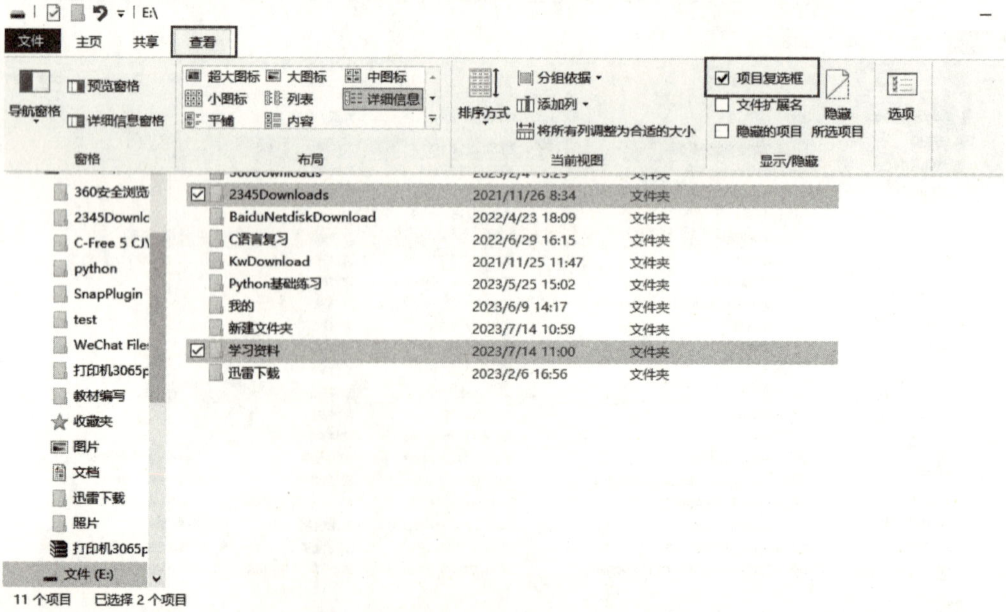

图 4-2-15　通过项目复选框选择

3.复制文件或文件夹

小龙在学习了文件夹的创建和对文件的选择后，想将D盘上的“迅雷下载”文件夹复制到E盘刚才新建的“学习资料”文件夹中，操作步骤如下：

①打开文件资源管理器，单击“此电脑”选项，双击打开“D盘”，找到“迅雷下载”文件夹，如图4-2-16所示。

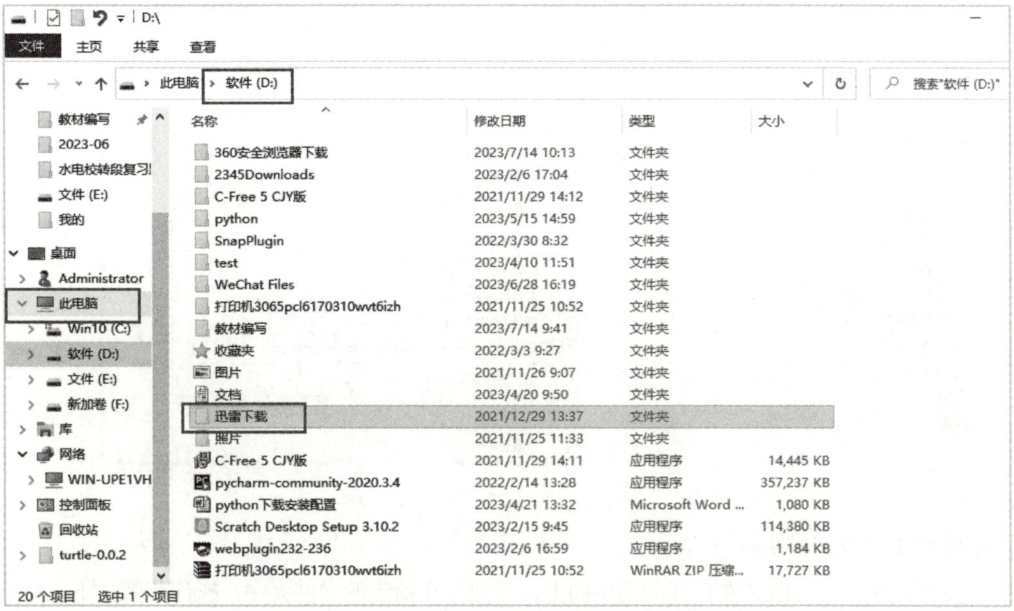

图 4-2-16 打开“D 盘”

②右击“迅雷下载”文件夹，在弹出的快捷菜单中选择“复制”命令，如图4-2-17所示。

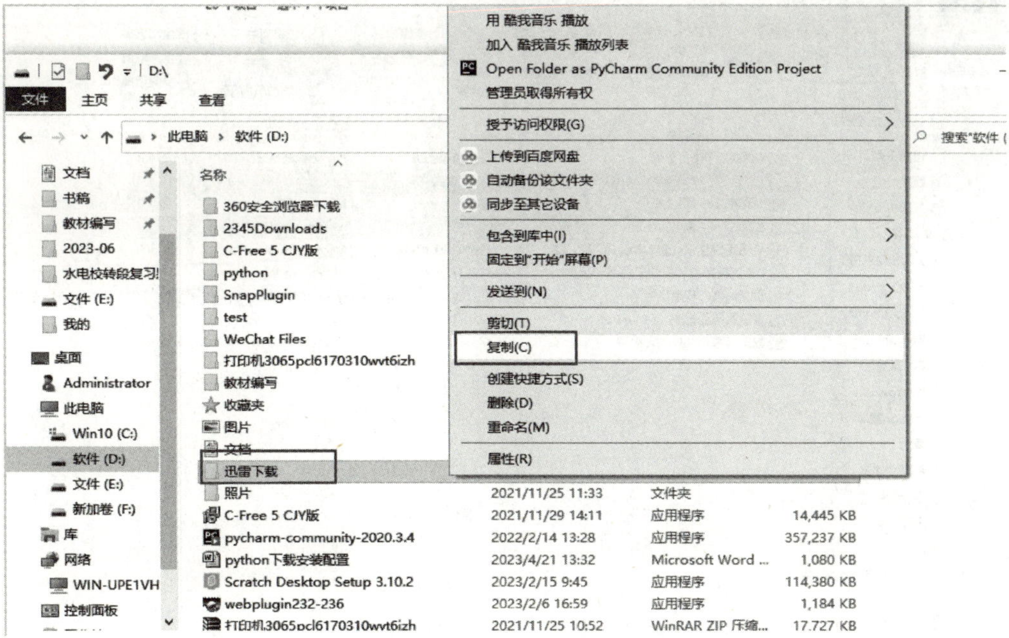

图 4-2-17 复制文件夹

③在“E盘”中双击打开“学习资料”文件夹，在空白处右击，在弹出的快捷菜单中选择“粘贴”命令，如图4-2-18所示。

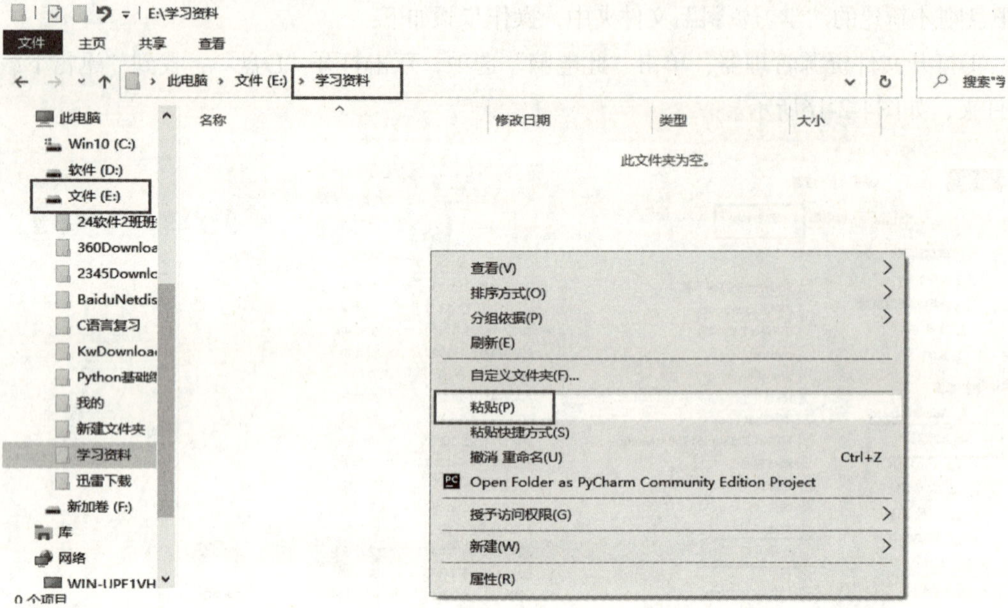

图 4-2-18　粘贴文件夹

4.移动文件或文件夹

若要将选中的文件或文件夹移动到桌面上，并保存在新建的文件夹中，操作步骤如下：

①通过项目复选框选中要移动的文件或文件夹。

②单击“主页”选项卡中的“剪切”按钮，如图4-2-19所示。

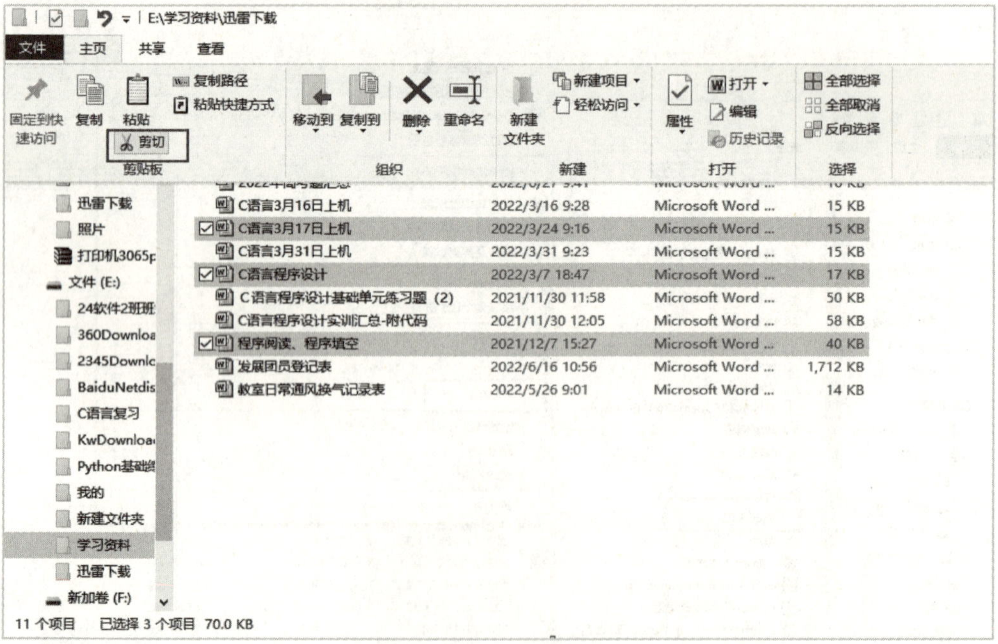

图 4-2-19　剪切文件或文件夹

③在桌面空白处右击，选择“新建”→“文件夹”命令，新建一个“新建文件夹”。

④双击打开“新建文件夹”，单击“主页”选项卡中的“粘贴”按钮，将文件或文件夹移动到该文件夹中，如图4-2-20所示。

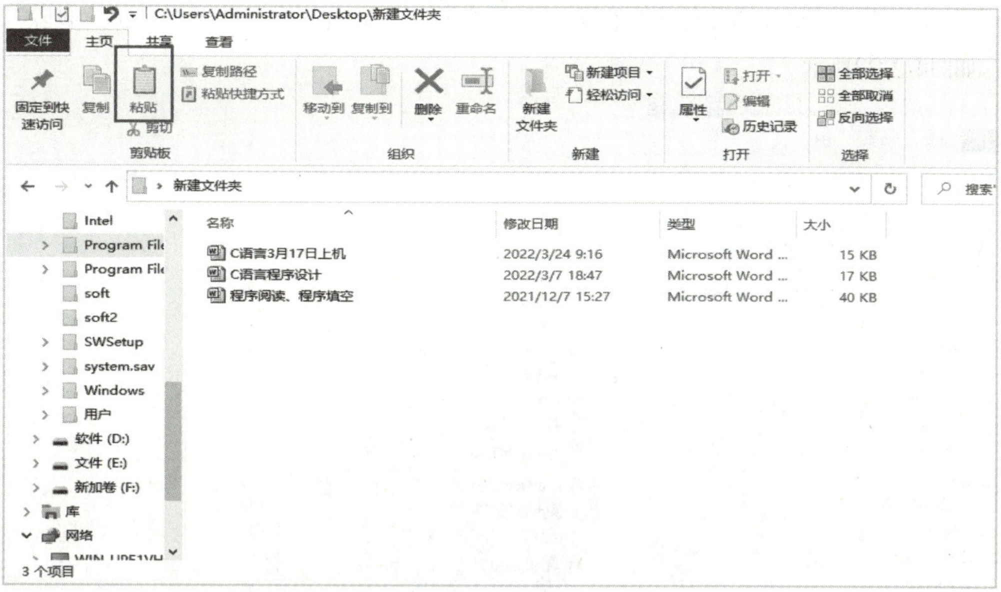

图 4-2-20　粘贴文件或文件夹

5.重命名文件或文件夹

将桌面上的新建文件夹重命名为“练习题”文件夹，指向“新建文件夹”单击右键，选择“重命名”命令，输入“练习题”，如图4-2-21所示。

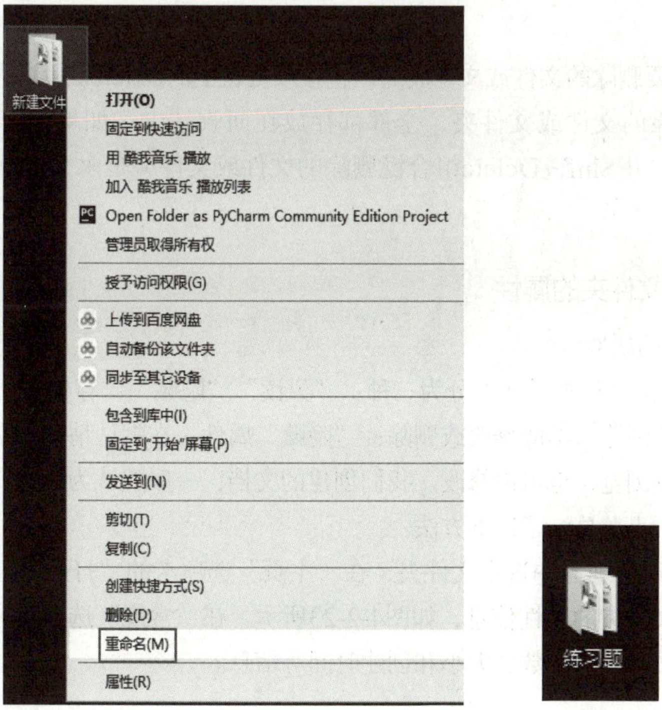

图 4-2-21　重命名文件或文件夹

6.删除文件或文件夹

对于不需要的文件或文件夹，可以进行删除，以节省磁盘空间。

方法1：选中要删除的文件或文件夹，单击右键，在弹出的快捷菜单中选择“删除”命令，如图4-2-22所示。

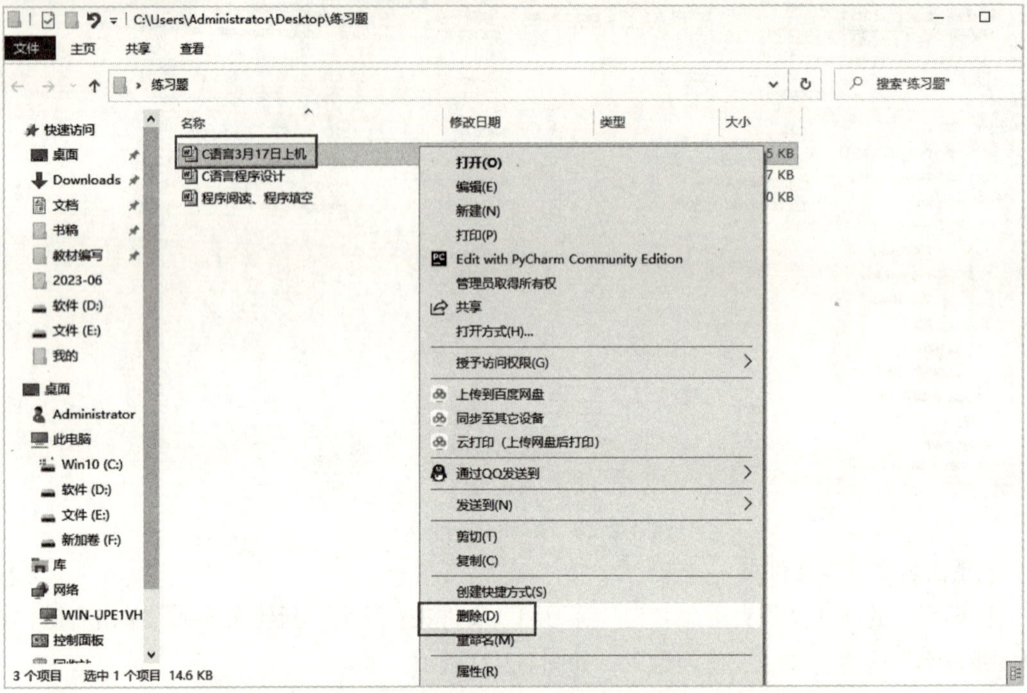

图 4-2-22　删除文件夹

方法2：选中要删除的文件或文件夹后，直接按键盘上的Delete键，即可删除。

注意：被删除的文件或文件夹，全部都存放在回收站中。如果确定不要了，再到回收站中彻底删除。用Shift+Delete组合键删除的文件或文件夹是永久性删除，不进入“回收站”。

四、设置文件或文件夹的属性

1.查看文件夹的属性

小龙知道文件或文件夹的属性分为三种：“只读”“隐藏”“存档”。“只读”属性：文件和文件夹只能浏览，不能修改或删除；“隐藏”属性：在默认情况下是不显示的；“存档”属性：既可以浏览，也可以修改。我们创建的文档，一般默认为存档属性，那如何查看文件夹的属性呢？小龙总结了以下方法：

方法1：在资源管理器中选中文件夹，在“主页”选项卡的“打开”组中单击“属性”按钮，即可查看文件夹的属性信息，如图4-2-23所示。在“常规”选项卡下可以查看文件夹中包含的文件和文件夹的个数、大小和创建时间等信息。

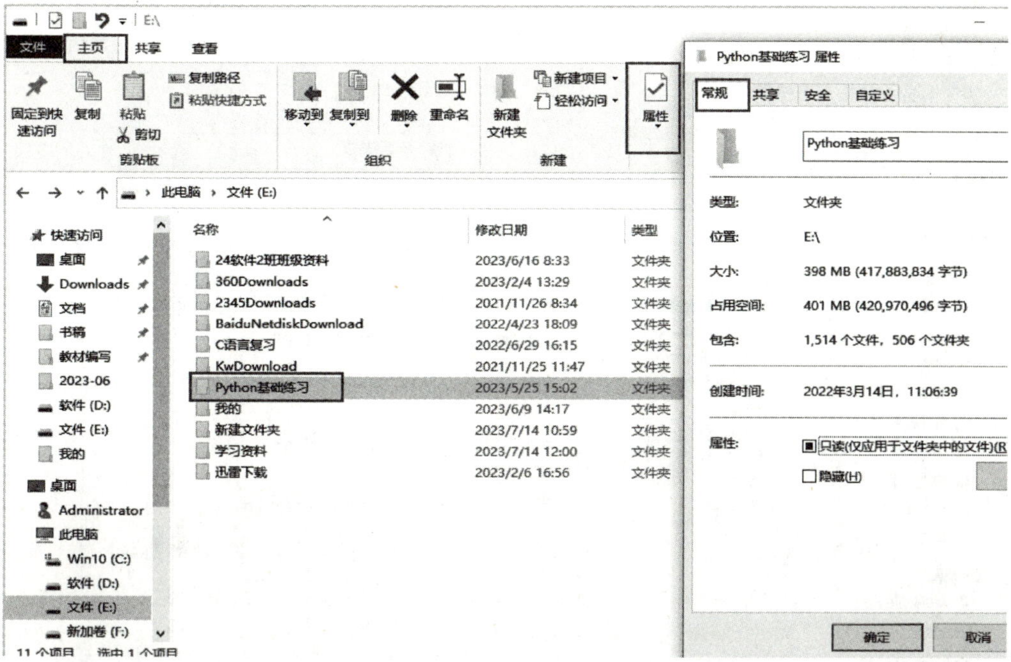

图 4-2-23　查看文件夹的属性

方法2：选中文件夹，单击右键，在弹出的快捷菜单中选择“属性”命令即可查看，如图4-2-24所示。

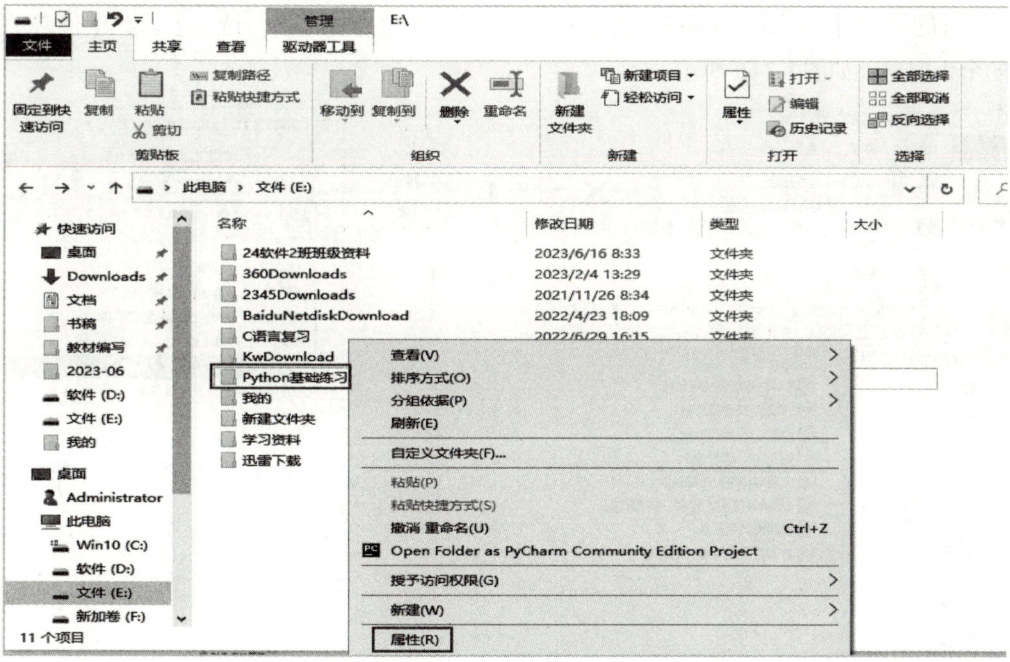

图 4-2-24　选择“属性”命令查看属性

方法3：选中文件夹，单击快速访问工具栏中的“属性”按钮即可查看，如图4-2-25所示。

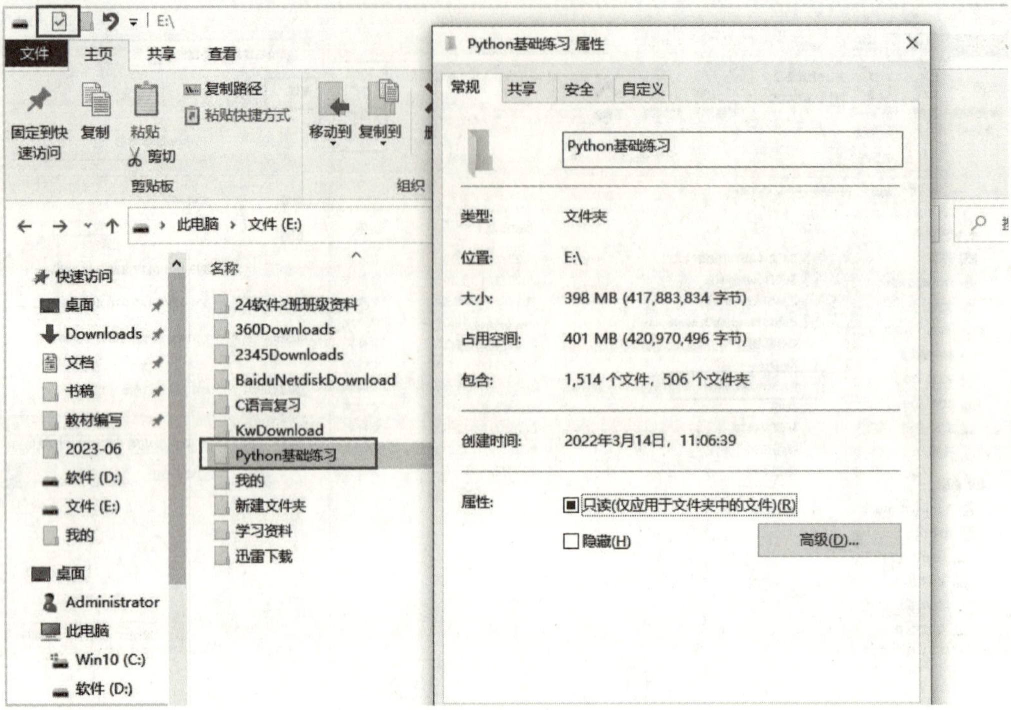

图 4-2-25　在快速访问工具栏中查看属性

2.查看文件的“详细信息”属性

文件的属性对话框比文件夹的属性对话框中多一个“详细信息”选项卡，其中包含了更多的个人信息，如图4-2-26所示。

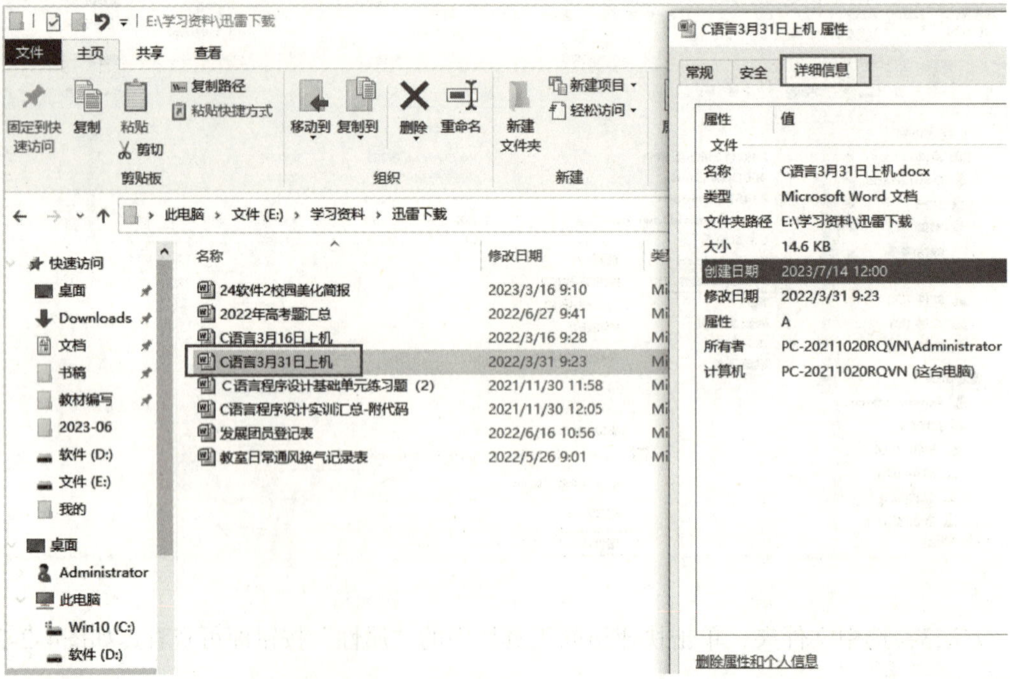

图 4-2-26　“详细信息”选项卡

阅读有益

文件夹是我们在计算机上进行文件管理时经常使用的工具。使用快捷键可以帮助我们更快地找到所需的文件夹，同时也可以减少使用鼠标的次数。在文件夹管理中，快捷键可以帮助我们快速定位、打开、关闭和切换文件夹。以下是一些常用的文件夹快捷键：

- Win+E：打开文件资源管理器。
- Ctrl+Shift+N：创建新文件夹。
- Alt+Enter：查看文件夹属性。
- Ctrl+Shift+E：展开所有文件夹。
- Ctrl+Shift+C：复制文件夹路径。
- Ctrl+Shift+V：粘贴文件夹路径。
- Ctrl+F：查找文件夹。
- Alt+Left/Right Arrow：切换文件夹。

五、共享文件夹

共享文件夹就是指某个计算机用来和其他计算机间相互分享的文件夹，在平时我们经常会用到。那么如何共享呢?步骤如下：

①双击Windows 10系统桌面上的“此电脑”图标，在打开的窗口中找到要共享的文件夹，如图4-2-27所示。

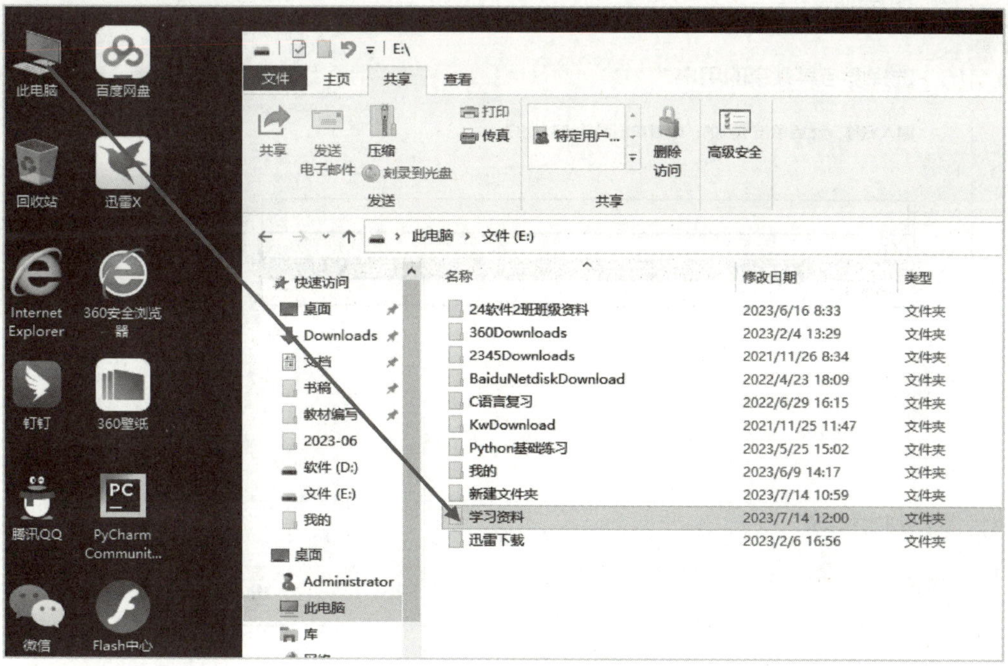

图 4-2-27　找到共享文件

②右击要共享的文件夹，在弹出的快捷菜单中选择“共享”→“特定用户”命令，如图4-2-28所示。

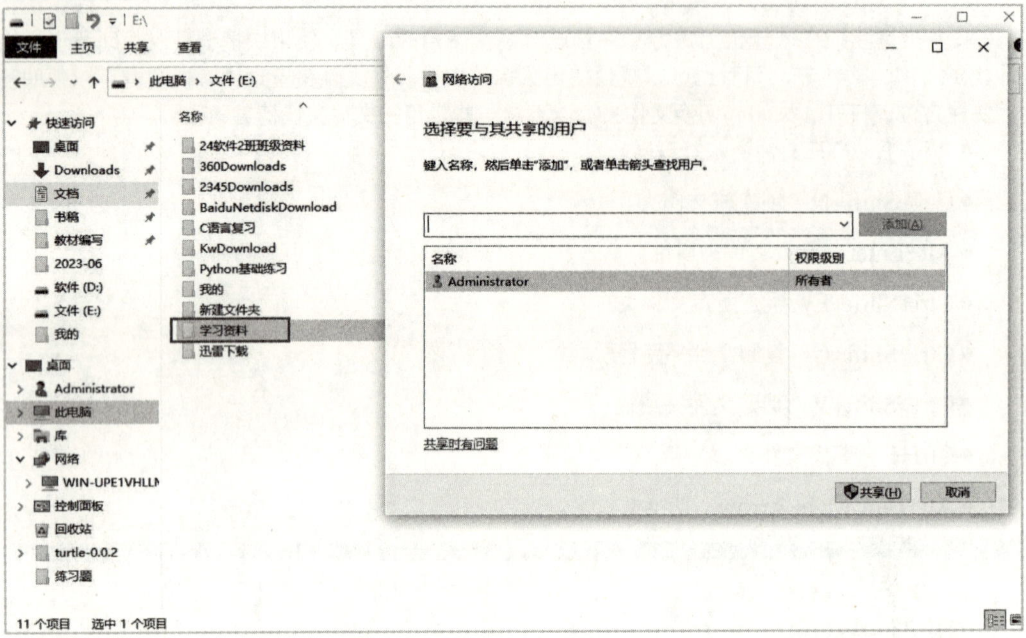

图 4-2-28　选择“共享”命令

③在弹出的“文件共享”窗口中，单击下拉框的向下箭头，打开下拉列表，选择要共享的用户，单击“添加”按钮后，共享的用户就可以在下面的方框中看到，如图4-2-29所示。

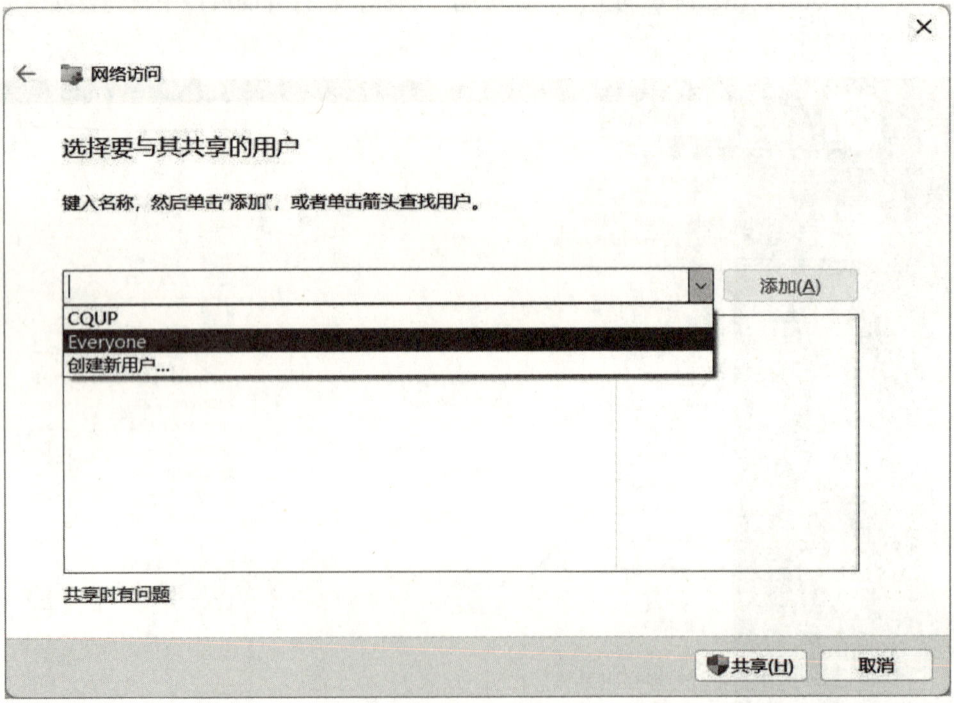

图 4-2-29　选择共享用户

④单击共享用户后面的权限级别向下箭头，可以设置权限，设置完成后单击“共享”按钮，如图4-2-30所示。

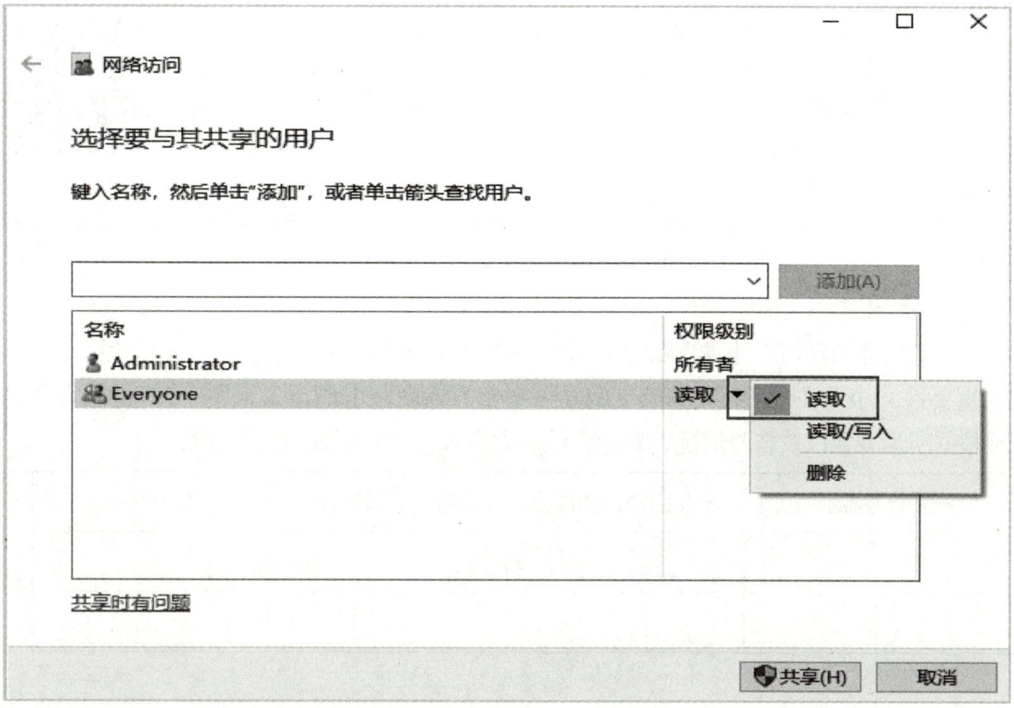

图 4-2-30　选择共享权限

⑤系统提示共享文件夹设置成功，单击“完成”按钮即可，如图4-2-31所示。

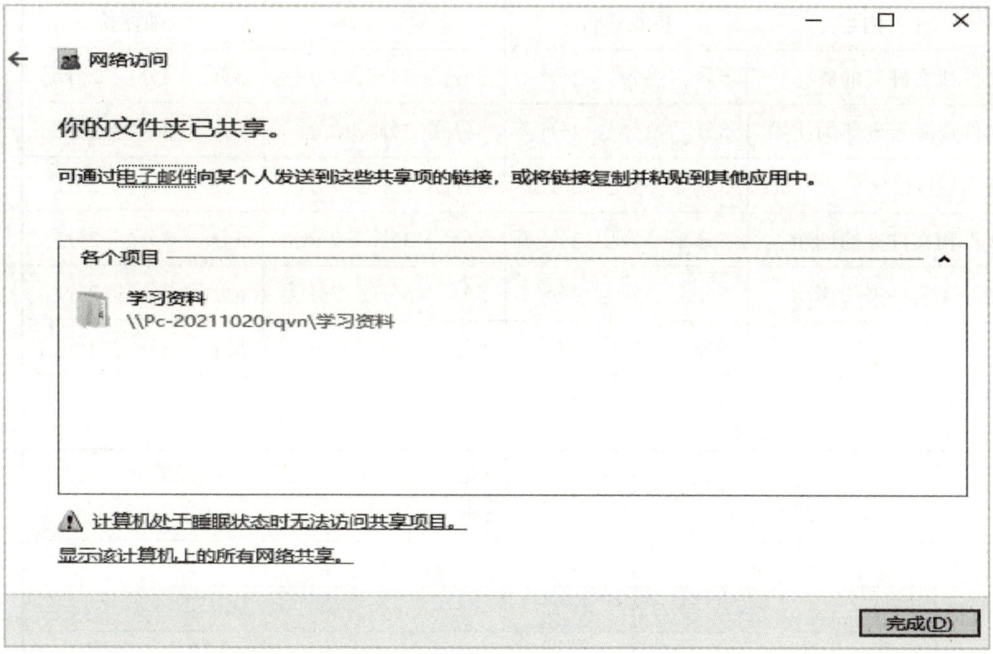

图 4-2-31　共享完成

知识拓展

文件共享已经成为现代网络社会中不可缺少的一部分。通过共享文件，人们可以方便地获取所需的信息，提高工作效率。文件共享也存在不安全的因素，所以我们需要加强网络安全意识，了解如何识别和防范恶意软件的攻击。只有在安全保障的前提下，文件共享才能真正发挥它的优势。扫描二维码，了解更多文件共享的安全知识。

职场融通

通过本任务的学习，小龙掌握了管理文件的常用操作，同时也感受到学好计算机基础操作的重要性。小龙在学校ICT基础设施办公室实习期间，申请帮大家整理部门的档案资料。请你根据所学专业以及自身情况，对标岗位能力需求，罗列所需知识和技能。

岗位能力需求	涉及的知识技能点	你的掌握情况	努力方向

能力评价

回顾本任务的学习掌握，根据评价内容填写掌握程度，并填写自我反思表。

评价内容	自我评价	学生互评	教师评价
文件和文件夹的概念	5分□ 3分□ 2分□	5分□ 3分□ 2分□	5分□ 3分□ 2分□
文件资源管理器的使用	5分□ 3分□ 2分□	5分□ 3分□ 2分□	5分□ 3分□ 2分□
搜索栏搜索文件	5分□ 3分□ 2分□	5分□ 3分□ 2分□	5分□ 3分□ 2分□
文件和文件夹的创建	5分□ 3分□ 2分□	5分□ 3分□ 2分□	5分□ 3分□ 2分□
文件和文件夹的移动	5分□ 3分□ 2分□	5分□ 3分□ 2分□	5分□ 3分□ 2分□
共享文件和文件夹	5分□ 3分□ 2分□	5分□ 3分□ 2分□	5分□ 3分□ 2分□

	优点	不足	改进措施
自我反思			

[任务三]

NO.3

使用与管理计算机系统

微课

情景导入

小龙在学校ICT基础设施办公室实习期间，学习热情高涨。通过前面的学习，他已经对操作系统界面、文件和文件夹、文件资源管理器等有了初步的认识，也可以完成文件的复制、删除等基础操作。在老师的指导下小龙准备学习管理器的使用、如何添加和删除程序，以及常用附件的使用方法，以便能够更好地使用操作系统。

任务目标

1.熟悉设备管理器的使用；

2.能熟练删除程序和添加Windows功能组件；

3.能安装和更新硬件驱动程序；

4.能熟练操作系统自带的常用附件。

知识链接

一、应用程序

应用程序就是指为了完成某项或某几项特定任务而被开发运行于操作系统之上的计算机程序，它运行在用户模式，可以和用户进行交互，具有可视的用户界面。

应用程序通常又分为两部分：图形用户接口（GUI）和引擎（Engine）。应用程序与应用软件有点相似，因而容易混淆。但其实两者的概念不同，应用软件是按使用目的划分的，可以是单一程序或其他从属组件的集合，如Microsoft Office。应用程序指单一可执行文件或单一程序，如Word、PPT。一般来说，程序是软件的一个组成部分。

二、设备管理器

设备管理器是一种管理工具，它可以用来管理计算机上的硬件设备。设备管理器提供计算机上所安装硬件的图形视图，所有设备都通过设备驱动程序与 Windows系统通信。通过设备管理器可以查看和更改设备属性、更新设备驱动程序、配置设备和卸载设备。

做一做

查阅资料，在下表中填写系统的应用程序和应用软件的不同之处。

应用程序	应用软件

学习活动

活动1　操作应用程序。

（1）启动应用程序

以办公软件Word为例。

方法1：单击“开始”菜单中的程序图标启动应用程序，如图4-3-1所示。

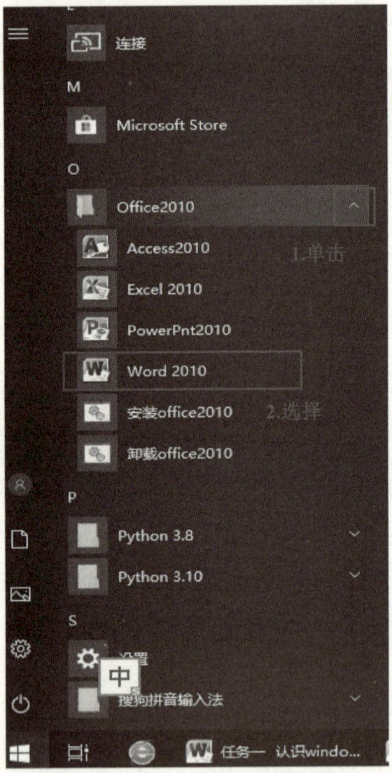

图 4-3-1　通过“开始”菜单启动应用程序

方法2：双击桌面上的程序快捷图标启动应用程序，如图4-3-2所示。

方法3：双击已保存的Word文件，如图4-3-3所示。

图 4-3-2　双击桌面上的快捷图标

图 4-3-3　双击桌面上的 Word 文件

（2）切换应用程序

当计算机中打开了多个应用程序，如果需要进行应用程序之间的切换，可用如下操作方法。

方法1：将鼠标指向任务栏，单击右键，在弹出的快捷菜单中勾选“显示‘任务视图’按钮”，如图4-3-4所示。单击任务栏中出现的“任务视图”按钮，将出现所有正在运行的应用程序窗口，单击选择需要切换到的程序窗口即可，如图4-3-5所示。

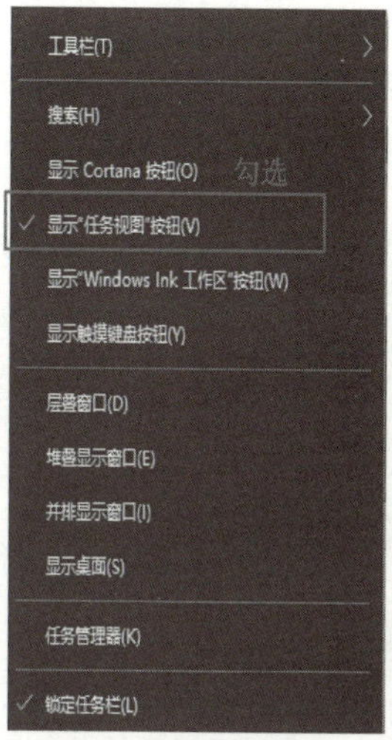

图 4-3-4　打开任务视图

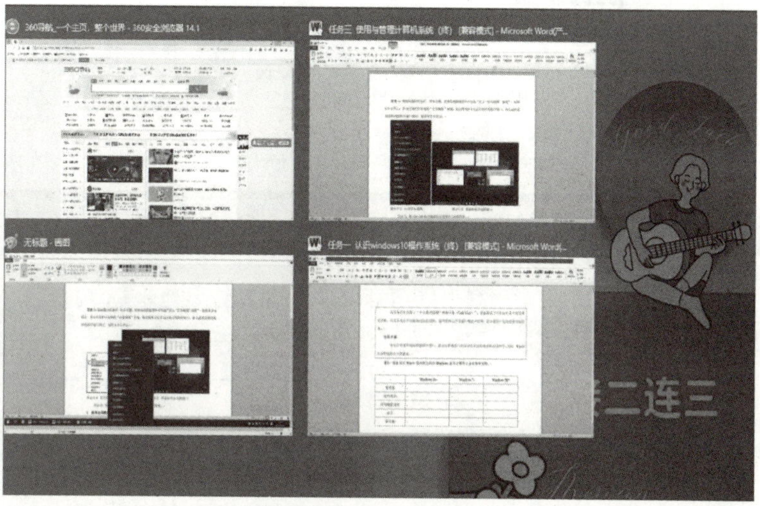

图 4-3-5　用鼠标单击切换窗口

方法2：按快捷键“Alt+Tab”进行应用程序之间的切换。

（3）排列应用程序窗口

鼠标指向任务栏，单击右键，在弹出的快捷菜单中有三种窗口的排列方式可以选择，如图4-3-6所示。三种窗口排列方式的效果如图4-3-7至图4-3-9所示。

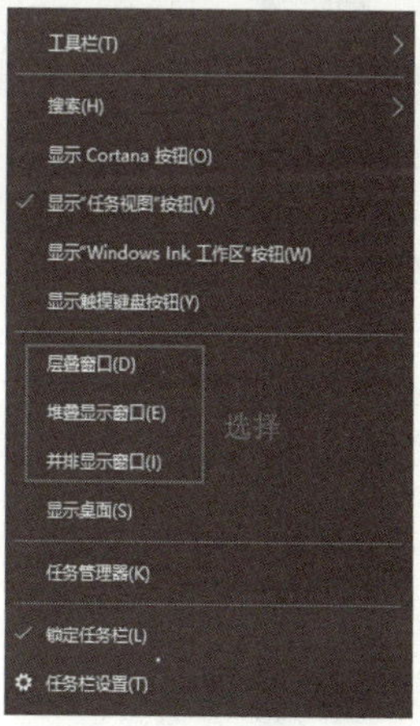

图 4-3-6　排列窗口

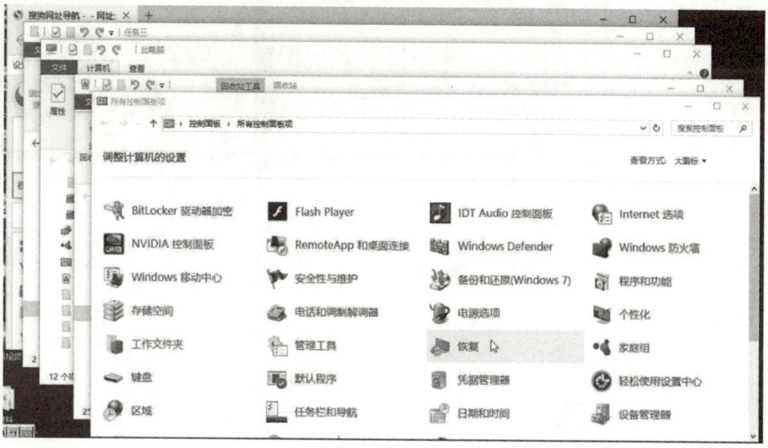

图 4-3-7　层叠窗口

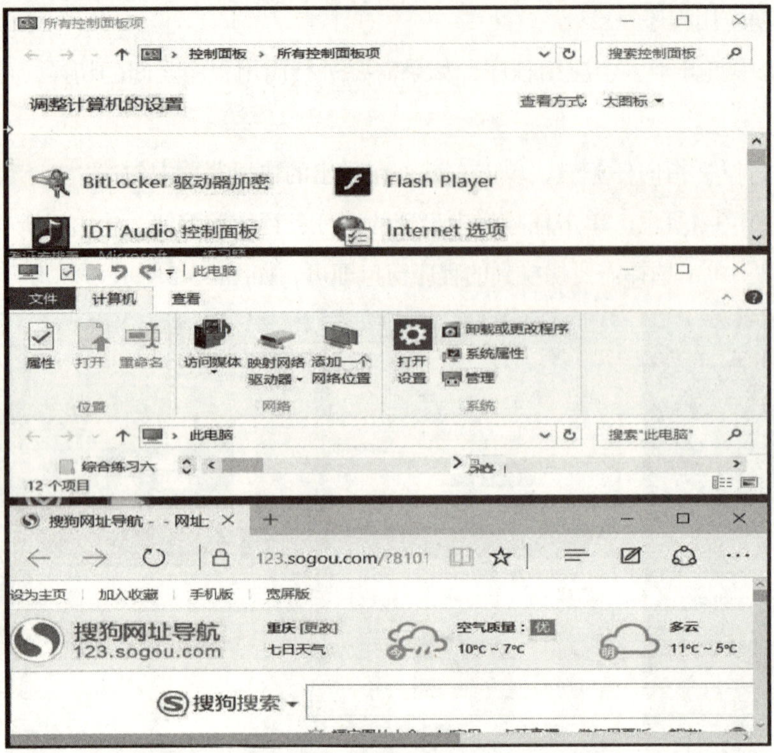

图 4-3-8　堆叠显示窗口

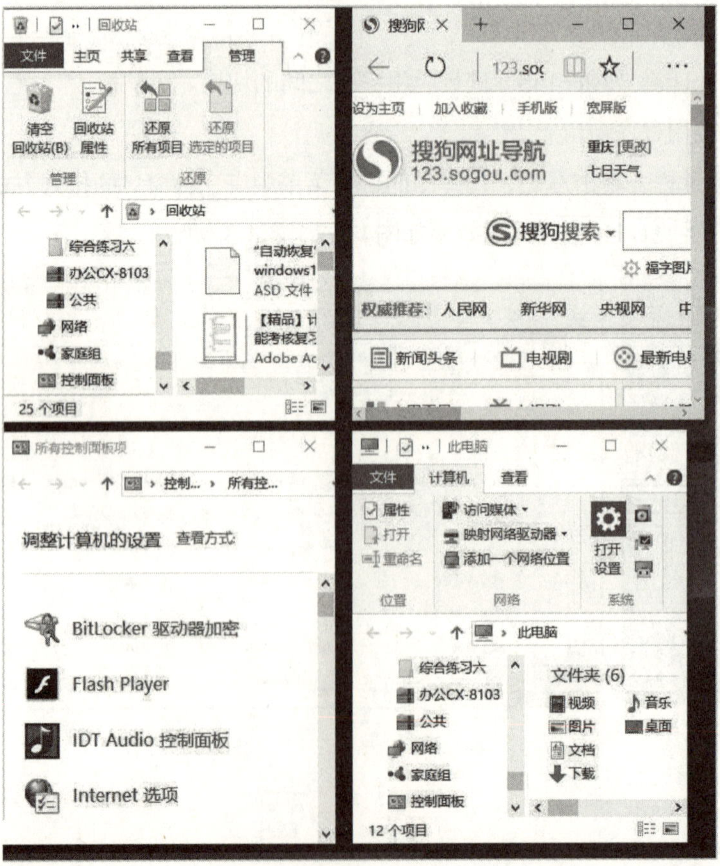

图 4-3-9　并排显示窗口

（4）删除应用程序和添加Windows功能组件

①打开“控制面板”，选择“程序”选项，如图4-3-10所示。

图 4-3-10　选择“程序”

②在“程序和功能”窗口中可以看到所有安装在系统中的应用程序列表，在列表中选中想要删除的程序，单击“卸载”链接，根据提示操作即可删除，如图4-3-11所示。

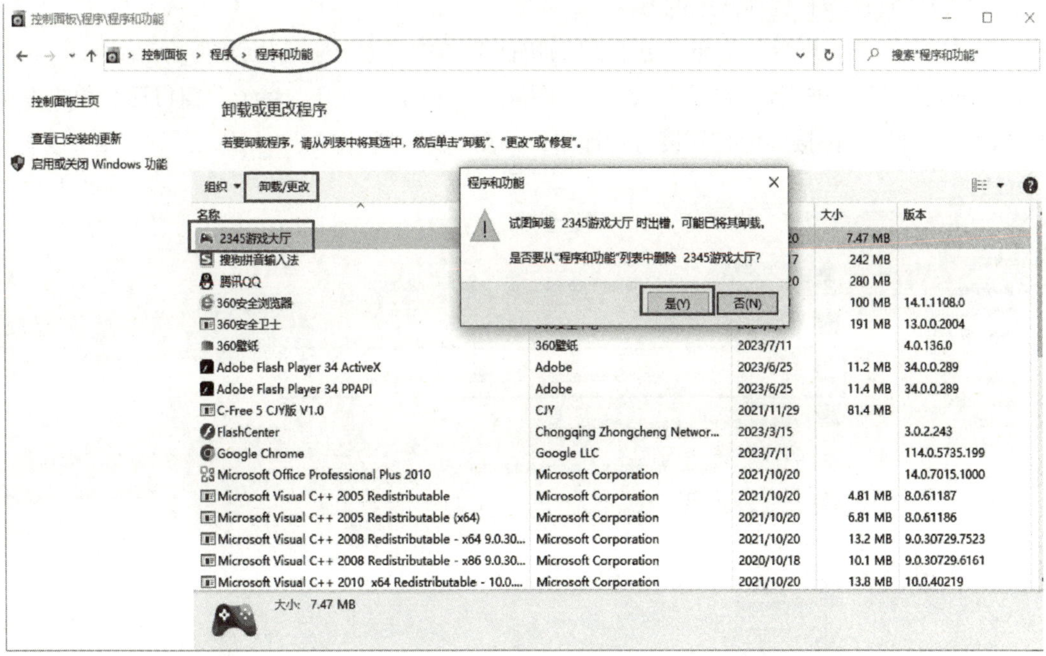

图 4-3-11　删除应用程序

③同样道理，单击左上方的“启用或关闭 Windows 功能”选项，可以添加或删除当前系统的一些功能组件，然后可以在 Windows 功能列表中选择自己想要安装的功能，单击“确定”按钮即可开始安装。有一些功能组件可能需要提供系统的安装源光盘，如图4-3-12所示。

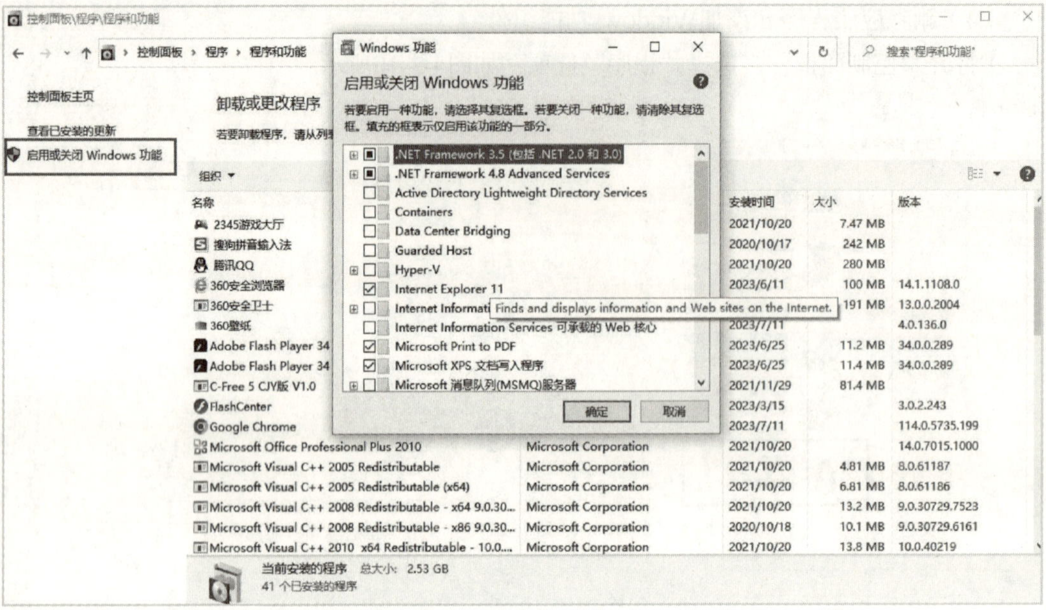

图 4-3-12　添加 Windows 功能组件

活动2　打开设备管理器。

打开设备管理器有三种常用的方法。

方法1：右击“开始”菜单，在弹出的快捷菜单中选择“控制面板”命令，在打开的“控制面板”窗口中选择“系统”选项，如图4-3-13所示。打开“系统”窗口后，单击左侧的“设备管理器”链接即可打开设备管理器，如图4-3-14所示。

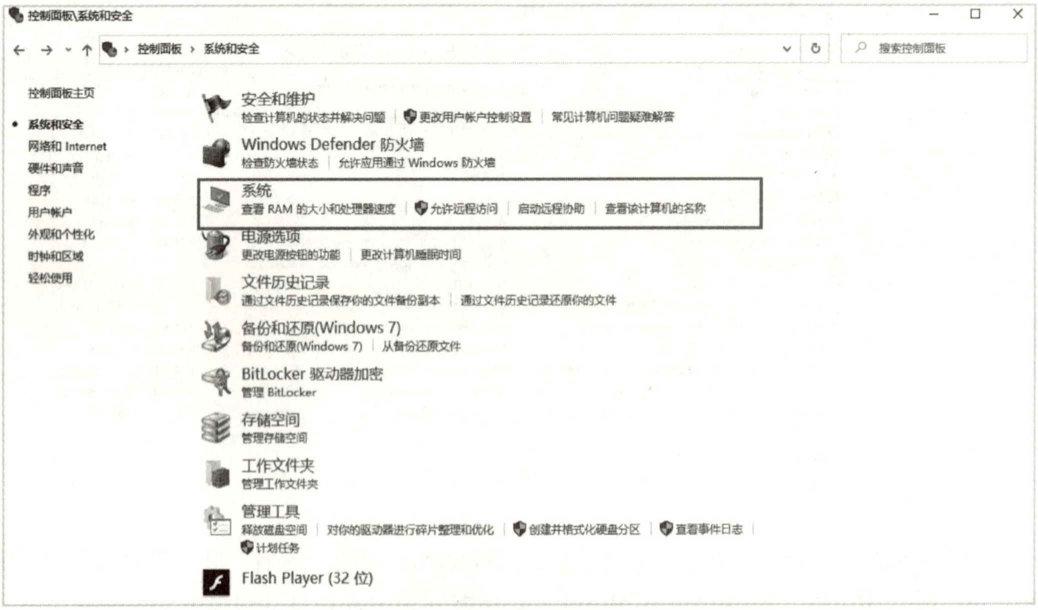

图 4-3-13　打开“控制面板”

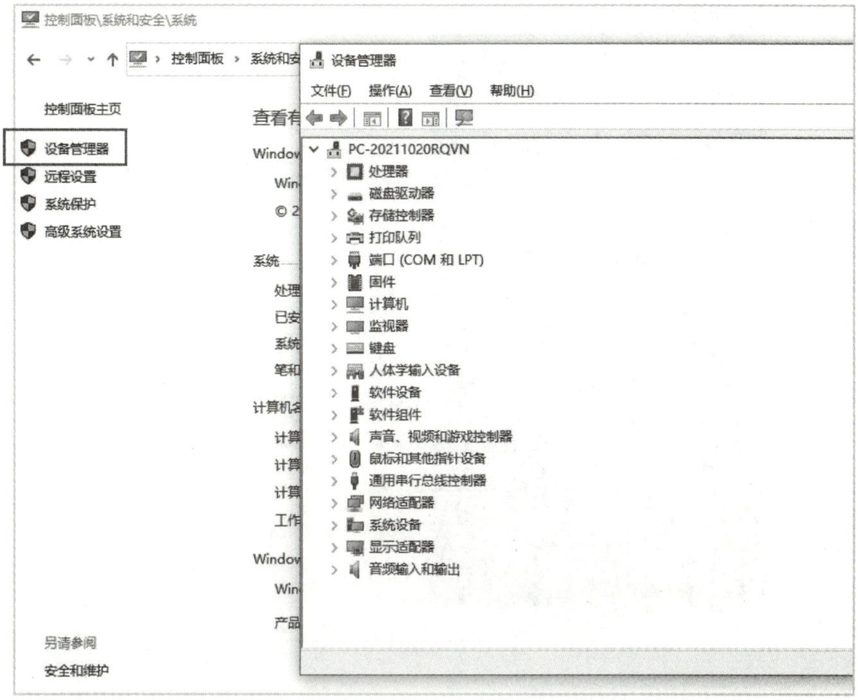

图 4-3-14 打开“设备管理器”

方法2：在“开始”菜单的搜索栏中搜索“设置管理器”，然后单击打开，如图4-3-15所示。

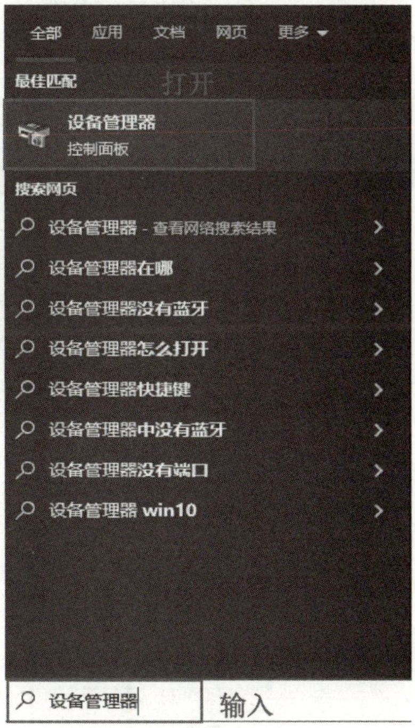

图 4-3-15 搜索框中搜索打开“设备管理器”

方法3：按快捷键“Win+X”，打开快捷菜单，选择“设备管理器”命令，如图4-3-16所示。

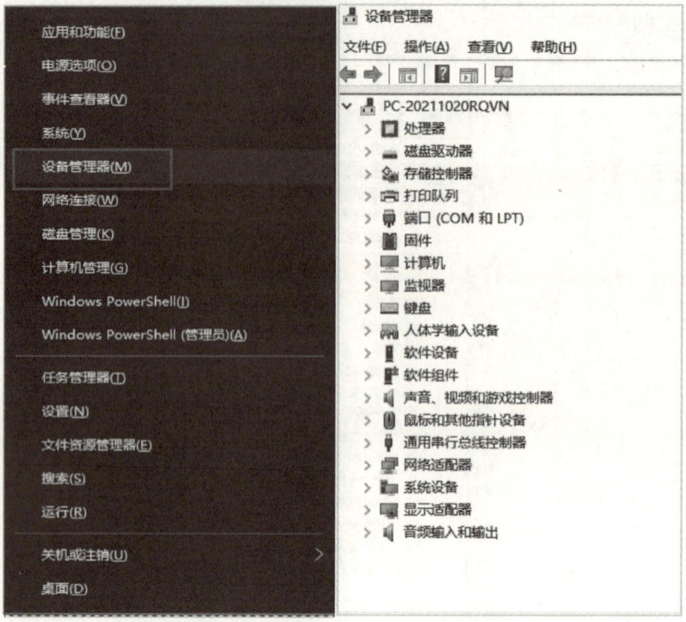

图 4-3-16　通过快捷菜单打开“设备管理器”

活动3　安装和更新硬件驱动程序。

驱动程序是硬件和系统之间的桥梁，假如某个设备的驱动程序未能正确安装，便不能正常工作。用系统自带的驱动更新功能可以进行更新，具体的操作步骤如下：

①打开“设备管理器”窗口，如果要查看USB接口设备，单击“通用串行总线控制器”展开列表，在要更新驱动程序的设备名称上右击，在弹出的快捷菜单中选择“更新驱动程序软件”命令，如图4-3-17所示。

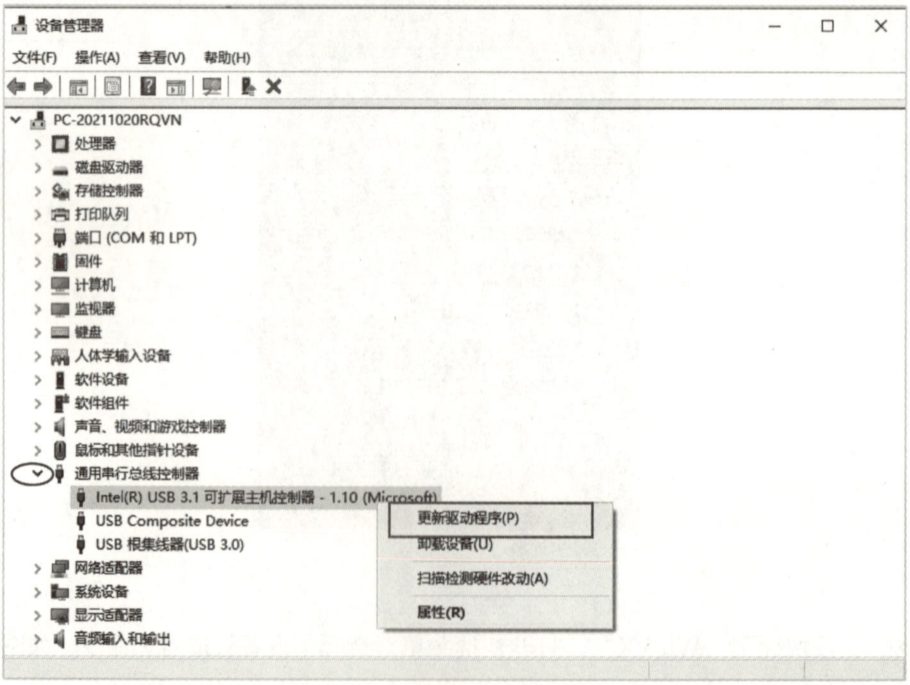

图 4-3-17　选择“更新驱动程序”命令

②在打开的窗口中，单击“自动搜索更新驱动程序软件”链接，如图4-3-18所示。更新成功后，如图4-3-19所示。

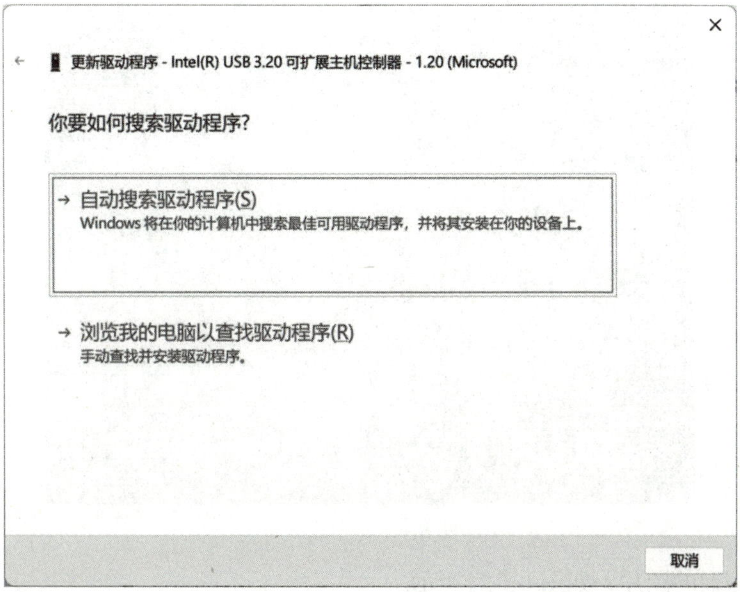
更新驱动程序 - Intel(R) USB 3.20 可扩展主机控制器 - 1.20 (Microsoft)
你要如何搜索驱动程序?
→ 自动搜索驱动程序(S)
Windows 将在你的计算机中搜索最佳可用驱动程序，并将其安装在你的设备上。
→ 浏览我的电脑以查找驱动程序(R)
手动查找并安装驱动程序。
取消

图 4-3-18　自动更新驱动程序

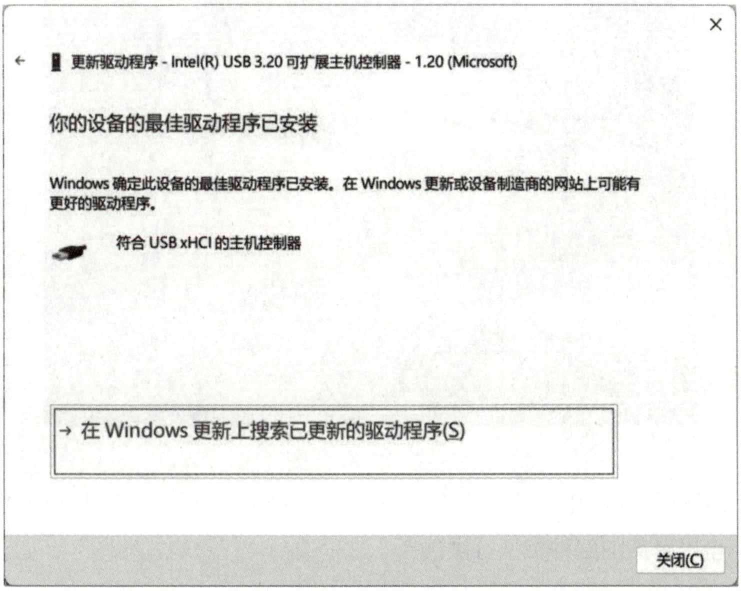
更新驱动程序 - Intel(R) USB 3.20 可扩展主机控制器 - 1.20 (Microsoft)
你的设备的最佳驱动程序已安装
Windows 确定此设备的最佳驱动程序已安装。在 Windows 更新或设备制造商的网站上可能有更好的驱动程序。
符合 USB xHCI 的主机控制器
→ 在 Windows 更新上搜索已更新的驱动程序(S)
关闭(C)

图 4-3-19　更新完成

活动4　使用系统自带的常用附件。

Windows 10 操作系统还自带了一些常用的工具，掌握这些常用附件的使用方法能帮助我们更快完成一些简单的工作。

（1）截图工具

使用Windows 10自带的“截图工具”的操作步骤如下：

①在“开始”菜单中找到“截图工具”，单击打开，如图4-3-20所示。

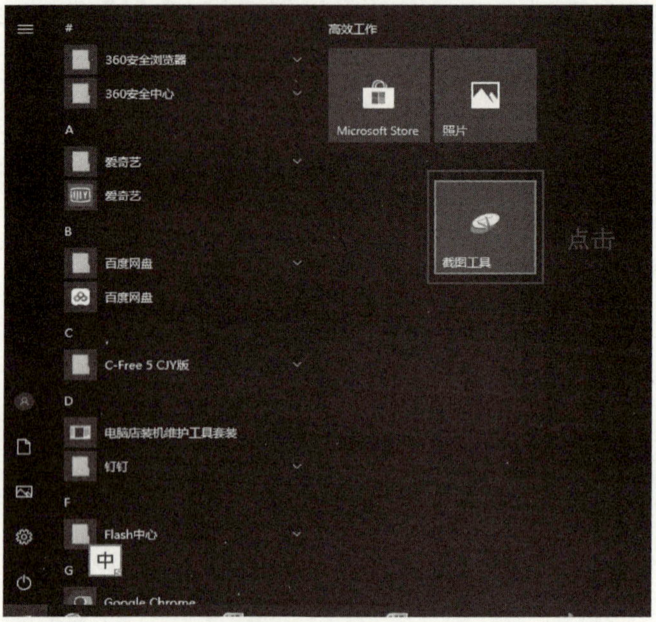

图 4-3-20　启动截图工具

②打开要截取的图片，如图4-3-21所示。

图 4-3-21　打开图片

③在“截图工具”窗口中单击“新建”按钮，选择截图类型。有任意格式截图、矩形截图、窗口截图、全屏幕截图四种类型可供选择。这里选择“任意格式截图”，如图4-3-22所示。

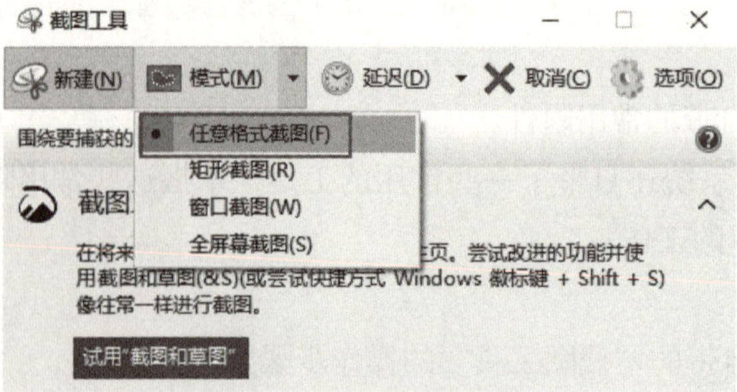

图 4-3-22　选择截图类型

④进入任意格式截图状态，屏幕会变为灰色，鼠标指针变为剪刀样式，拖动鼠标，选择要截取的部分，如图4-3-23所示。

图 4-3-23　截取图像

⑤选择完毕后，单击“保存”按钮，如图4-3-24所示，打开“另存为”对话框，选择保存的位置和保存类型，输入文件名后单击“保存”按钮完成保存，如图4-3-25所示。

图 4-3-24　保存截图

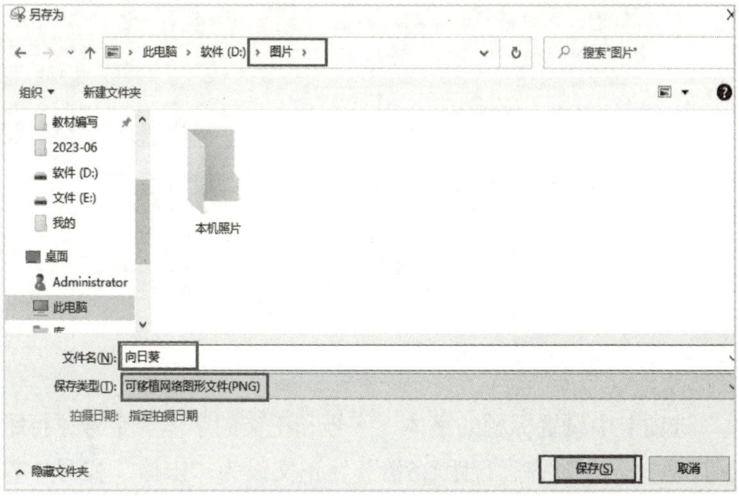

图 4-3-25　命名文件

▶注意： “任意格式截图”是指可以围绕任意区域手动画线，形成一个闭合区域完成截图。图片文件格式可保存为JPG、GIF、PNG、HMT四种格式。截图工具还附带了可选彩色画笔标注和荧光笔底色涂抹以及橡皮擦等基本修图功能。屏幕截图快捷键：按PrintScreen键截全屏、按Alt+PrintScreen组合键截活动窗口。

（2）写字板

写字板可以进行文字格式的编辑，以及图片的简单处理。启动写字板后，界面如图4-3-26所示。

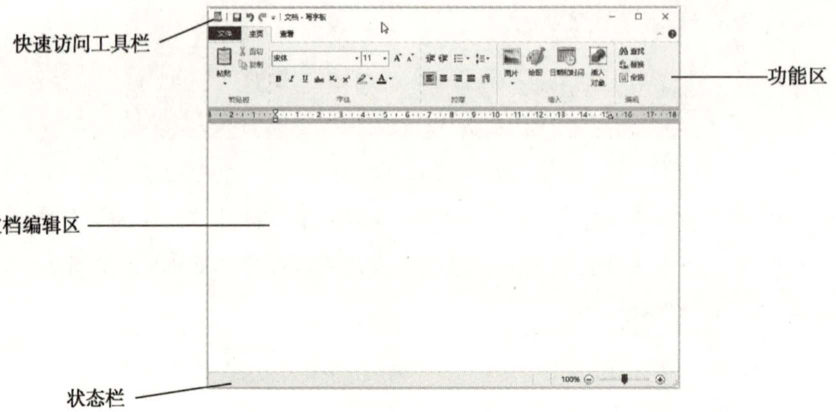

图 4-3-26　写字板界面

使用写字板完成文档编辑的操作步骤如下：

①单击“文件”菜单按钮，选择“新建”选项，新建文档，然后录入文字。

提示：按快捷键“Ctrl+Shift”可以实现所有输入法之间的循环切换；按“Ctrl+空格键”可以实现中英文输入法之间的切换。

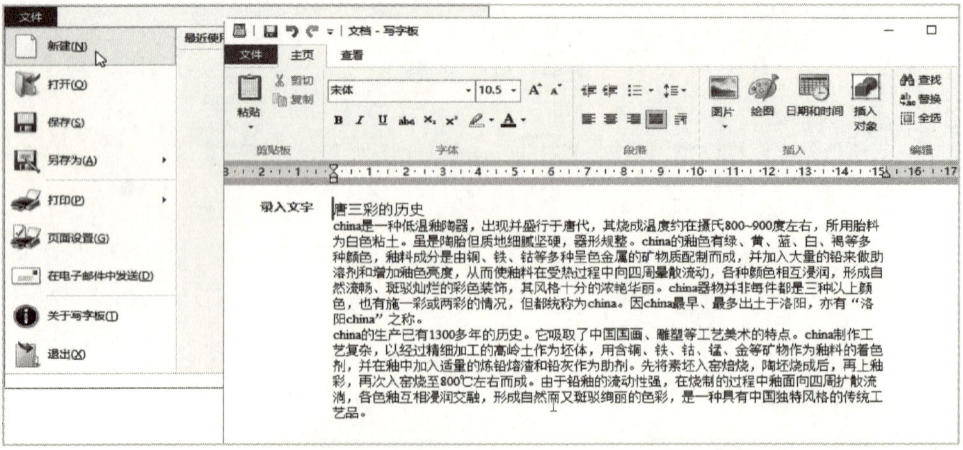

图 4-3-27　新建文档录入文字

②在“主页”选项卡中设置标题的字体、字号和正文的字体、字号，行距、缩进等，标题设为“黑体、16号、居中对齐、行距1.5倍”，正文设为“宋体、12号、首行缩进0.75厘米、行距1.5倍”，如图4-3-28和图4-3-29所示。

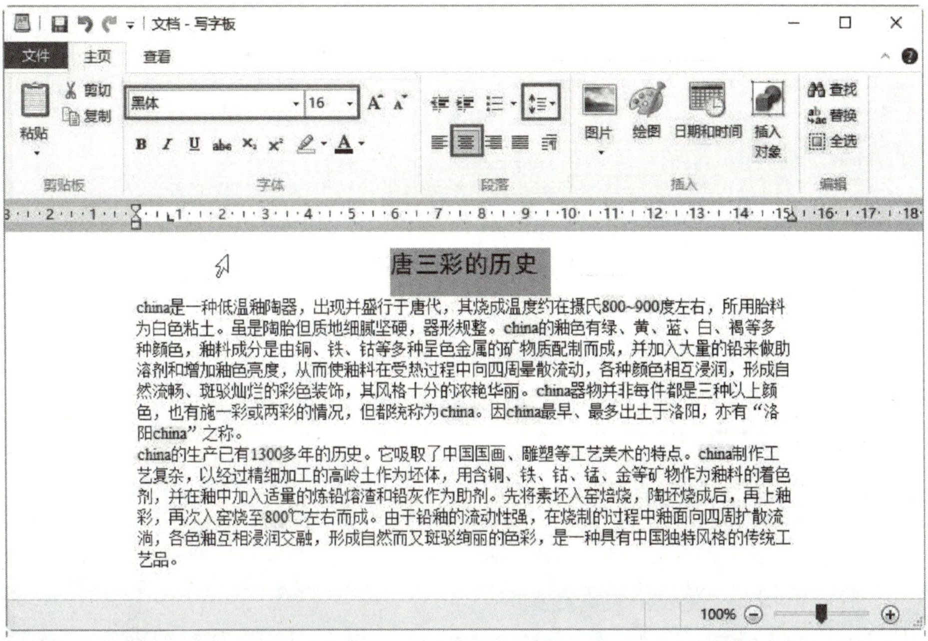

图 4-3-28　设置文档标题格式

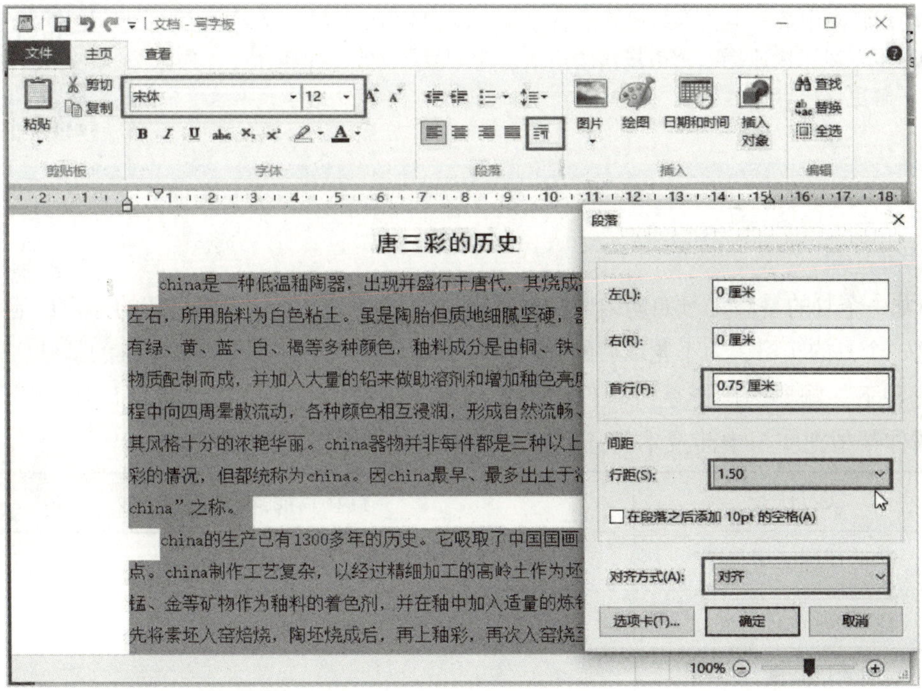

图 4-3-29　设置文档正文格式

③单击“文件”菜单按钮，选择“保存”选项，打开“保存为”对话框，进行相应设置后保存文档，如图4-3-30所示。

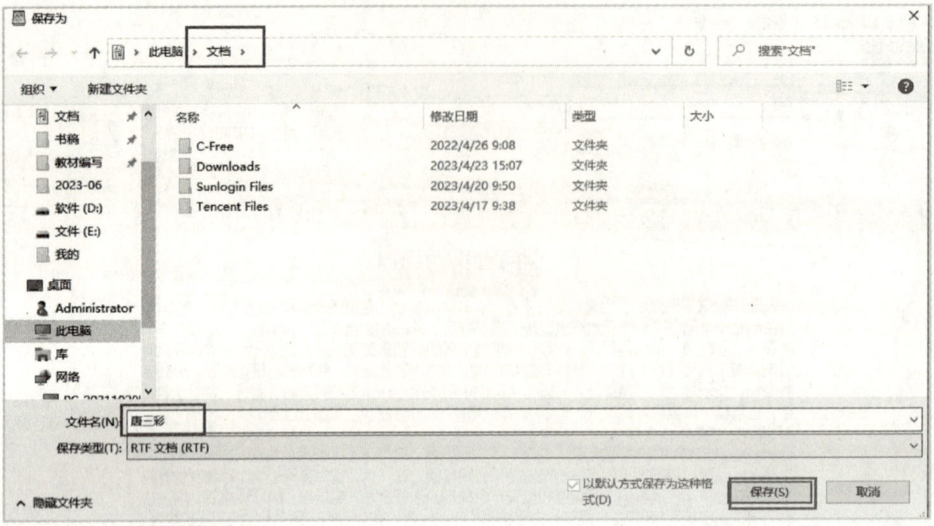

图 4-3-30　保存文档

知识拓展

在开源操作系统生态不断成熟的背景下，中国的国产操作系统依托开源生态和政策东风正快速崛起，市场潜力巨大，未来发展前景值得期待，扫描二维码，了解更多内容。

职场融通

小龙一个月的暑假实习如期结束，他觉得时间过得飞快，学习感兴趣的知识让他意犹未尽！这一个月的实习，为小龙以后的系统学习和顺利进入工作岗位打下坚实的基础，更是在他心里种下一颗要为国产系统软件出份力的种子，这力量会支撑他走好以后学习的每一步。请你帮他把实习中涉及本任务内容的技能点总结归纳到下面的表格中。

实习任务	操作技能要点
熟练使用应用程序	
使用设备管理器	
安装和更新硬件驱动	
安装系统软件	
熟练运用系统自带附件	

能力评价

回顾本任务的学习情况，根据评价内容填写掌握程度，并填写自我反思表。

评价内容	自我评价	学生互评	教师评价
启动和切换应用程序	5分□ 3分□ 2分□	5分□ 3分□ 2分□	5分□ 3分□ 2分□
删除和添加功能组件	5分□ 3分□ 2分□	5分□ 3分□ 2分□	5分□ 3分□ 2分□
安装和更新驱动程序	5分□ 3分□ 2分□	5分□ 3分□ 2分□	5分□ 3分□ 2分□
使用设备管理器	5分□ 3分□ 2分□	5分□ 3分□ 2分□	5分□ 3分□ 2分□
使用系统自带附件	5分□ 3分□ 2分□	5分□ 3分□ 2分□	5分□ 3分□ 2分□

	优点	不足	改进措施
自我反思			

项目五 / 维护计算机信息安全

项目概述：

计算机网络技术的高速发展，极大程度推动了人类社会的进步。但随着网络科技越来越先进，计算机信息安全问题也日益严峻，如诈骗、黑客、病毒、木马、数据泄漏等安全隐患层出不穷，既损害了个人和企业的利益，也对社会和国家的信息安全构成一定威胁。因此，我们需要不断加强保护网络安全的意识和能力，采取有效的防范措施和应对措施。本项目将通过三个具体的任务来学习如何更安全规范地使用网络，如何更有效地维护计算机信息安全。

学习目标：

+ 掌握计算机信息安全防护的方法；
+ 了解计算机病毒及其预防措施；
+ 掌握几款计算机杀毒软件的安装和使用方法。

思政目标：

+ 增强学生遵守国家网络安全法律法规的意识；
+ 培养学生养成保护个人信息安全的意识；
+ 提升学生防范网络诈骗、识别网络陷阱的能力；
+ 培养学生树立正确的人生观、价值观和世界观。

[任务一]

NO.1

了解计算机信息安全

微课

情景导入

最近小龙的QQ号被盗了，骗子通过QQ向小龙的QQ好友发送消息骗取钱财，幸好大家都比较警惕，没有上当。但是据朋友们描述，骗子不光是盗取了小龙的QQ号，在行骗过程中还能够准确说出小龙就读的学校、家庭地址、电话号码等个人信息。这让小龙非常疑惑，骗子是怎么把自己的个人信息知道得一清二楚的呢？

任务目标

1.了解计算机犯罪的概念；

2.了解常见的威胁计算机网络安全的因素；

3.掌握计算机信息安全的防护方法。

知识链接

一、什么是计算机犯罪

计算机犯罪是指自然人或者以单位为主体，故意利用计算机信息系统实施的犯罪行为。计算机犯罪是一种危害计算机信息系统安全和严重危害国家、社会和个人利益的应当依法处以刑罚的犯罪行为。根据《中华人民共和国网络安全法》的规定，任何个人和组织不得从事非法侵入他人网络、干扰他人正常网络秩序、窃取网络数据等危害网络安全的活动。我们应该时刻遵守法律法规，保持安全上网的行为，共同维护当今“互联网+”时代下的计算机网络信息安全。

二、威胁计算机信息安全的因素

威胁计算机信息安全的因素很多，主要包括人为因素、自然因素和偶发因素。其中人为因素占主要部分，常见的情况如下：

①过于简单的账号密码设置，造成容易被破解。

②泄漏个人重要信息，如发布微信朋友圈时最容易泄漏个人信息，造成定位信息、身份证信息、日常工作和家庭住址信息的泄漏。

③随意扫描各类二维码，扫描到带病毒链接的二维码，手机里的所有信息（包括账号、支付密码、短信、照片等）都被盗取，在手机连接计算机后，使计算机也感染病毒，如图5-1-1所示。

④使用笔记本电脑、手机时，在公共场所连接不知名的、陌生的免费Wi-Fi（图5-1-2）进行网购，导致银行账号信息和支付密码被泄漏。

图 5-1-1　扫二维码

图 5-1-2　免费 Wi-Fi

三、威胁计算机网络安全的因素

威胁计算机网络安全的因素有很多，常见的主要包括以下几种。

1.计算机病毒

计算机病毒是指能够自我复制并传播的一组恶意程序，它们通常隐藏在某种文件信息中，当用户点击这些文件时，病毒就会被激活，开始感染用户的计算机系统。计算机病毒的危害非常严重，它会造成用户信息被盗窃、计算机程序被删除、修改、错误运行，甚至还会造成计算机“死机”和不明原因的重启，使计算机工作效率大大降低或直接导致整个计算机系统瘫痪。

2.黑客攻击

黑客指的是入侵其他计算机系统或网络并进行不法行为的计算机操作员。黑客的攻击手段可分为非破坏性攻击和破坏性攻击。黑客利用计算机系统的漏洞、弱点等进行非法侵入、安装信息炸弹、破解密码、盗窃信息、破坏系统数据等行为，这是网络安全领域最大的威胁之一。黑客攻击的方式有很多，包括SQL注入、XSS攻击、DDOS攻击、CSRF攻击以及DNS劫持等。

3.数据泄漏

数据泄漏是指机构或个人的敏感信息因为种种原因而被泄漏出去，如银行卡信息、身份证信息等。数据泄漏事件屡屡发生，给机构和个人带来巨大的损失和风险。

4.软件漏洞

软件漏洞是软件开发者在开发软件时的疏漏或者因编程语言的局限性而造成的会削弱安全性的缺陷，也称为“Bug”。一些不怀好意的人会利用这些“Bug”做一些非法的事情，对计算机安全造成威胁。

四、计算机信息安全防护方法

针对以上威胁，我们可以采取一系列安全措施来保护计算机网络信息安全，如及时更新软件补丁、加强身份认证、定期备份数据、安装杀毒软件、禁用自动运行、谨慎打开附件等。同时，还需要建立安全级别管理机制，明确操作和管理员的职责和权限，及时监测系统异常行为，发现问题及时处理，以保障网络系统的安全和稳定。具体操作可以包含以下几个方面。

1.加强信息安全及法律意识

加强计算机操作人员的信息安全意识，培养良好的职业道德，建立思想过硬、技术精良的计算机操作和管理团队。通过宣传，加强公民的社会道德，增强他们的信息安全防护意识和社会责任感，减少网络入侵情况的发生。

加强法律的完善和普及，从严打击计算机犯罪。不断完善、普及法律，提高公民法律意识，从严打击计算机犯罪，对确保网络系统的安全运行具有重要意义。

2.完善计算机系统和软件的安全防范措施

①安装杀毒软件和防火墙：安装可靠的安全软件，如杀毒软件和防火墙，能有效防止病毒、木马等恶意程序的入侵和破坏。

②及时更新系统：及时更新操作系统、修复安全漏洞和打上应用程序的补丁，防止黑客利用漏洞入侵系统。

③强化密码策略：使用强密码，包含大小写字母、数字和特殊字符的组合，并定期更换密码。同时，避免在多个网站使用相同的密码，以防止一处密码泄漏导致多个账户受到威胁。

④备份重要数据：定期备份重要文件和数据，以防止数据丢失和信息泄漏。

⑤识别安全链接：避免点击不明来源的链接、下载不明文件或打开电子邮件中的附件。这些链接、文件和附件可能包含恶意软件，用来窃取个人信息或入侵计算机。

⑥使用安全的网络连接：使用安全的网络连接可以防止黑客攻击和数据泄漏，不随意连接陌生Wi-Fi和有异常的网络。

⑦定期清理计算机：定期删除不必要的文件和程序，减少病毒和恶意软件的存在。

⑧关闭不必要的服务：关闭不必要的服务可以减少计算机受到攻击的可能性。

⑨掌握基本的网络安全知识：了解基本的网络安全知识可以避免出现常见的安全问题。

阅读有益

《中华人民共和国计算机信息系统安全保护条例》（1994年2月18日中华人民共和国国务院令第147号发布　根据2011年1月8日《国务院关于废止和修改部分行政法规的决定》修订）中的相关规定：计算机信息系统的安全保护包括保障计算机及其相关的和配套的设备、设施（含网络）的安全，运行环境的安全，保障信息的安全，保障计算机功能的正常发挥，以维护计算机信息系统的安全运行。任何组织或个人，不得利用计算机信息系统从事危害国家利益、集体利益和公民合法利益的活动，不得危害计算机信息系统的安全。

违反本条例的规定，构成违反治安管理行为的，依照《中华人民共和国治安管理处罚条例》的有关规定处罚；构成犯罪的，依法追究刑事责任。任何组织或者个人违反本条例的规定，给国家、集体或者他人财产造成损失的，应当依法承担民事责任。

学习活动

活动1　你认为小龙的个人信息是如何被泄漏的？如果我们在公共场合使用Wi-Fi，怎样才能保证自己的信息安全呢？

____

活动2　QQ已成为我们生活中不可缺少的聊天工具之一，其聊天记录涉及多方面的信息和隐私。为保证QQ密码的安全性，请为QQ设置密码保护。

为QQ设置密码保护的具体操作步骤如下：

①登录QQ后，单击主菜单，选择“安全”→“申请密码保护”选项，如图5-1-3所示。

②密码保护的方法有多种，如密保手机、QQ令牌、密保问题、人脸识别等，可以选择其中的一种或多种保密方式。如果选择“密保问题”，如图5-1-4所示。

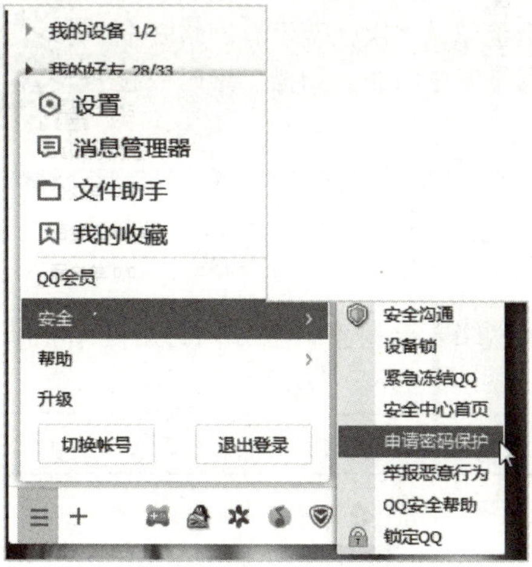

图 5-1-3　单击“申请密码保护”

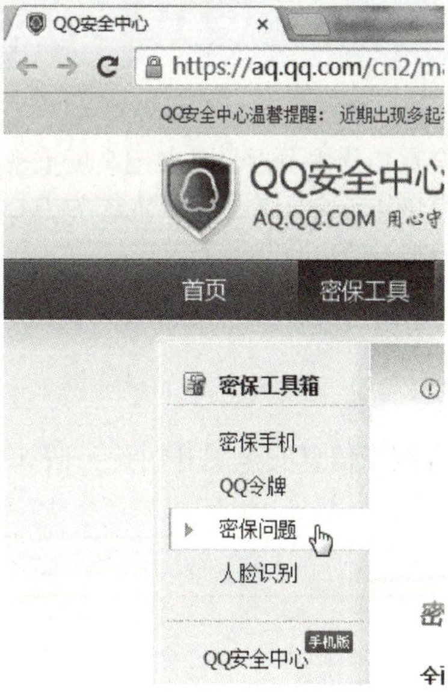

图 5-1-4　选择“密保问题”

③设置密码保护提示问题，尽量选择一个有特殊性的、不易弄错答案的问题，再在答案方框里输入答案即可，如图5-1-5所示。

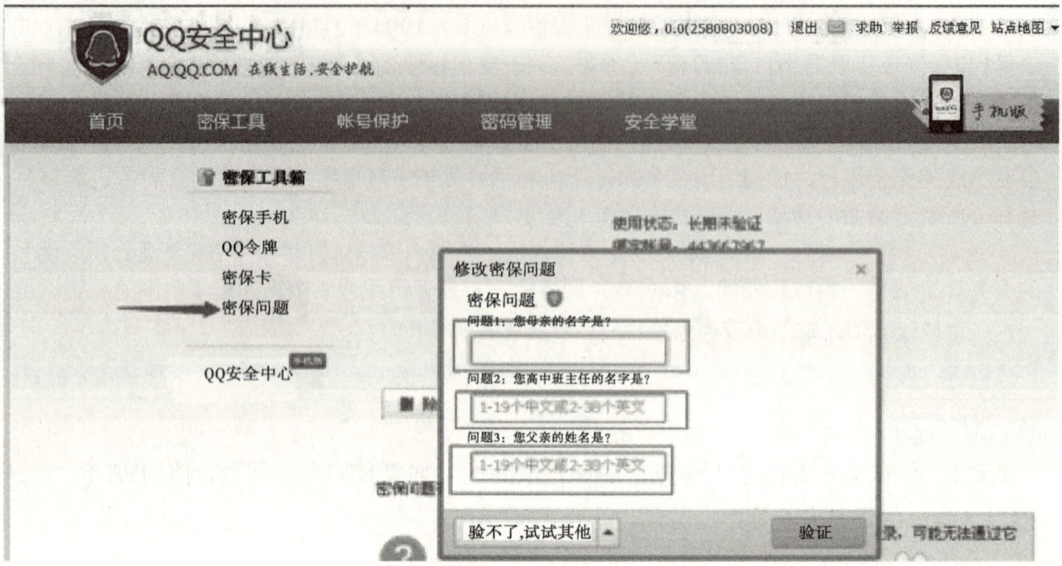

图 5-1-5　设置密码保护问题

④设置好密码保护问题后，以后如果忘记了密码，都可以通过回答上述问题重新设置密码。

保障QQ安全，除设置密码保护外，我们可以使用QQ官方提供的账号安全保护措施，如定期修改密码、启用两步验证、删除可疑登录记录等，还可以使用QQ密码保护软件，以确保个人QQ账号安全。同时，也要注意不要将密码泄漏给他人，避免造成不必要的损失。

知识拓展

目前，网络信息安全是国家重点关注的领域之一，每年9月第三周是国家网络安全宣传周。习近平总书记高度重视网络安全工作，多次强调没有网络安全就没有国家安全，要坚持以人民为中心，共筑网络安全防线。扫描二维码一起来学习吧！

职场融通

结合网络信息安全展开讨论：假如你是一名网络安全警察，会如何打击网络犯罪？

____

____

能力评价

回顾本任务的学习情况，根据评价内容填写掌握程度，并填写自我反思表。

评价内容	自我评价	学生互评	教师评价
计算机犯罪的概念	5分□ 3分□ 2分□	5分□ 3分□ 2分□	5分□ 3分□ 2分□
威胁计算机网络安全的因素	5分□ 3分□ 2分□	5分□ 3分□ 2分□	5分□ 3分□ 2分□
计算机信息安全的防护方法	5分□ 3分□ 2分□	5分□ 3分□ 2分□	5分□ 3分□ 2分□

	优点	不足	改进措施
自我反思			

[任务二]

NO.2

了解计算机病毒及其防护

微课

情景导入

在初中同学QQ群里，班长发了一条同学聚会邀请的链接，邀请同学们点击报名。小龙没有思索，马上点击了该链接，之后小龙的QQ就自动给自己加入的所有QQ群发送了相同的链接，此时计算机运行速度越来越慢，最后完全影响了正常使用。小龙将计算机送到维修部检修，维修人员告诉他，他的计算机是因为感染了计算机病毒才出现了这些情况。

任务目标

1.了解计算机病毒的概念；

2.了解计算机病毒的特点；

3.了解计算机感染病毒后的常见“症状”；

4.掌握有效预防计算机病毒的途径。

知识链接

一、什么是计算机病毒

计算机病毒是一种具有高度破坏性的计算机程序，它可以通过各种方式进行传播，并破坏计算机系统、文件和数据，给用户带来极大的损失。计算机病毒可以自我复制，并在传播过程中感染其他计算机系统，导致计算机系统的崩溃、数据丢失、信息泄漏等严重后果。简言之，计算机病毒就是人为制造的有自我复制功能并且能影响计算机系统正常运行的恶意程序。

二、计算机病毒的特点

①繁殖性：当正常程序在运行时，计算机病毒也在进行自我复制和运行，就像医学上的病毒可以进行繁殖一样，是否具有繁殖特征是判断某程序是否是计算机病毒的首要条件。

②破坏性：计算机感染病毒以后，可能会导致某些正常的程序无法运行、计算机系统无法正常工作。有些病毒甚至会破坏硬盘引导扇区和BIOS，还会莫名其妙地删除或破坏计算机内的文件和数据。

③传染性：计算机病毒可以通过各种方式进行传播，如网络、电子邮件、移动设备等。它可以对自身进行复制并把复制的病毒附加到其他正常的程序中。

④潜伏性：病毒程序入侵计算机后，有时不会立刻产生破坏作用，它可以隐藏在计算机中，等待特定条件满足时才发作。

⑤隐蔽性：计算机病毒可以隐藏在正常文件中，很难被用户发现。

⑥可触发性：有些计算机病毒需要被触发才能开始生效起破坏作用，通常会被设定为某个时间、用户的某个行为或特定的事件，使计算机病毒得到瞬间触发、激活。

阅读有益

计算机感染病毒后可能会有以下症状：

- 系统异常：计算机病毒可以导致系统出现各种异常，如系统崩溃、无故死机、反复重启或系统无故频繁地报警、屏幕上出现异常显示等。
- 文件失效：计算机病毒可以感染计算机中的各种文件，包括文档、程序、图片等，导致文件无法打开或被篡改，文件名出现乱码等现象。
- 运行异常：计算机病毒可以破坏系统程序，导致程序无法正常运行，它还可以在计算机中繁殖，占用系统资源和内存，导致计算机速度明显变慢、卡顿。
- 网络故障：计算机病毒可以破坏网络连接，导致计算机无法上网或网络连接出现异常。
- 不停弹出广告窗口：计算机病毒可以通过弹出广告窗口，干扰用户的正常操作和使用体验。

如果计算机出现了以上症状之一或多个，很有可能就是感染了病毒。我们应该及时进行杀毒或重装系统等操作，以清除病毒并保护计算机系统的安全。

三、预防计算机病毒的有效途径

计算机病毒的主要传播途径是通过网络，想有效预防计算机病毒，就应该切断病毒的传播途径，养成良好的上网习惯，具体内容如下：

①提升计算机系统的安全预防措施：为了防止计算机病毒的入侵，首先应该采取一些有效的安全预防措施，如安装杀毒软件，及时更新病毒库，定期进行安全扫描，以及设置强密码等。

②定期备份重要数据：为了防止病毒破坏或者数据丢失，应该定期备份重要数据，以便在发生意外情况时，能够及时恢复数据。

③养成健康上网的习惯：不随意打开未知来源的邮件和附件，不随意浏览具有不健康内容的网站，不轻易点开网站广告弹窗，更不要轻易点开别人发给你的未知的、陌生链接。

④安全下载程序和软件：不下载和安装未经过安全检测的软件和程序，尽量从官方网站下载安装软件，或使用正版软件，以保证软件的安全性。

⑤设置安全浏览级别：将计算机浏览器的安全级别设置为高级，严防网站内各种脚本插件的运行。

⑥使用安全的移动存储设备：在使用移动存储设备时，应该先进行安全检测，确保设备没有携带病毒，以防止病毒通过移动存储设备传播。

学习活动

活动1　上网查找相关资料，了解近十年以来影响较大且造成巨大损失的计算机病毒恶性传播事件。

____

活动2　通过网络查询，将中国出现的第一例计算机病毒的相关情况写出来。

____

活动3　设置Windows系统防火墙。

Windows操作系统中自带有防火墙程序，打开防火墙的具体操作步骤如下：

①打开控制面板，在窗口中单击“Windows防火墙”链接，如图5-2-1所示。

图 5-2-1 设置防火墙

②在打开的“Windows防火墙”窗口中单击左侧的“打开或关闭Windows防火墙”链接，如图5-2-2所示。

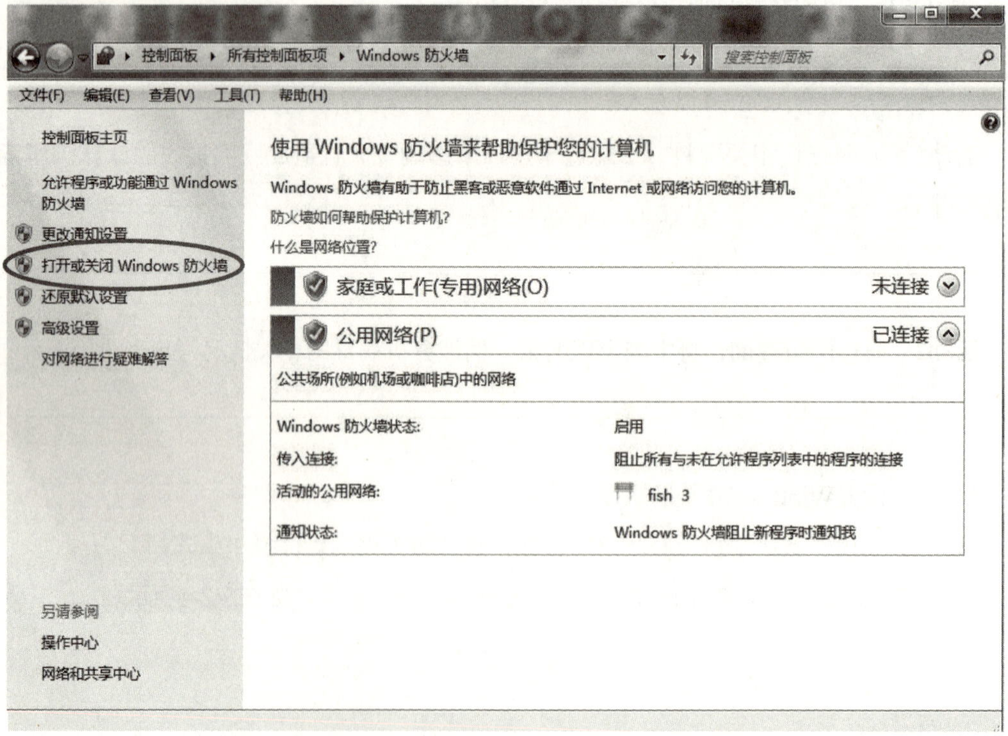

图 5-2-2 “Windows 防火墙”窗口

③在“自定义设置”窗口中选择“启用Windows防火墙”选项，单击“确定”按钮即打开了防火墙程序，如图5-2-3所示。

图 5-2-3 启用防火墙

知识拓展

在当今数字化时代，网络安全问题越来越受到重视。与此同时，随着全球互联网的发展，各种网络黑客攻击事件也层出不穷，其中以“红客”最为著名。红客，即红色骇客，是指一群持有极高技术水平的黑客，他们擅长入侵各种计算机、手机、路由器等，以获取数据或进行攻击。扫描二维码，了解更多内容。

职场融通

结合网络信息安全展开讨论：假如你是公司的网络信息安全管理员，如何维护公司的网络信息安全？

能力评价

回顾本任务的学习情况，根据评价内容填写掌握程度，并填写自我反思表。

评价内容	自我评价	学生互评	教师评价
计算机病毒的概念	5分□ 3分□ 2分□	5分□ 3分□ 2分□	5分□ 3分□ 2分□
计算机病毒的特点	5分□ 3分□ 2分□	5分□ 3分□ 2分□	5分□ 3分□ 2分□
感染计算机病毒后的常见“症状”	5分□ 3分□ 2分□	5分□ 3分□ 2分□	5分□ 3分□ 2分□
预防计算机病毒的措施	5分□ 3分□ 2分□	5分□ 3分□ 2分□	5分□ 3分□ 2分□

	优点	不足	改进措施
自我反思			

[任务三]

NO.3

掌握杀毒软件及使用

微课

情景导入

小龙的计算机经过维修人员的处理后，已经恢复正常。维修人员告诉小龙，要想避免计算机感染病毒，除了养成良好的上网习惯外，更重要的是为计算机安装杀毒软件，做好计算机系统日常清理及维护工作，并且定期更新病毒库，保证杀毒软件能够随时清理最新型的病毒。

任务目标

1.了解计算机杀毒软件的概念；

2.能说出3种以上常用的杀毒软件及其特点；

3.能为计算机安装杀毒软件并查杀病毒。

知识链接

一、什么是杀毒软件

杀毒软件，也称反病毒软件或防毒软件，通常会包含实时监控、扫描、清除、恢复、升级和报告等功能。实时监控可以实时检测计算机中的文件和网络流量，发现病毒立即报警；扫描可以按照预定的计划或者手动操作对计算机进行全面或者指定位置的扫描；清除可以删除计算机中的病毒，恢复可以恢复被病毒修改或者删除的文件；升级可以通过互联网或者其他方式获取最新的病毒库信息，进行软件升级；报告可以记录计算机中的病毒情况，并且及时向用户报告。总之，计算机杀毒软件是一种专门用于检测和清除计算机病毒的工具，是保护计算机系统安全和稳定以及个人信息安全的重要工具。

阅读有益

- 不是所有的病毒都能被杀毒软件查杀。
- 对于有些病毒，杀毒软件能查到但并不能清除掉。
- 对于被感染的文件，杀毒软件有以下几种处理方式：清除、删除、禁止访问、隔离、不处理。

二、常用的杀毒软件

Avira AntiVir（图5-3-1）是一套由德国的Avira公司开发的杀毒软件，习惯将其称为“小红伞”。它是一款免费软件，并且杀毒效果较好，主要功能包括病毒防护、间谍软件防护、恶意软件防护和链接扫描等。国内的部分知名杀毒软件也采用的是“小红伞”的引擎。

卡巴斯基反病毒软件（图5-3-2）是俄罗斯的卡巴斯基实验室推出的一款杀毒软件，其专业的技术能力一直受到广泛好评，主要针对家庭及个人用户，能够较好保护用户计算机不受各类互联网威胁的侵害。

图 5-3-1　小红伞

图 5-3-2　卡巴斯基

360杀毒（图5-3-3）是奇虎360科技有限公司出品的一款免费的云安全杀毒软件。它整合了五大领先查杀引擎，杀毒效率高，资源占用较少，升级及时，是目前使用较为广泛的一款杀毒软件。

金山毒霸（图5-3-4）是国内的一款成熟可靠的反病毒软件，于1999年发布了第一版，它融合了启发式搜索、代码分析、虚拟机查毒等技术，具有病毒防火墙实时监控、压缩文件查毒、查杀电子邮件病毒等多项功能。从2010年11月10日起，金山毒霸（个人简体中文版）实行永久免费。

腾讯计算机管家（图5-3-5）是腾讯公司推出的免费安全软件，拥有云查杀木马、系统加速、漏洞修复、实时防护、网速保护、计算机诊所、健康小助手等功能，还专门增加了QQ账号全景防卫系统，能够有效防范网络钓鱼欺诈及盗号。

图 5-3-3　360 杀毒

图 5-3-4　金山毒霸

图 5-3-5　腾讯计算机管家

学习活动

活动1　通过网络查询，了解更多品牌的杀毒软件，将它们各自的优点写下来。

____

活动2　为计算机安装360杀毒软件。

为计算机安装360杀毒软件的具体操作步骤如下：

①在浏览器中输入360杀毒首页网址，如图5-3-6所示。

图 5-3-6　360 杀毒网站

②在“下载中心”里面选择要下载的杀毒软件版本或者直接在首页中单击“正式版”按钮下载，如图5-3-7所示。

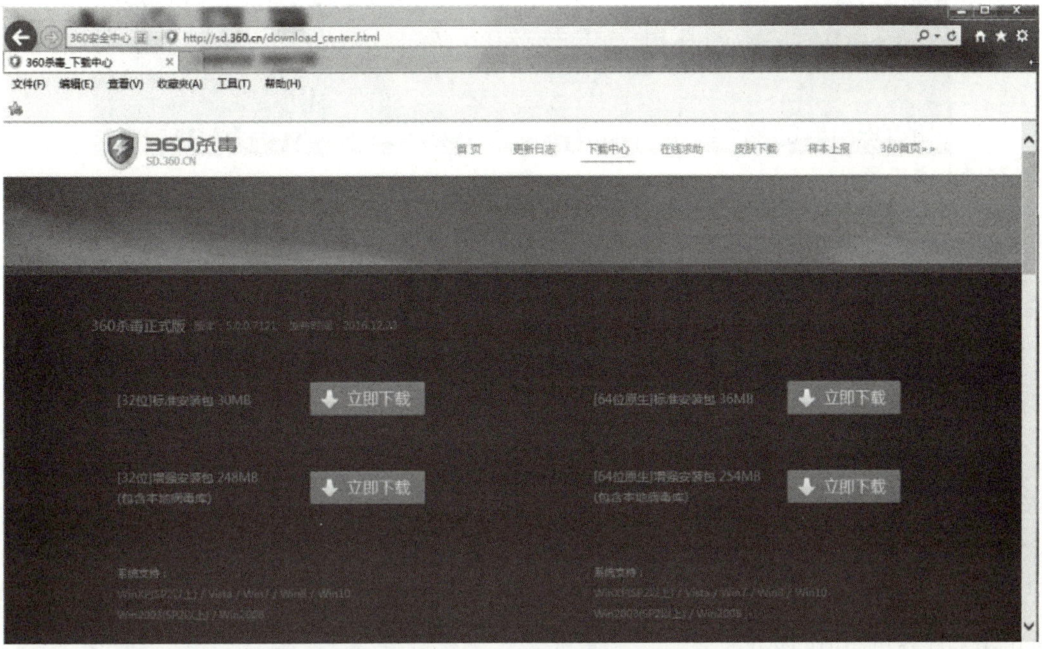

图 5-3-7　360 杀毒版本

③下载完成后，双击打开安装包，选择安装途径并同意许可协议，单击“立即安装”按钮开始安装，如图5-3-8所示。

图 5-3-8　360 杀毒安装

④安装完成后将自动弹出360杀毒界面，如图5-3-9所示。

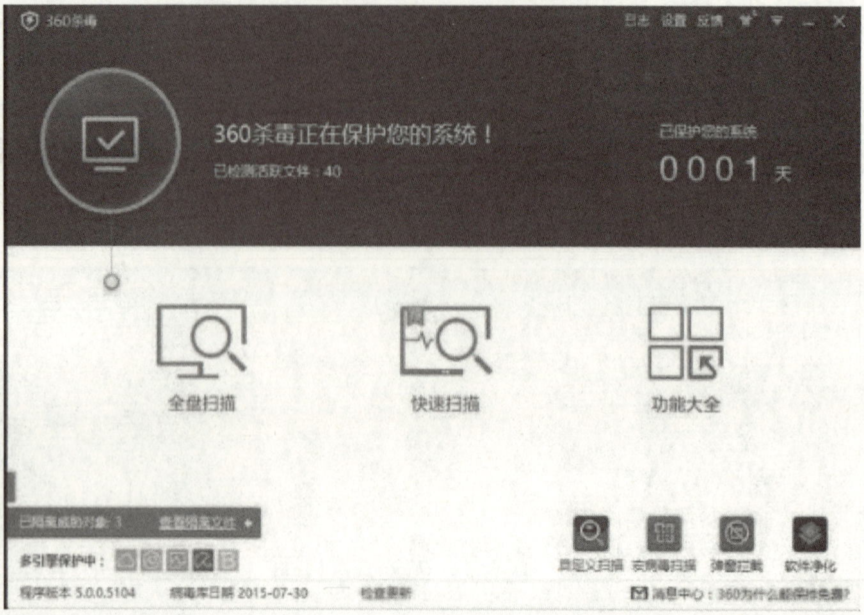

图 5-3-9　360 杀毒安装完成

活动3　打开360杀毒软件，更新病毒库，并为计算机进行一次扫描，处理相关问题，详细记录下计算机当前的状况。

更新病毒库并查杀病毒的具体操作步骤如下：

①打开360杀毒软件，先单击“检查更新”，如果病毒库是最新状态，就直接关闭对话框；如果需要更新，请按提示操作，更新病毒库，如图5-3-10所示。

图 5-3-10　检查病毒库

②扫描方式有：全盘扫描、快速扫描、自定义扫描，根据需要进行选择。

③如果单击“全盘扫描”，将自动扫描系统中的所有文件；如果单击“快速扫描”，将自动只扫描系统中的关键文件或容易受到攻击的文件。扫描过程中还可以根据需要单击“暂停”或“停止”按钮暂停或停止扫描，如图5-3-11所示。

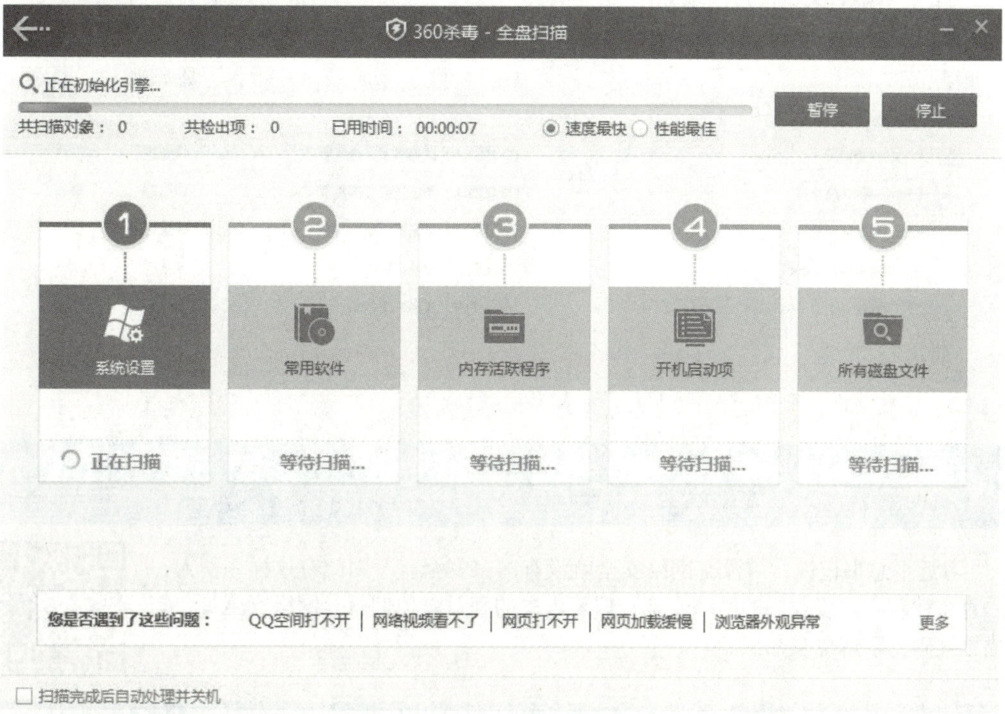

图 5-3-11　全盘扫描过程中

④如果单击“自定义扫描”，就需要自己勾选需要扫描的文件，如图5-3-12所示。

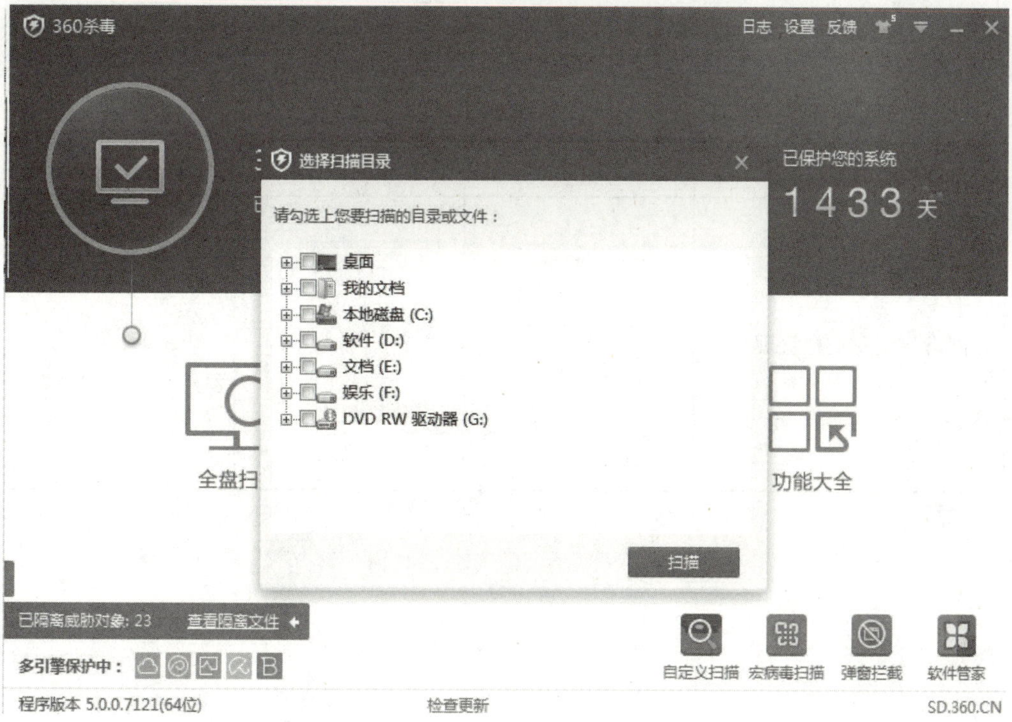

图 5-3-12　自定义扫描

⑤扫描完毕后，会弹出检查结果，可自行选择处理方式，如图5-3-13所示。

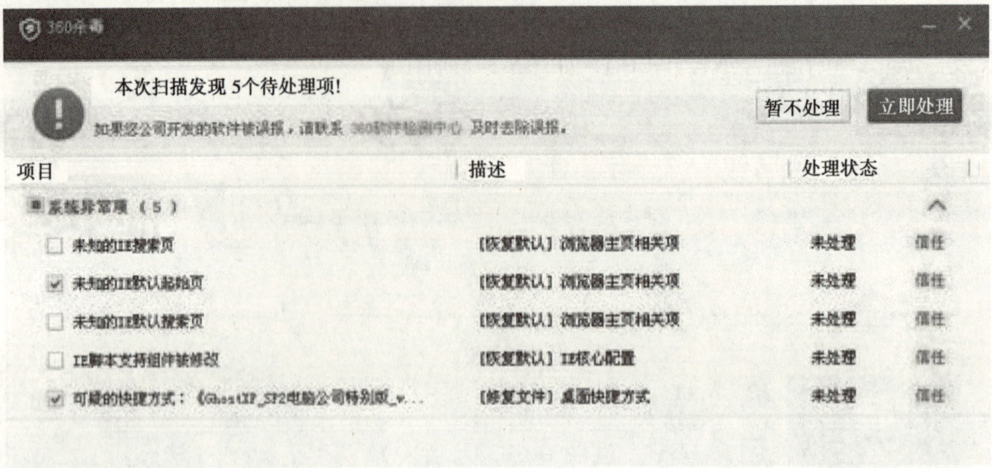

图 5-3-13　扫描结果及处理

知识拓展

习近平总书记说：“没有网络安全就没有国家安全。”因此有这样一群人，一直在默默守护着我们的网络安全，保障人民的利益，他们就是网络安全员，扫描二维码，了解更多知识。

职场融通

通过对本任务的学习，小龙十分佩服维修人员的专业技能，他也了解到2015版《中华人民共和国职业分类大典》新增了一个职业“网络与信息安全管理员”。请你查阅资料，了解该职业岗位的工作职责和应具备的职业素养与专业技能。

职业岗位	工作职责	应具备的职业素养	必备专业技能
网络与信息安全管理员			

能力评价

回顾本任务的学习情况，根据评价内容填写掌握程度，并填写自我反思表。

评价内容	自我评价	学生互评	教师评价
计算机杀毒软件的概念	5分□ 3分□ 2分□	5分□ 3分□ 2分□	5分□ 3分□ 2分□
不同杀毒软件及其特点	5分□ 3分□ 2分□	5分□ 3分□ 2分□	5分□ 3分□ 2分□
安装杀毒软件并查杀病毒	5分□ 3分□ 2分□	5分□ 3分□ 2分□	5分□ 3分□ 2分□

	优点	不足	改进措施
自我反思			

项目六 / 计算机基础应用

项目概述：

在这个46亿年的星球上，年轻的人类何以成为霸主?因为人类拥有最强的大脑，最超群的智慧，会发明工具，创造机器，拓展自身的能力。如今，计算机正担负着越来越重要的作用，计算机凭借超强的计算能力加上海量的数据，在万物互联和万物智能的时代，正深刻改变着我们的生活方式。本项目将通过五个具体的任务使学生学会使用网络进行交流，体验网络生活，获取数字资源，使用云课堂学习，并认识人工智能。

学习目标：

+ 能使用电子邮件和即时通信软件；
+ 能使用网络为生活提供便利；
+ 知道常用数字资源的格式；
+ 能使用网络获取数字资源；
+ 能理解云课堂的概念并使用云课堂学习知识；
+ 能说出人工智能的概念及其在生活中的应用；
+ 能客观看待人工智能技术。

思政目标：

+ 培养学生对职业的认同感、责任感、荣誉感；
+ 培养学生的数字素养；
+ 增强学生的网络安全意识；
+ 增强学生的知识产权保护意识；
+ 增强学生的民族自豪感和文化自信心。

[任务一]

NO.1

使用网络交流

微课

情景导入

中考后，小龙和以前的很多同学进入了新的高中，他时常想和以前的同学们分享新学校的环境、新认识的同学、新老师的教学风格、新学到的知识……怎样才能实时和老同学们交流分享呢？于是小龙向学长请教，学长告诉他，可以使用网络交流工具，实现实时交流。

任务目标

1.能使用电子邮件和即时通信软件；

2.能使用微信公众号发布消息；

3.能在网络交流中，遵守网络传播秩序，利用网络传播正能量；

4.能辨别、防范、处置网络谣言、网络暴力、电信诈骗、信息窃取行为。

知识链接

一、电子邮件

电子邮件（Electronic Mail，E-mail）指通过网络传送文字、图像、音视频、资料等信息的一种通信方式，每个用户的电子邮件有一个唯一的地址，格式为“用户名@域名.域名后缀”，如图6-1-1所示。经实名认证的电子邮件具有法律效力，可作为电子证据，如图6-1-2所示。

图 6-1-1　电子邮件地址格式

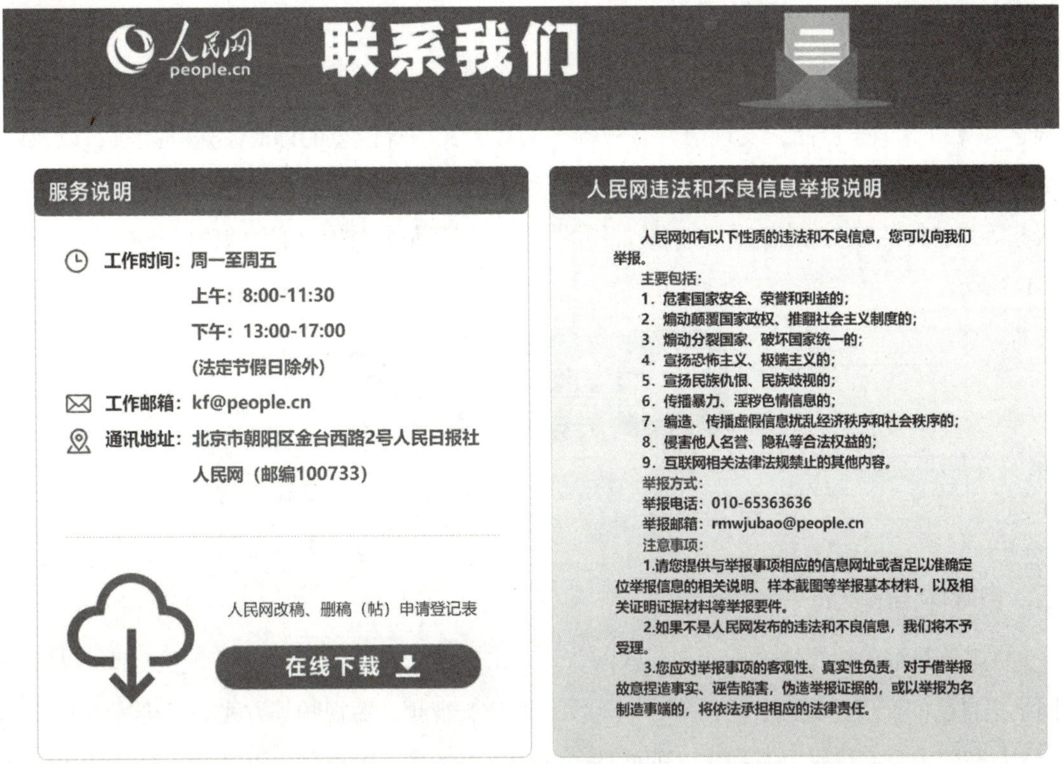

人民网
people.cn
联系我们
服务说明
工作时间：周一至周五
上午：8:00-11:30
下午：13:00-17:00
(法定节假日除外)
工作邮箱：kf@people.cn
通讯地址：北京市朝阳区金台西路2号人民日报社
人民网（邮编100733）
人民网改稿、删稿（帖）申请登记表
在线下载
人民网违法和不良信息举报说明
人民网如有以下性质的违法和不良信息，您可以向我们举报。
主要包括：
1. 危害国家安全、荣誉和利益的；
2. 煽动颠覆国家政权、推翻社会主义制度的；
3. 煽动分裂国家、破坏国家统一的；
4. 宣扬恐怖主义、极端主义的；
5. 宣扬民族仇恨、民族歧视的；
6. 传播暴力、淫秽色情信息的；
7. 编造、传播虚假信息扰乱经济秩序和社会秩序的；
8. 侵害他人名誉、隐私等合法权益的；
9. 互联网相关法律法规禁止的其他内容。
举报方式：
举报电话：010-65363636
举报邮箱：rmwjubao@people.cn
注意事项：
1.请您提供与举报事项相应的信息网址或者足以准确定位举报信息的相关说明、样本截图等举报基本材料，以及相关证明证据材料等举报要件。
2.如果不是人民网发布的违法和不良信息，我们将不予受理。
3.您应对举报事项的客观性、真实性负责。对于借举报故意捏造事实、诬告陷害，伪造举报证据的，或以举报为名制造事端的，将依法承担相应的法律责任。

图 6-1-2　电子邮件作用示例

通过电子邮件，我们可以非常快速地与世界上任何一个角落的网络用户交流，同学们在学习与生活中，可以根据自己的需要选择不同的电子邮件服务商：如果只是在国内使用，那么QQ邮箱是很好的选择，只要拥有QQ号，开通QQ邮箱功能，既可让你的朋友通过QQ和你发送即时消息，也可通过QQ邮箱传送照片、学习资料等大型文件和文件夹；如果是经常和国外的朋友联系，建议使用国外的电子邮箱，如Gmail、Hotmail、MSN mail、Yahoo mail等；如果是想当作网络硬盘使用，经常存放一些图片资料等，那么可以选择存储量较大的邮箱，如Gmail、Yahoo mail、163 mail、 126 mail、yeah mail、TOM mail、21CN mail等。

阅读有益

1987年9月20日，中国第一封电子邮件由“德国互联网之父”维纳·措恩与王运丰在北京的计算机应用技术研究所发往德国卡尔斯鲁厄大学，其内容为英文。

原文： Across the Great Wall we can reach every corner in the world.

中文大意： 跨越长城，走向世界。

这是中国通过北京与德国卡尔斯鲁厄大学之间的网络联结，向全球科学网发出的第一封电子邮件。

二、即时通信软件

即时通信（IM）是指用户基于互联网，借助即时通信客户端软件，通过手机、平板电脑、计算机等电子产品，实现语音、视频、图片、文字等消息的即时发送和接收，以及网络视频会议和网络教学，是集交流、资讯、娱乐、搜索、电子商务、办公协作和企业客户服务等为一体的综合化信息平台。最常用的个人即时通信软件有微信、钉钉、QQ 等，如图6-1-3所示。

图 6-1-3　常用即时通信软件

三、自媒体信息发布平台

自媒体是继传统媒体之后，在互联网背景下出现的新媒体形态，我们每个人都可以通过网络把自己的经历、见闻、想法等，以图文、图集、视频、短视频等方式分享给其他人。

互联网上自媒体平台有很多，如微信公众号、头条号、大鱼号、百家号、企鹅号、新浪看点、微博、网易号、搜狐号、一点号、央视新闻、人民日报、简书、小红书、知乎、抖音、快手、微视、秒拍、西瓜视频、好看视频、梨视频等。不论在哪个平台发布信息都要遵守平台信息管理规则、平台公约，遵守国家互联网信息发布的相关法律法规，不得发布、发送、传播虚假信息，违法信息，恶意诋毁信息，实施网络暴力等。

图 6-1-4　中国政府网、微博、微信公众号

学习活动

活动1　获取QQ邮箱。

方法1：如果已经有QQ号码，可以直接登录QQ邮箱（无需注册）。

①打开QQ邮箱的网页，如图6-1-5所示。

②使用“QQ号码@qq.com”作为邮箱地址，在登录页中直接输入QQ号码或手机号、QQ密码即可开通并登录邮箱，也可以用手机打开QQ，然后通过扫描二维码的快捷登录方式开通并登录邮箱。

③使用“微信号”作为邮箱地址，用手机打开微信，然后扫描登录页中的二维码直接开通并登录邮箱。

图 6-1-5　QQ 邮箱网页登录界面

方法2：如果没有QQ号，可以直接注册QQ邮箱账号。

①打开QQ邮箱的网页。

②单击“注册账号”，按网页向导提示操作，如图6-1-6所示，直接注册获得一个类似chen@qq.com这样的英文名邮箱地址。

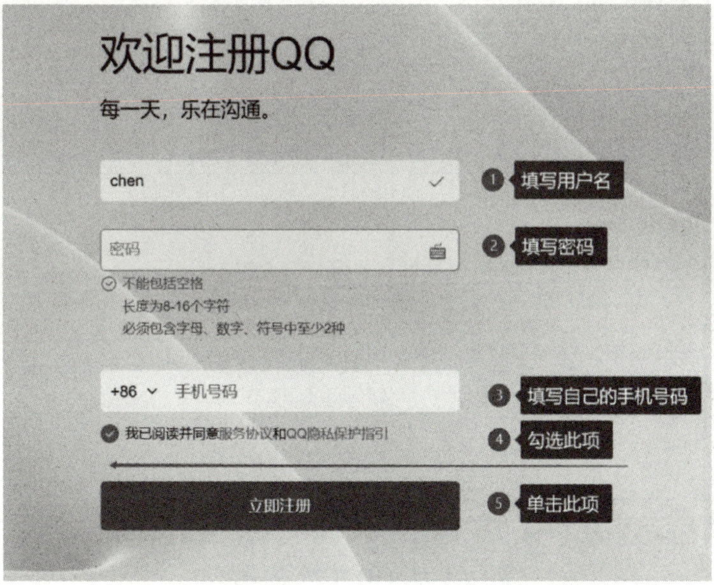

图 6-1-6　注册账号

③注册成功后，该邮箱地址自动绑定一个由系统生成的新QQ号码，并且作为QQ主显账号，可用来登录QQ。

注意：申请的英文邮箱地址，不可与系统生成的QQ号码解绑。如果你已经拥有QQ号码，建议使用方法1，英文名邮箱地址可以登录后再获得。

活动2　发送QQ邮件。

①打开QQ邮箱的网页，用自己的QQ号/邮箱号/手机号，均可登录QQ邮箱。

②单击界面左侧的“写信”，如图6-1-7所示。

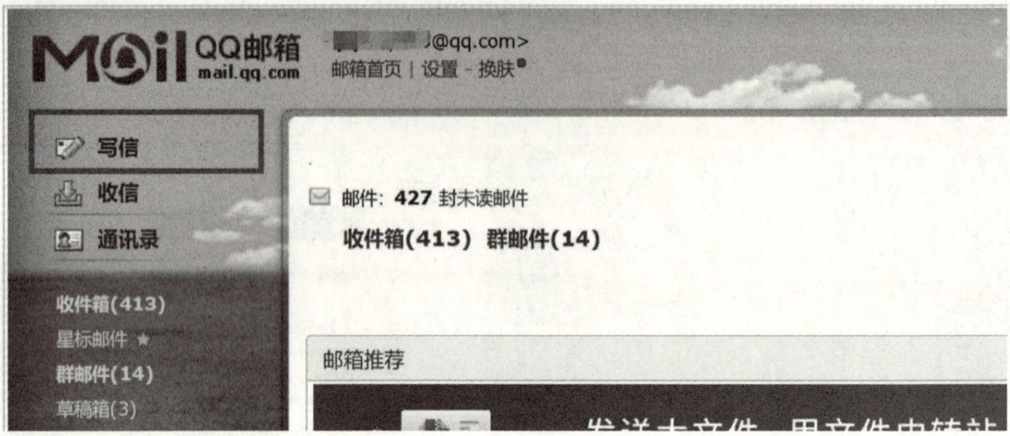

图 6-1-7　QQ 邮箱主界面

③填入收件人信息，可以直接在右侧通讯录选取，同一封邮件，可以选择多个收件人，将信息同时发送给不同的收件人，根据想写的内容自拟主题，在正文框里写下邮件内容，还可以根据自身需要添加附件、在线文档等，如图6-1-8所示。

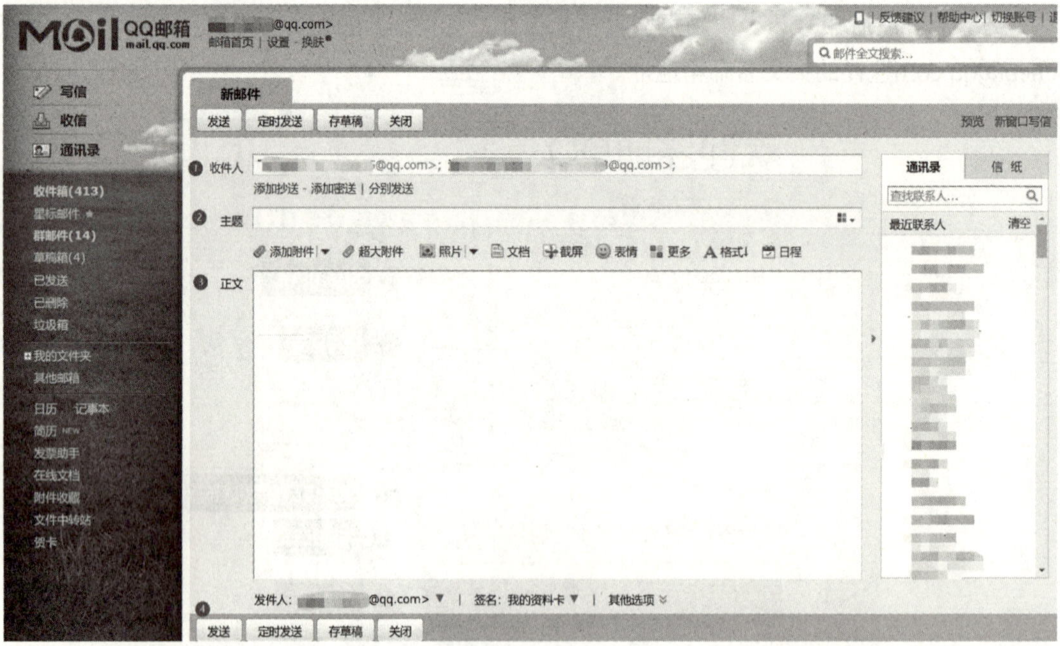

图 6-1-8　QQ 邮箱写信界面

④将所有内容都完善后，单击左下角的“发送”，也可根据自身需要单击“定时发送”，定时发送的邮件将会在你所要求的时间发送到对方的邮箱中。

⑤发送成功的邮件会保存到“已发送”的文件夹内方便查看，如图6-1-9所示。

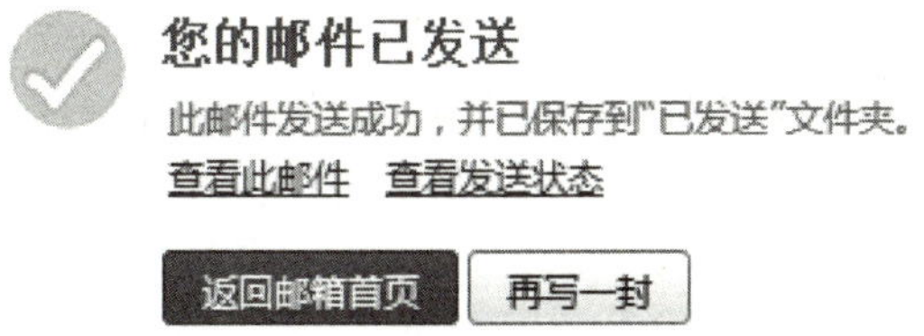

图 6-1-9 QQ 邮件发送成功

活动3 使用钉钉软件。

钉钉是阿里巴巴集团打造的企业级智能移动办公平台，支持Android、iPhone、Mac、Windows、Linux客户端，只需几秒，用手机号可一键注册个人账号，登录钉钉后即可创建或加入自己的团队。

（1）手机端下载与安装

Android 端在应用商店下载并安装，iOS 端在 App Store 下载并安装，搜索方法如图6-1-10所示。

图 6-1-10 手机应用搜索钉钉

（2）计算机端下载与安装

进入钉钉官网，按需下载并安装（包含 Windows、Mac、Linux、XR设备版本），如图6-1-11所示。

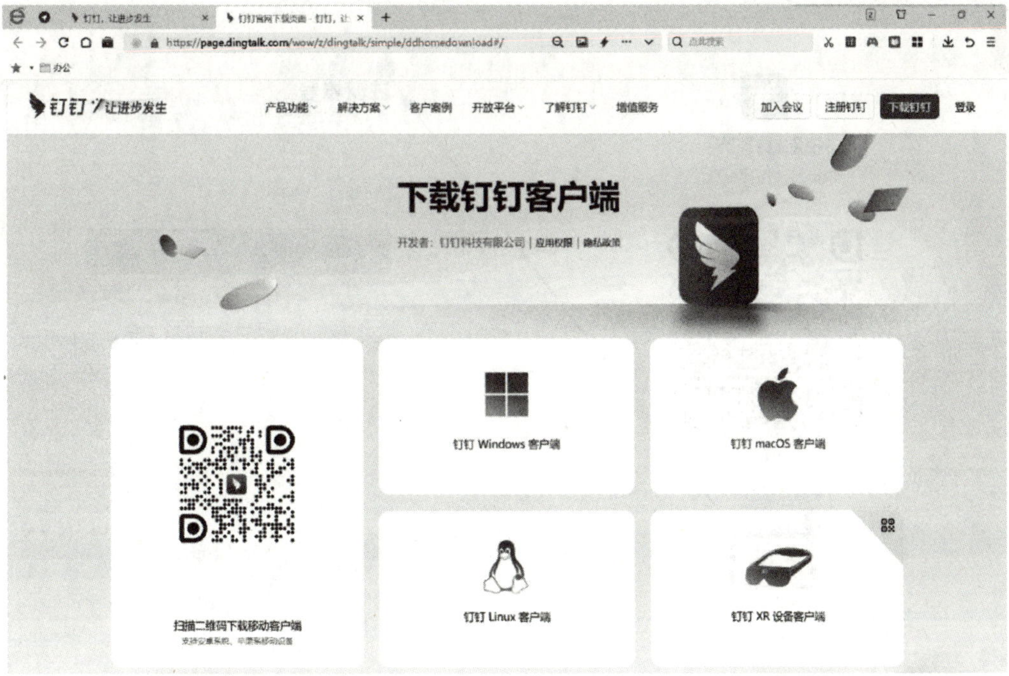

图 6-1-11 计算机端下载钉钉的方法

（3）注册账号

手机端钉钉：打开已安装的钉钉，使用手机号按向导提示注册账号，如图6-1-12所示。

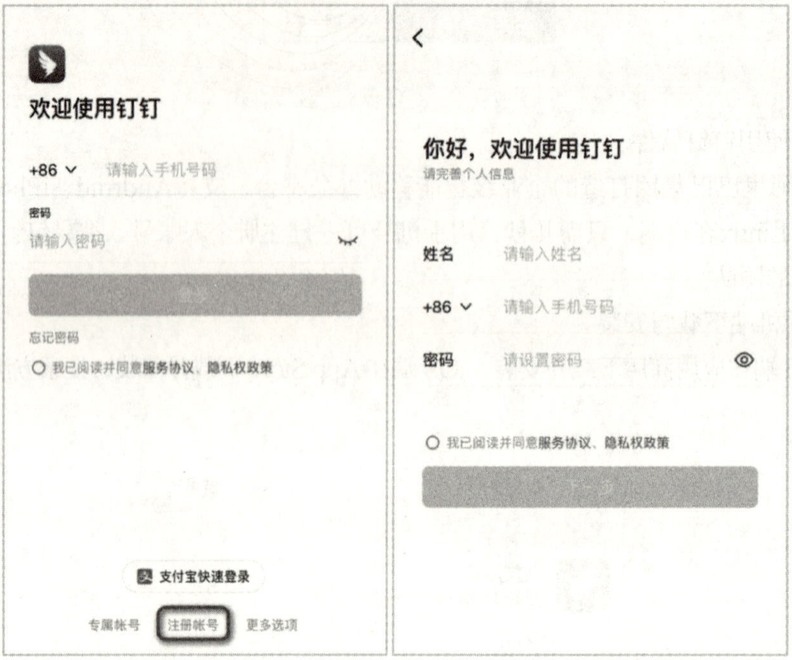

图 6-1-12　手机端钉钉账号注册方法

计算机端钉钉：在引导页单击“注册账号”，打开后输入手机号，按向导提示确认，然后输入手机获取的验证码，注册账号，如图6-1-13所示。

图 6-1-13　计算机端钉钉账号注册方法

（4）登录

手机端钉钉直接用电话号码按向导提示登录即可，计算机端钉钉登录方法如图6-1-14所示。

图 6-1-14　钉钉登录界面

（5）使用钉钉

①加入组织：注册钉钉后，若有团队向用户发送了加入邀请，初次登录钉钉时页面会提示已被邀请加入团队，单击“我已了解，进入钉钉”，如图6-1-15所示。

②搜索并加入团队：手机端钉钉→通讯录→创建加入企业/组织/团队→加入团队，可以通过多种方式寻找组织，如图6-1-16所示。

图 6-1-15　钉钉加入组织

图 6-1-16　搜索并加入团队的方法

③和同学聊天：在通讯录中选择相应的同学，即可开始发送消息。

④其他常用功能如图6-1-17所示。

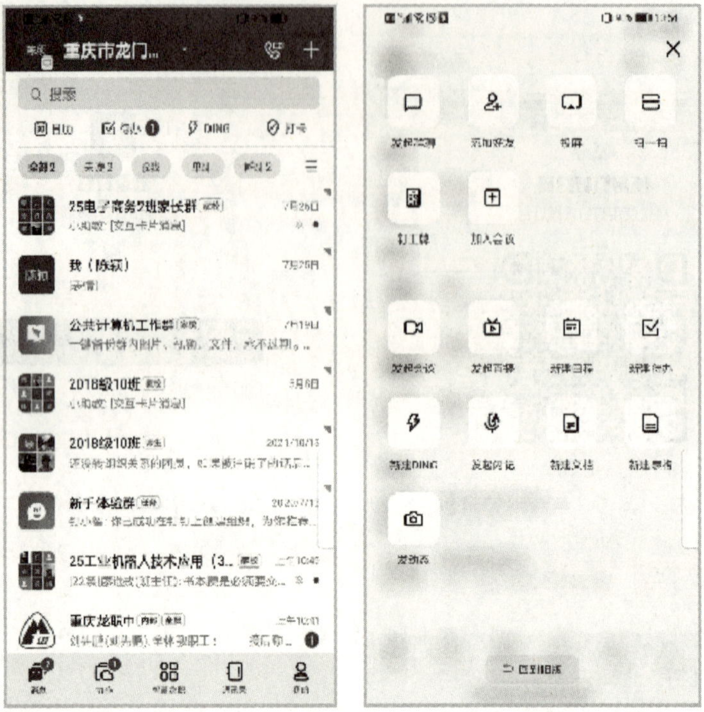

图 6-1-17　钉钉常用功能界面

活动4　使用微信公众号。

微信公众号有服务号、订阅号、小程序和企业微信四个类别，如图6-1-18所示。由于每个类别的申请资质要求不同，最适合同学们申请拥有的是微信个人订阅号，建立属于自己的自媒体发布平台，让更多的网民看到自己发布的信息。

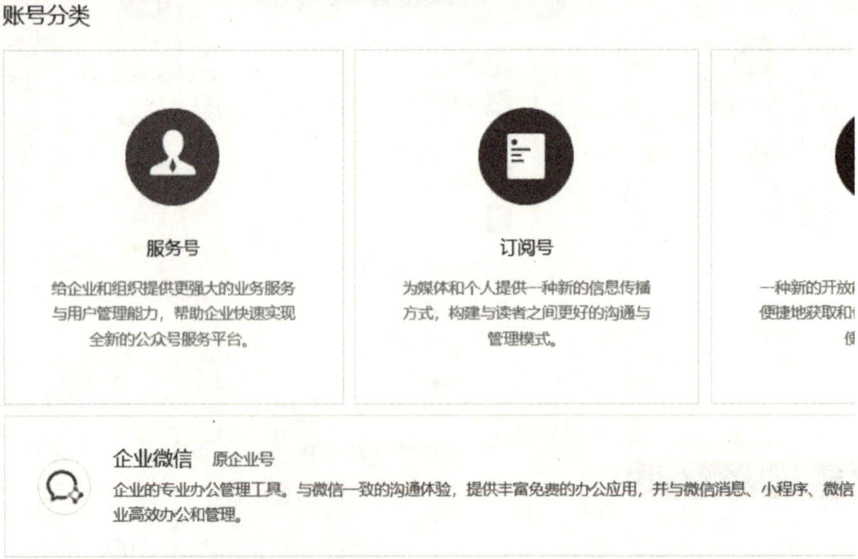
账号分类
服务号
给企业和组织提供更强大的业务服务
与用户管理能力，帮助企业快速实现
全新的公众号服务平台。
订阅号
为媒体和个人提供一种新的信息传播
方式，构建与读者之间更好的沟通与
管理模式。
企业微信　原企业号
企业的专业办公管理工具。与微信一致的沟通体验，提供丰富免费的办公应用，并与微信消息、小程序、微信
业高效办公和管理。

图 6-1-18　微信公众号类型

①注册微信个人订阅号：打开微信公众号网页，单击“立即注册”，如图6-1-19所示。

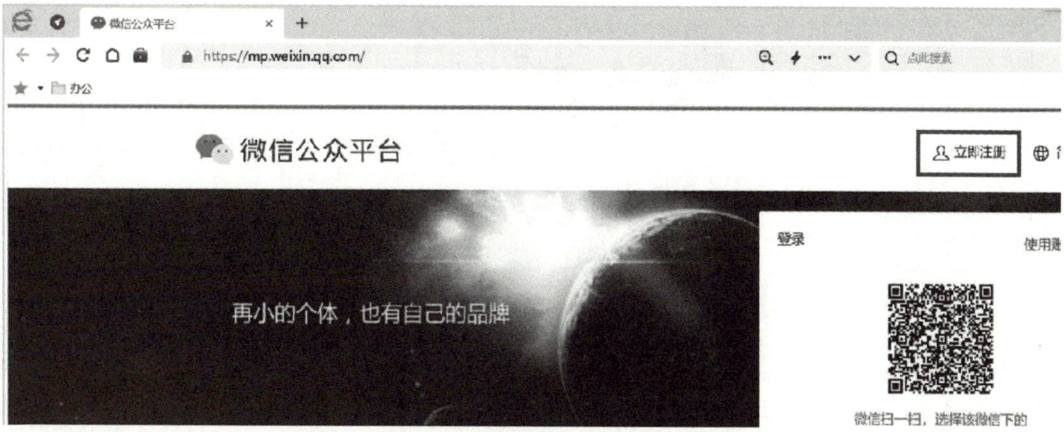

图 6-1-19　微信公众号主页面

②选择注册“订阅号”，如图6-1-20所示。

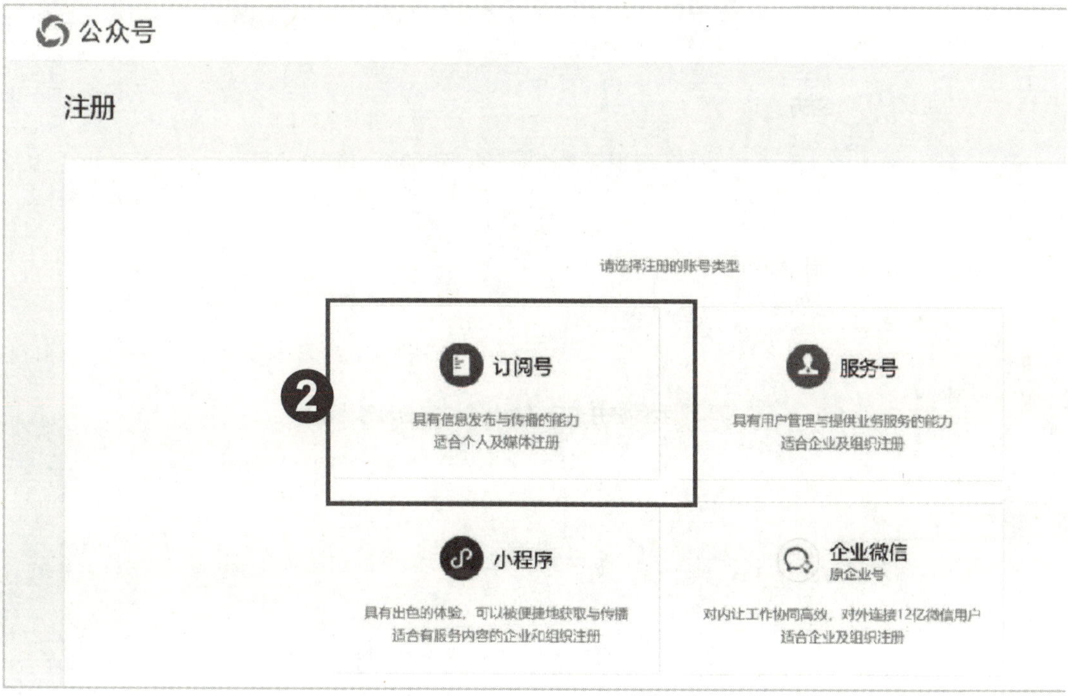

图 6-1-20　微信公众号类别选择主页面

③根据向导提示填写注册信息，如图6-1-21所示。

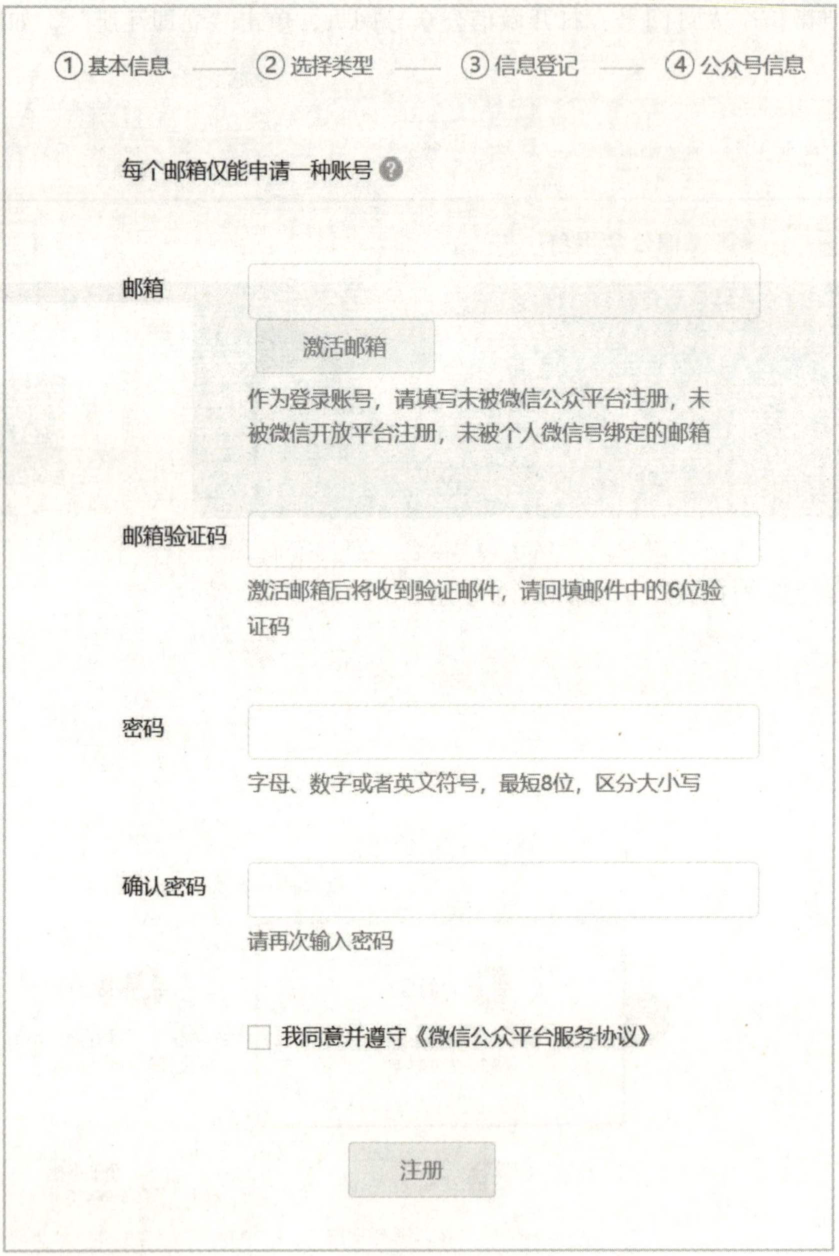

①基本信息
②选择类型
③信息登记
④公众号信息
每个邮箱仅能申请一种账号
邮箱
激活邮箱
作为登录账号，请填写未被微信公众平台注册，未被微信开放平台注册，未被个人微信号绑定的邮箱
邮箱验证码
激活邮箱后将收到验证邮件，请回填邮件中的6位验证码
密码
字母、数字或者英文符号，最短8位，区分大小写
确认密码
请再次输入密码
我同意并遵守《微信公众平台服务协议》
注册

图 6-1-21　微信个人订阅号注册界面

④发布图文消息：进入公众号首页，找到新的创作栏目，选择图文消息，就可以按向导提示编辑内容，内容编辑完就可以选择保存并群发，如图6-1-22所示。在内容的中间可以单击多媒体图片添加图片，文章的封面可以从图库里面选择。

图 6-1-22　图文消息发布流程

活动5　搜集自媒体平台信息。

利用网络搜索自媒体平台的典型代表，将找到的信息填入下表中。

自媒体平台名称	类别	主要功能特色
人民日报App	新闻类	人民日报App是人民日报社在全媒体时代开设的网络信息窗口和优质内容平台，包含热门话题及时评，融合编辑立场、人民号观点和普通用户评论，为用户观察现世万象提供多方视角；短视频、小视频打造沉浸体验，第一时间为用户连通新闻现场；直播、动画、音频、报纸，炫酷形式让新闻更“好玩”；创新“新闻+公益”，浏览新闻即可传递温暖，一“点”爱心便能汇聚公益洪流

知识拓展

中国互联网络信息中心（CNNIC）发布的《中国互联网络发展状况统计报告》显示，截至2022年12月，我国网民规模达10.67亿，为了加强对互联网用户账号信息的管理，弘扬社会主义核心价值观，维护国家安全和社会公共利益，保护公民、法人和其他组织的合法权益，促进互联网信息服务健康发展。国家互联网信息办公室发布了《互联网用户账号信息管理规定》，请扫描下方的二维码了解详细内容。

职场融通

通过本任务的学习，小龙觉得在互联网飞速发展的今天，随着新媒体行业的蓬勃发展，人与人的交流更加方便了，不仅可以实时与不在同一个学校的同学交流，还解决了自己因住校而对父母家人的思念，也让更多的人认识了自己，交到了更多志趣相同的朋友，学习到了更多自己感兴趣的知识。请同学们关注5个与计算机应用行业相关的自媒体账号，了解实时的行业动态，并将账号的名称、所属的自媒体平台及其推送的信息中喜欢的内容记录下来。

账号名称	所属自媒体平台	内容记录

能力评价

回顾本任务的学习情况，根据评价内容填写掌握程度，并填写自我反思表。

评价内容	自我评价	学生互评	教师评价
使用电子邮件	5分□ 3分□ 2分□	5分□ 3分□ 2分□	5分□ 3分□ 2分□
使用至少3个即时通信软件	5分□ 3分□ 2分□	5分□ 3分□ 2分□	5分□ 3分□ 2分□
使用微信公众号发布消息	5分□ 3分□ 2分□	5分□ 3分□ 2分□	5分□ 3分□ 2分□
使用自媒体平台学习	5分□ 3分□ 2分□	5分□ 3分□ 2分□	5分□ 3分□ 2分□

	优点	不足	改进措施
自我反思			

[任务二]

NO.2

体验网络生活

微课

情景导入

在老师和同学的帮助下，小龙的高中学习和生活步入了全新的阶段，随着年龄的增长，知识的积累，越来越理解父母的辛苦，因此不想生活中的每件事都找父母解决，希望自己能做的事就尽量自己做，如自己交电话费，每周的生活物资购买，这学期末从学校回家的车票购买……由于小龙所在的学校是一所寄宿制中职学校，不能随时出校门去做这些事，怎么办呢？于是小龙又向老师请教，老师告诉他，可以使用网络来完成生活中的一些事。

任务目标

1.能使用导航软件查询出行线路；

2.能使用网上支付给手机充值；

3.能使用网购软件购物；

4.能使用订票软件购买火车票；

5.能使用网络制订家庭旅行计划。

知识链接

一、什么是网络生活

随风潜入夜润物细无声，随着互联网科技的飞速发展，智能手机、平板电脑、计算机等各种电子产品的广泛使用，网络正在改变着我们的生活方式和内容，给我们带来丰富多彩的网络生活和网络乐趣。在网上，我们既可以看报读书，也可以求诊问医；既可以聊天交友，也可以冲浪游戏；既可以方便地看电影、电视，也可以足不出户消费购物；它能让我们的感情尽情挥洒，嬉笑怒骂甚至恶作剧，也能够让我们学习创作，发挥自己的聪明才智……

二、常用的网络生活工具

1.出行导航：高德地图

高德地图是中国专业的手机地图，免费提供包含驾车、打车、公交、骑行、步行、货车、摩托车、新能源汽车等多种出行方式的精准智能导航，同时附带优惠酒店、景区门票、优惠加油等生活服务功能，如图6-2-1所示。

图 6-2-1　高德地图

2.新闻阅读：央视新闻

央视新闻是中央广播电视总台新闻新媒体中心官方客户端，提供丰富的新闻资讯直播、点播、预告、搜索和分享服务，24小时滚动更新，让用户随时随地获取新闻资讯，是重大新闻权威发布平台，可随时随地收看精彩内容，支持微博、微信、QQ第三方快捷登录，精彩新闻一键分享，如图6-2-2所示。

图 6-2-2　央视新闻

3.影音娱乐：喜马拉雅

喜马拉雅为用户提供丰富的音频内容，让排队、等人、堵车等碎片时间变黄金时间，各种资讯、知识供用户获取，段子供用户减压少烦恼，名人经典演讲传递创意，如图6-2-3所示。

图 6-2-3　喜马拉雅

4.运动健康：Keep

Keep是众多运动爱好者和达人推荐的专业健身App，健身、跑步、瑜伽视频教学及每日训练计划，供用户选择，打开Keep，即可体验健身、跑步、骑行、计步等功能，随时随地减肥、增肌，练就完美身材，如图6-2-4所示。

5.网上购物：京东

京东是北京京东世纪贸易有限公司开发的购物客户端，该购物平台拥有海量自营商品和百万商家，发货较快、到货较快、售后也较快，全国联保、贴心服务、快速响应，购物体验好评度较高，如图6-2-5所示。

图 6-2-4　Keep

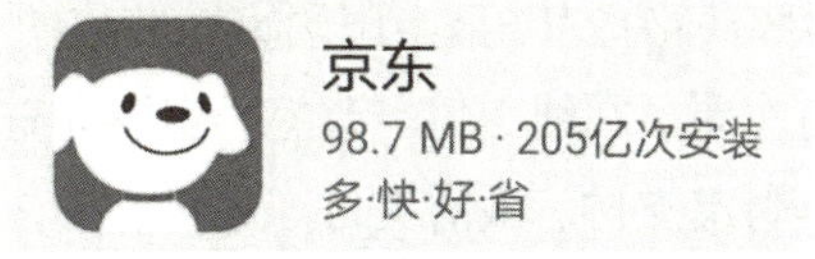

图 6-2-5　京东

6.网上支付：微信钱包

网上支付是以互联网为基础，利用银行所支持的某种数字金融工具，实现从购买者到金融机构、商家之间的在线货币支付、现金流转、资金清算、查询统计等过程，为电子商务和其他服务提供金融支持。网上支付主要有银行在线转账支付、电子现金、电子支票、第三方支付平台结算支付、移动支付等方式。其中较常用的第三方支付是支付宝，但由于开通支付宝后需要完成实名认证才能使用，而实名认证必须是年满18周岁，所以学生在18岁以后可以尝试开通支付宝。

微信钱包是学生比较方便使用的一种网上支付方式，简单理解就是一个电子钱包，里面可以储存学生收到的红包或转账收到的钱，如图6-2-6所示。

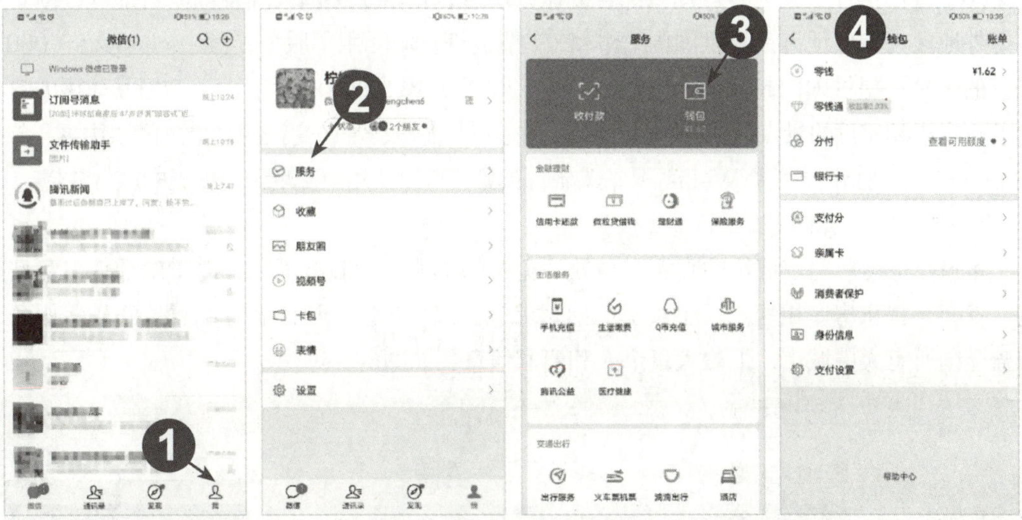

图 6-2-6　微信钱包位置

虽然网上支付给我们的生活带来了便利，但网上支付的诈骗套路多，同学们在使用时一定要小心，银行卡要通过正规渠道申请，警惕钓鱼网站，不点击短信中的链接，不在不明网站填写银行卡卡号，不在公共区域蹭免费Wi-Fi。如果手机丢失，立即向运营商挂失，冻结手机卡，然后马上冻结银行卡、支付宝、微信钱包等。

阅读有益

据CNNIC发布的《中国互联网络发展状况统计报告》显示，截至2022年12月，我国网上支付用户规模接近11亿。2022 年前三季度，银行共处理网络支付业务757.07亿笔，金额达1 858.38万亿元，同比分别增长1.5% 和6.4%；移动支付业务1 167.69亿笔，金额达378.25万亿元，同比分别增长7.4% 和1.1%。网上支付服务不断求创新、拓场景、惠民生，有力支持了经济社会发展。

7.购买火车票：中国铁路12306

中国铁路12306是中国国家铁路集团有限公司官方出品的售票平台，用户可以在上面实现预订车票、在线支付、改签、退票、查询订单、管理乘车人，非常方便快捷，支持中国银联、支付宝支付、微信支付等支付方式，如图6-2-7所示。

图 6-2-7　中国铁路 12306

8.旅游住宿：携程旅行

携程旅行是一家比较大型的在线旅行服务公司，用户可以通过网页端、手机客户端、微信小程序三个方式访问，其酒店预订平台覆盖了全球约1 400 000家酒店，机票产品覆盖300多家国际航空公司，这些航空公司运营着全球各大城市的航班，提供了超过200万条航线，连接了大约200个国家和地区的5 000多个城市，如图6-2-8所示。在出境游服务上，与约12 000个合作伙伴一起为客户提供综合的旅行服务；提供了中国大陆及港澳台地区、欧日韩等境外地区火车票预订；提供国内/ 国际汽车票预订及城际用车服务，其中国内覆盖3 000家以上的车站；提供国内超过410个城市、国外200个国家、80 000家门店、700万车辆的自驾服务；提供超实惠的景点门票等预订服务；更有旅游度假、主题高铁游、景点门票优惠、旅游攻略、旅行购物指南、旅行Wi-Fi等一站式旅行服务；可以让用户实现说走就走的旅行梦想。

9.便捷生活：58同城

58同城是用户比较信赖的真实、高效、免费的本地生活服务平台，海量生活信息免费查询、发布，提供房屋租售、二手买卖、招聘求职、汽车租售、演出票务、餐饮娱乐等服务，覆盖全国所有大中城市，汇聚大量个人和商家信息，如图6-2-9所示。

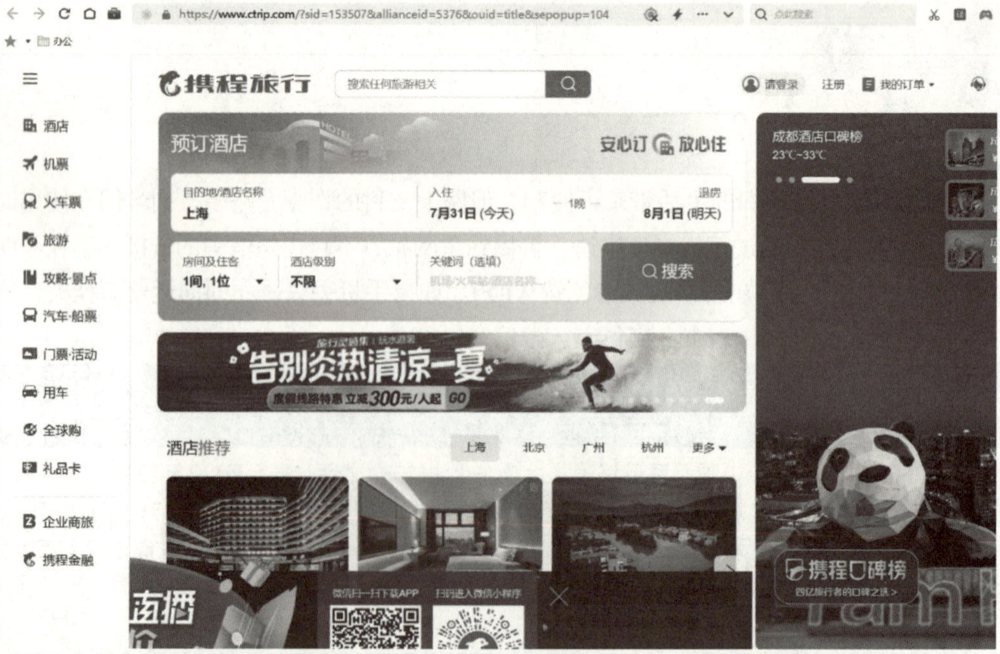

图 6-2-8　携程旅行

图 6-2-9　58 同城

学习活动

活动1　在高德地图查找学校到本市科技馆用时最少的公交线路图。

高德地图客户端的下载和安装操作方法，同项目六任务一中的钉钉软件操作相似，需要参考的同学请看前面的内容，使用高德地图查询公交路线的具体操作步骤如下：

①打开高德地图客户端，打开手机系统定位，如图6-2-10所示。

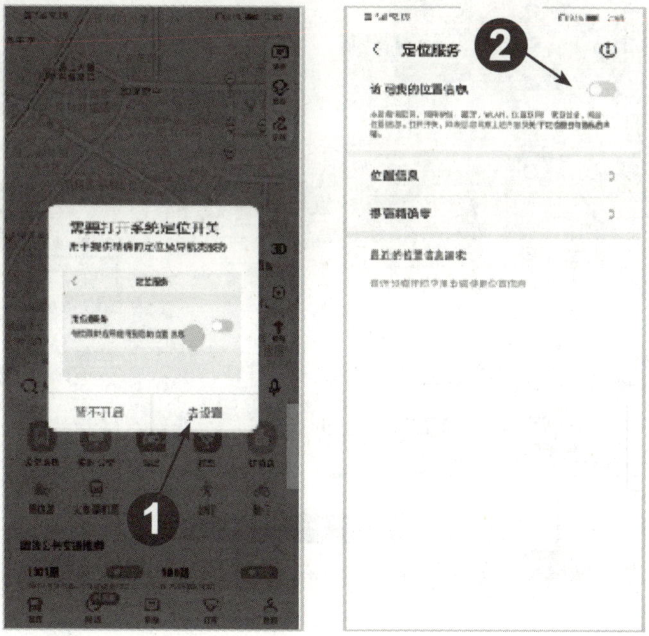

图 6-2-10　打开手机定位

②在搜索栏输入目的地名称，点击“搜索”，如重庆科技馆，如图6-2-11所示。

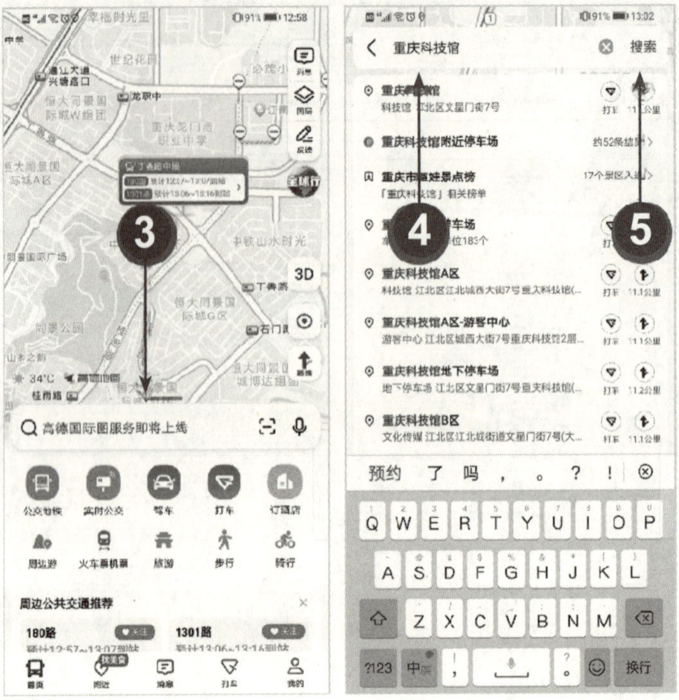

图 6-2-11　搜索目的地

③选择“线路”，如图6-2-12所示。

④选择“公交地铁”，如图6-2-13所示。

⑤选择你认为的最佳线路，如图6-2-14所示。

图 6-2-12　选择线路

图 6-2-13　选择公交地铁

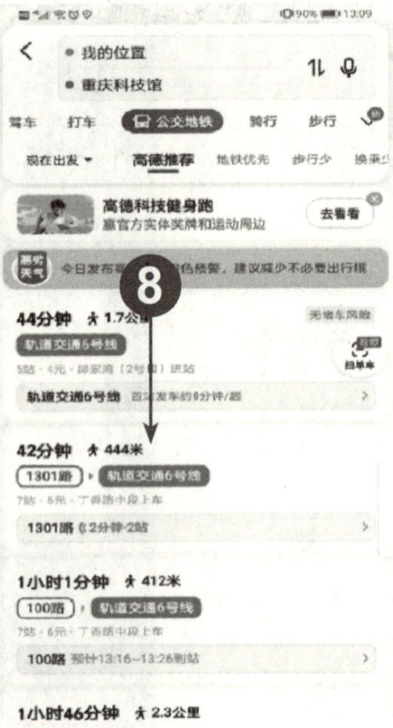

图 6-2-14　选择最佳线路

活动2　用微信钱包帮爸爸或妈妈的手机充值。

使用微信钱包给手机充值的具体操作步骤如下：

①打开微信，选择“我”，选择“服务”，如图6-2-15所示。

②选择“手机充值”，如图6-2-16所示。

③输入要充值的手机号，选择充值金额，如图6-2-17所示，再按向导提示完成支付。注意：在输入支付密码前，一定要核对电话号码是否准确，以免充错账号。

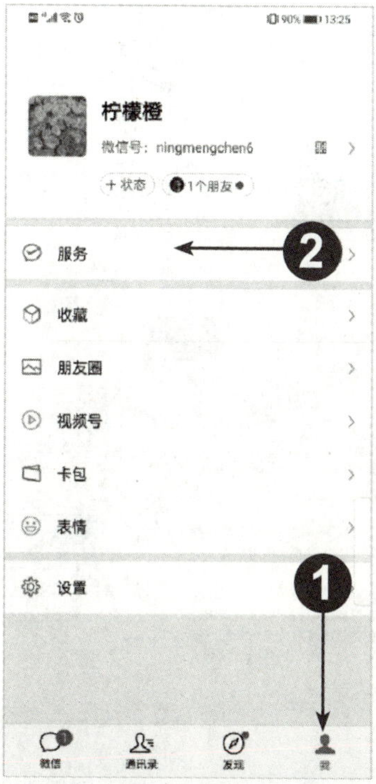

图 6-2-15　选择“服务”

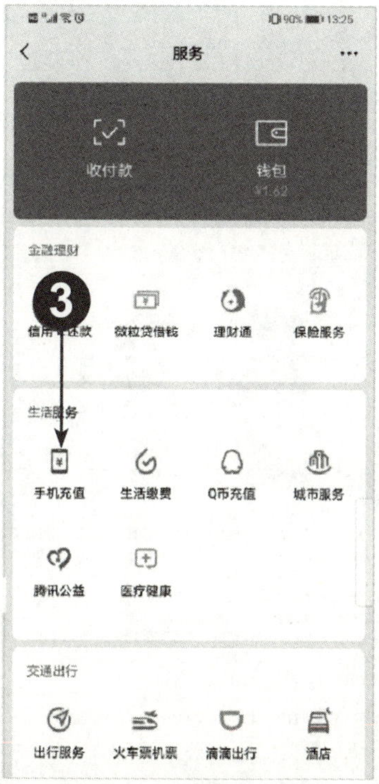

图 6-2-16　选择“手机充值”

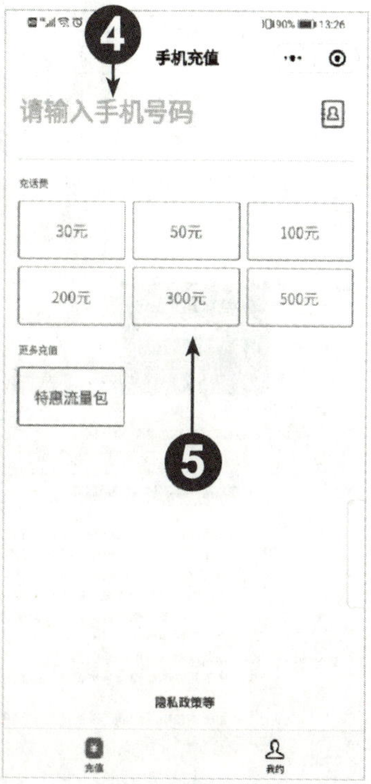

图 6-2-17　填选充值内容

活动3　在京东上购买一个价廉物美的手机支架。

以计算机端为例，使用京东购买手机支架的具体操作步骤如下：

①打开京东的网页，有两个注册按钮，任选其一即可，再按向导提示完成注册，如图6-2-18所示。如果已有账号，则直接打开网页或手机客户端登录即可。

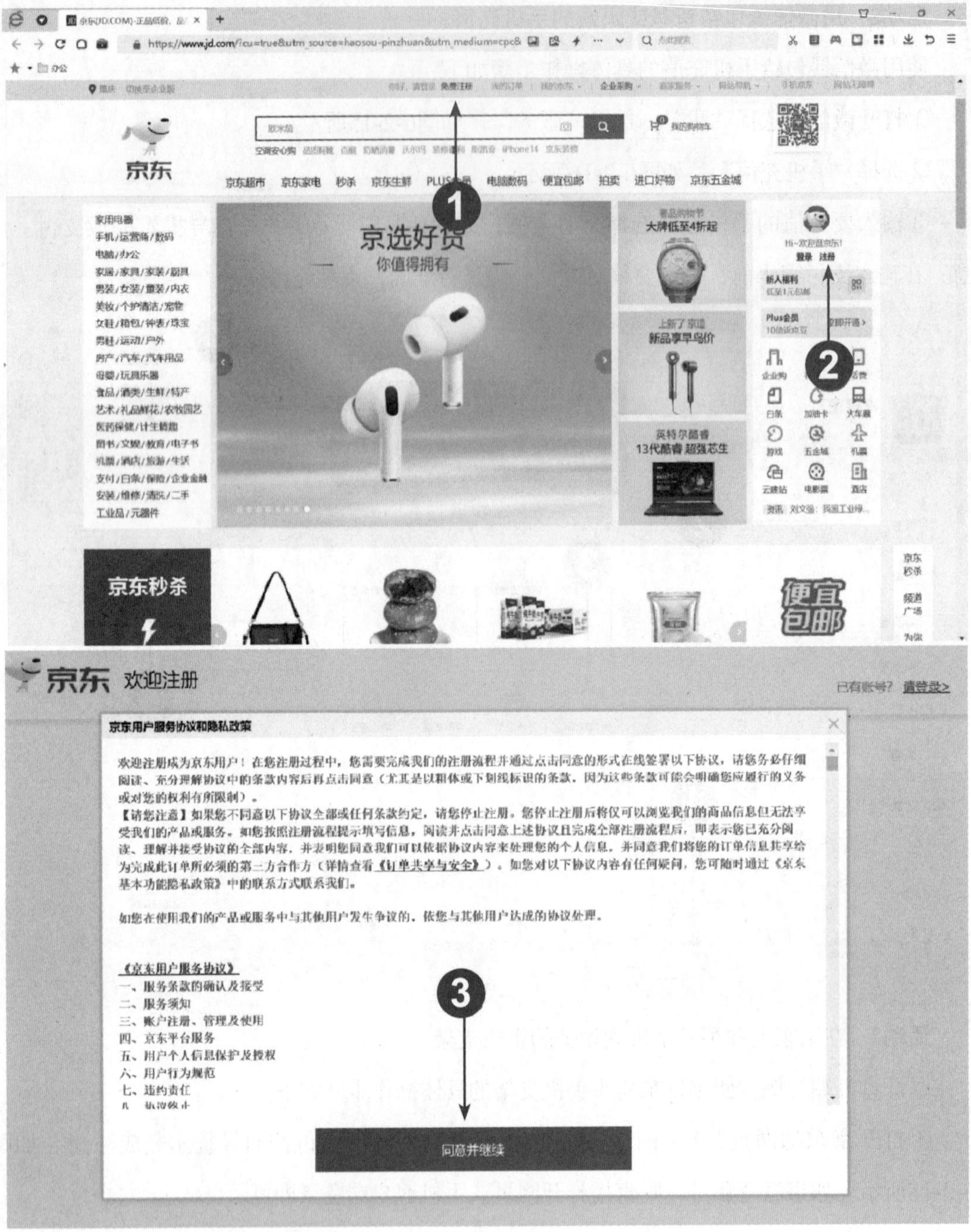
京东
京东超市
京东家电
秒杀
京东生鲜
电脑数码
便宜包邮
拍卖
进口好物
京东五金城
京选好货
你值得拥有
大牌低至4折起
新品享早鸟价
英特尔酷睿
13代酷睿 超强芯生
登录 注册
京东秒杀
1
2
3
京东 欢迎注册
已有账号？请登录>
京东用户服务协议和隐私政策
欢迎注册成为京东用户！在您注册过程中，您需要完成我们的注册流程并通过点击同意的形式在线签署以下协议，请您务必仔细阅读、充分理解协议中的条款内容后再点击同意（尤其是以粗体或下划线标识的条款，因为这些条款可能会明确您应履行的义务或对您的权利有所限制）。
【请您注意】如果您不同意以下协议全部或任何条款约定，请您停止注册。您停止注册后将仅可以浏览我们的商品信息但无法享受我们的产品或服务。如您按照注册流程提示填写信息，阅读并点击同意上述协议且完成全部注册流程后，即表示您已充分阅读、理解并接受协议的全部内容，并表明您同意我们可以依据协议内容来处理您的个人信息，并同意我们将您的订单信息共享给为完成此订单所必须的第三方合作方（详情查看《订单共享与安全》）。如您对以下协议内容有任何疑问，您可随时通过《京东基本功能隐私政策》中的联系方式联系我们。
如您在使用我们的产品或服务中与其他用户发生争议的，依您与其他用户达成的协议处理。
《京东用户服务协议》
一、服务条款的确认及接受
二、服务须知
三、账户注册、管理及使用
四、京东平台服务
五、用户个人信息保护及授权
六、用户行为规范
七、违约责任
同意并继续

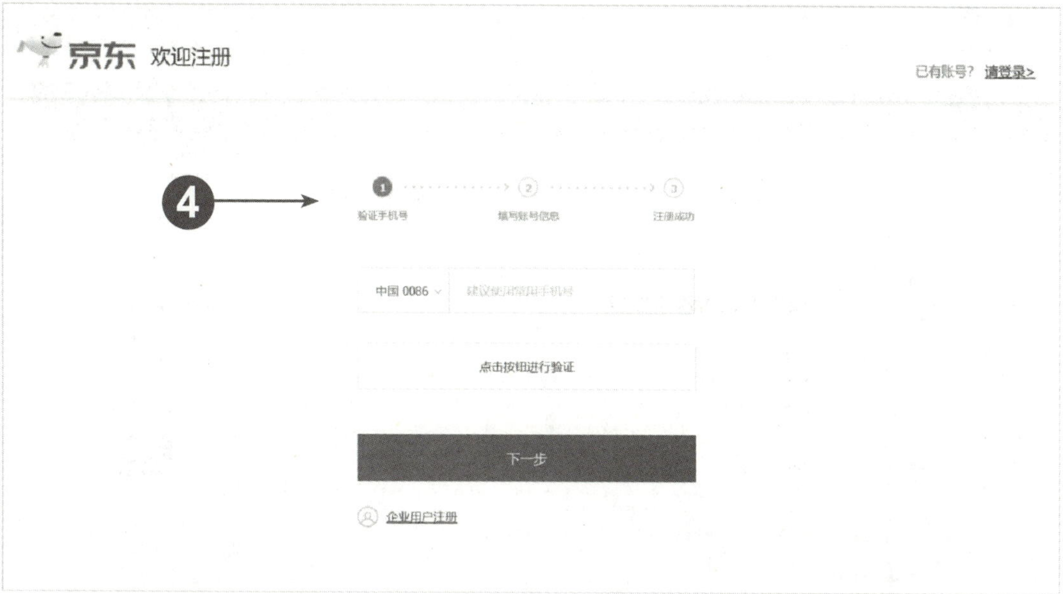

图 6-2-18　电脑端京东账号注册

②在京东主页面单击“登录”，可以通过QQ号、微信号、邮箱、账号名、注册的手机号均可登录，如图6-2-19所示。

图 6-2-19　京东登录页面

③选择需要的商品类型，或者直接搜索商品名称，即可挑选自己需要的商品，如图6-2-20 所示。

图 6-2-20　搜索商品

④将选好的商品加入购物车，如图6-2-21所示。

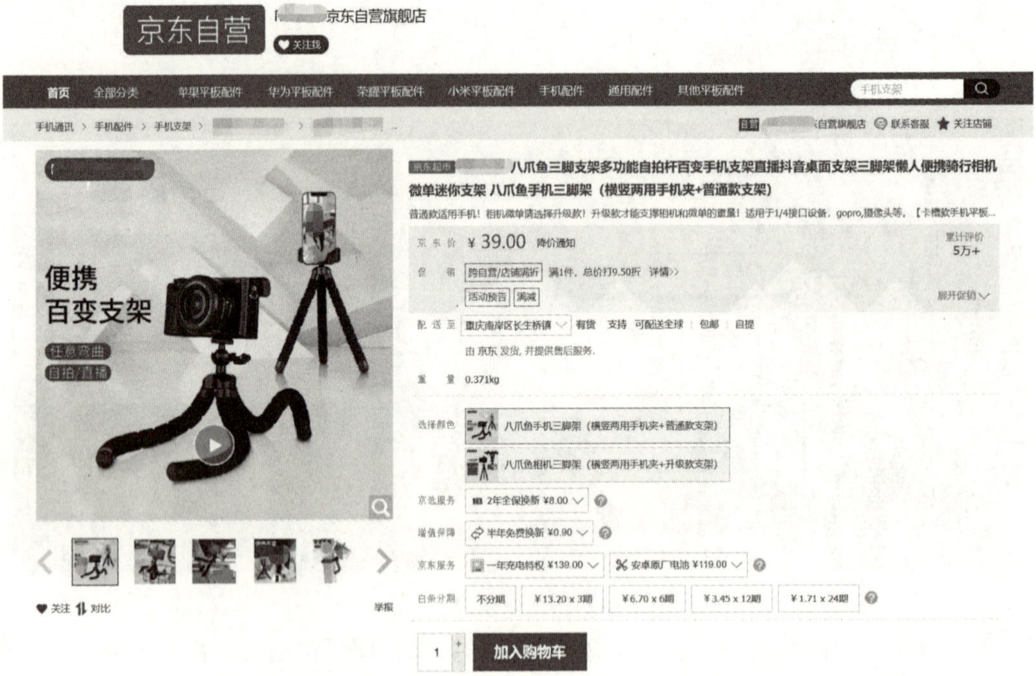

图 6-2-21　加入购物车

⑤去购物车结算，如图6-2-22所示。

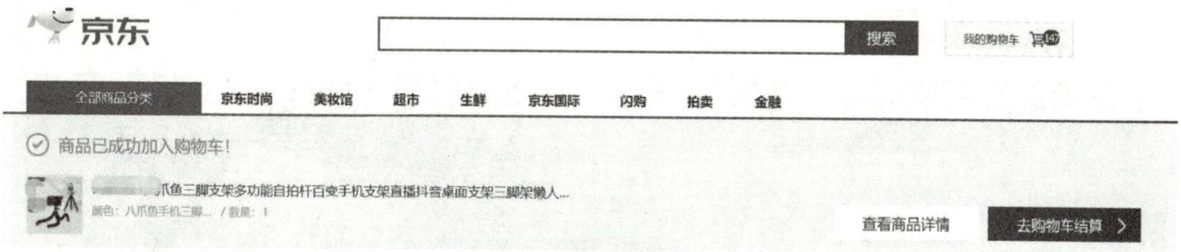

图 6-2-22　选择去购物车结算

⑥在结算界面选择需要付款的商品，单击“去结算”，如图6-2-23所示。

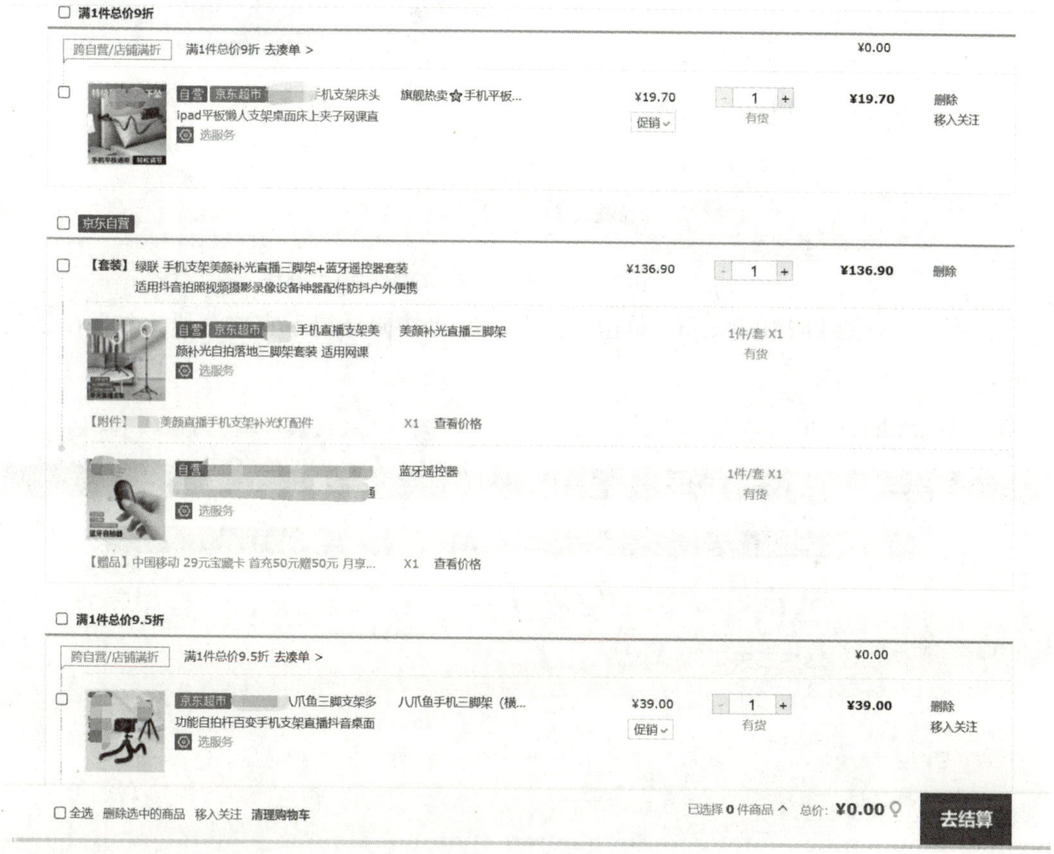

图 6-2-23　选择去结算

⑦填写并核对订单信息，提交订单，按向导提示操作完成支付，然后就可以等待快递送货上门了。

活动4　在中国铁路12306购买火车票。

以电脑端为例，在中国铁路12306上购买火车票的具体操作步骤如下：

①打开12306的网页，如图6-2-24所示。

图 6-2-24　中国铁路 12306

②注册中国铁路12306账号，单击“注册”，再按向导提示完成注册，如图6-2-25所示。

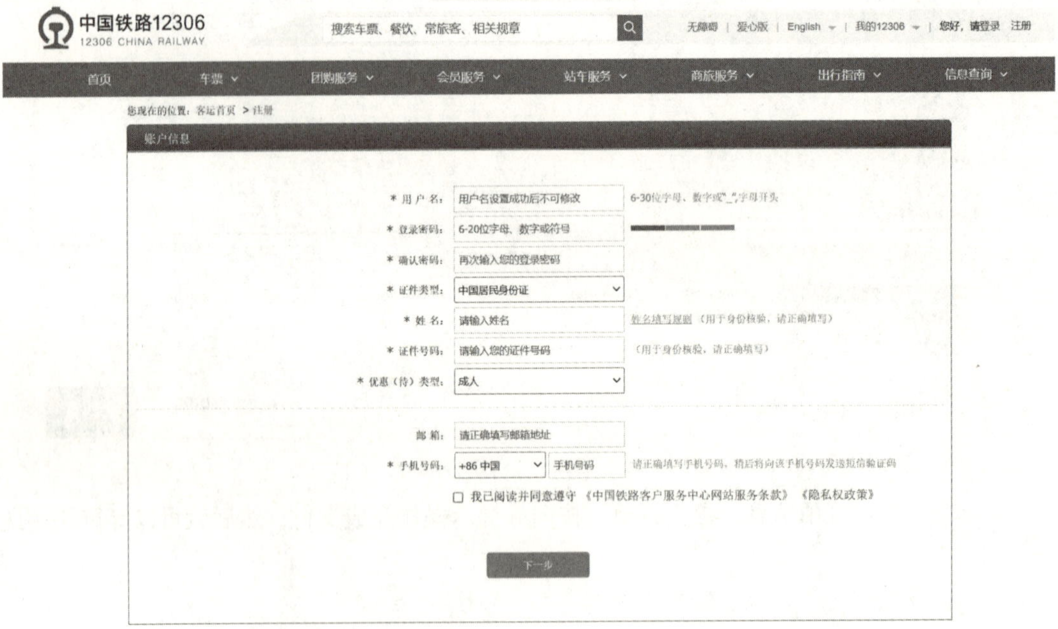

图 6-2-25　填写注册信息

③用注册的账号登录，如图6-2-26所示。

图 6-2-26　中国铁路登录页面

④登录成功后，在首页输入出发地、到达地、出发日期，单击“查询”即可搜索到符合条件的火车票，如图6-2-27所示。学生在单击“查询”之前，一定要勾选“学生”项，因为学生票有优惠。

图 6-2-27　勾选“学生”项

⑤查询到相应的车次后，单击“预订”，如图6-2-28所示，按向导提示操作即可完成火车票的预订。

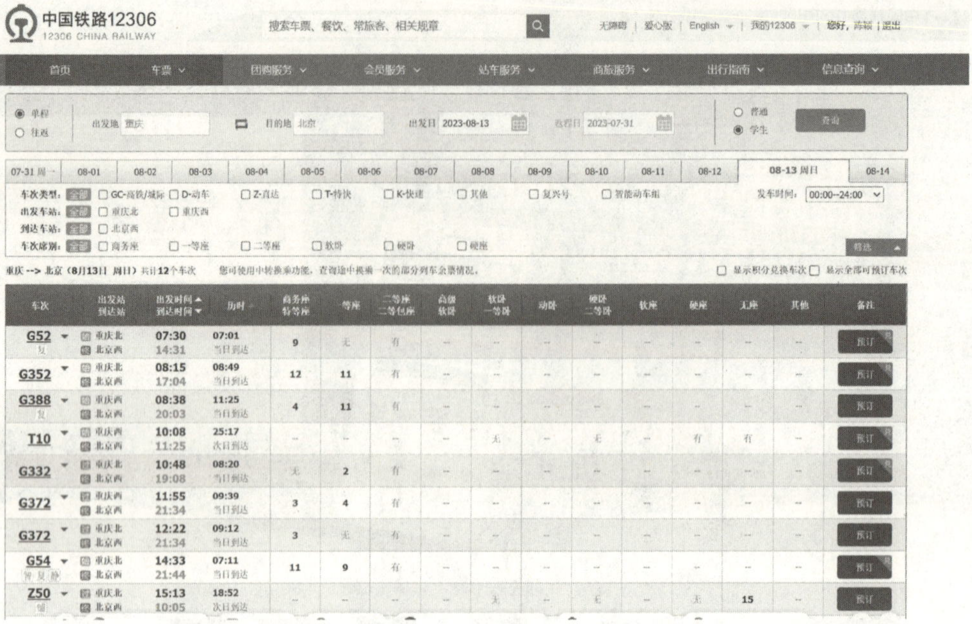

图 6-2-28　查询选择车次

阅读有益

为保障旅客生命财产安全和铁路运输安全，加强和规范铁路旅客运输安全检查工作，根据《中华人民共和国民法典》《中华人民共和国铁路法》《铁路安全管理条例》等法律、行政法规的规定，国家铁路局和公安部联合公布了《铁路旅客禁止、限制携带和托运物品目录》，禁止托运和随身携带枪支、子弹、爆炸物品、管制器具、易燃易燃物品、毒害品、腐蚀性物品、放射性物品、感染性物质，以及危害列车行驶安全的物品。

知识拓展

随着网上生活越来越丰富，使用网上支付的情况越来越多，无论是购物还是坐车，只要拿出手机就可以轻松完成支付，出门不带钱包已成为很多中国人的生活习惯。然而，网上支付给生活带来便利的同时，也隐藏着一定的风险，例如，不法分子通过社交网络平台、欺诈App软件、恶意二维码等进行诈骗。如何防范网上支付风险？怎么使用网上支付才能既方便又安全呢？请同学们扫描二维码进行学习。

职场融通

通过本任务的学习，小龙学会了很多网络生活技能，他想做一个为期1周的家庭假期旅行计划，放假以后可以和爸爸、妈妈、爷爷、奶奶、外公、外婆一起去北京旅游，请同学们和小龙一起完成这次北京旅游计划，并将计划内容填入下表。

<table>
<tr><td>出行时间/天数</td><td colspan="3">年　月　日—　年　月　日/7天</td></tr>
<tr><td>旅行目的地</td><td colspan="3">北京</td></tr>
<tr><td>交通方式</td><td></td><td>交通订票信息</td><td></td></tr>
<tr><td colspan="4">游览景点及时间安排</td></tr>
<tr><td colspan="4"></td></tr>
<tr><td>住宿</td><td colspan="3"></td></tr>
<tr><td>费用</td><td colspan="3">吃：　住：　行：　门票：　合计：　元</td></tr>
<tr><td>出行前准备</td><td colspan="3"></td></tr>
<tr><td>注意事项</td><td colspan="3"></td></tr>
</table>

能力评价

回顾本任务的学习情况，根据评价内容填写掌握程度，并填写自我反思表。

评价内容	自我评价	学生互评	教师评价
使用高德地图查询出行线路	5分□ 3分□ 2分□	5分□ 3分□ 2分□	5分□ 3分□ 2分□
使用微信钱包给手机充值	5分□ 3分□ 2分□	5分□ 3分□ 2分□	5分□ 3分□ 2分□
使用京东购物	5分□ 3分□ 2分□	5分□ 3分□ 2分□	5分□ 3分□ 2分□
使用12306购买火车票	5分□ 3分□ 2分□	5分□ 3分□ 2分□	5分□ 3分□ 2分□
使用网络制订家庭旅行计划	5分□ 3分□ 2分□	5分□ 3分□ 2分□	5分□ 3分□ 2分□

<table>
<tr><td rowspan="5">自我反思</td><td>优点</td><td>不足</td><td>改进措施</td></tr>
<tr><td></td><td></td><td></td></tr>
<tr><td></td><td></td><td></td></tr>
<tr><td></td><td></td><td></td></tr>
<tr><td></td><td></td><td></td></tr>
</table>

[任务三]

NO.3

获取数字资源

微课

情景导入

周末小龙和同学一起到科技馆参观，参观完后对我国的航空航天事业产生了极大的兴趣，想搜集更多关于航空航天领域的数字信息资源，在下周班会课的时候和同学们分享，但网络上的信息纷繁复杂，搜集了很久都没获取到想要的内容，怎么办呢？于是小龙又向老师请教，老师告诉了他一些获取数字资源的经验和方法。

任务目标

1.能描述数字资源的概念；

2.能说出常用的数字资源格式；

3.能获取学习型数字资源。

知识链接

一、什么是数字资源

数字、文字、符号、图像都是数据，经过加工、处理变为信息，其中有用的信息就是知识，知识的集合则是信息资源，而数字化的信息资源即数字资源，如图6-3-1所示。数字资源具有不受时空限制、存储空间小、资源丰富、形式多样的特点。

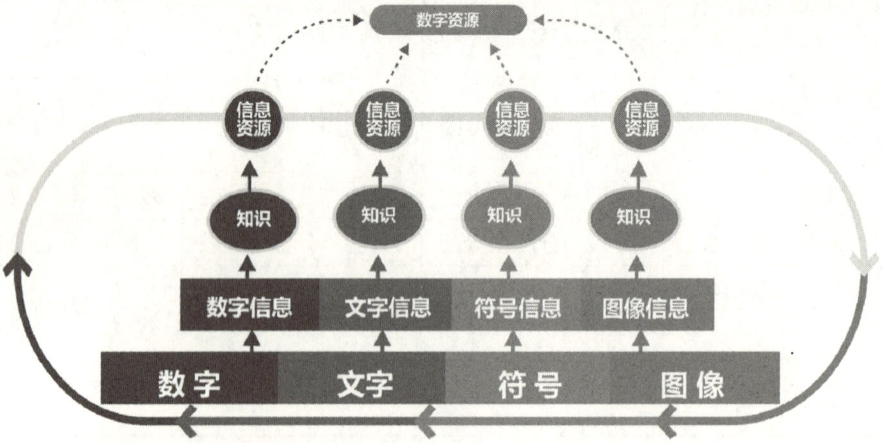

图 6-3-1　数字资源

二、常用的数字资源格式

1.文本格式

文本是指由语言文字组成的文学实体，用于记载和储存文字信息，而不是图像、声音和格式化数据，常用的数字化的文本存储格式为txt、docx等，如图6-3-2所示。

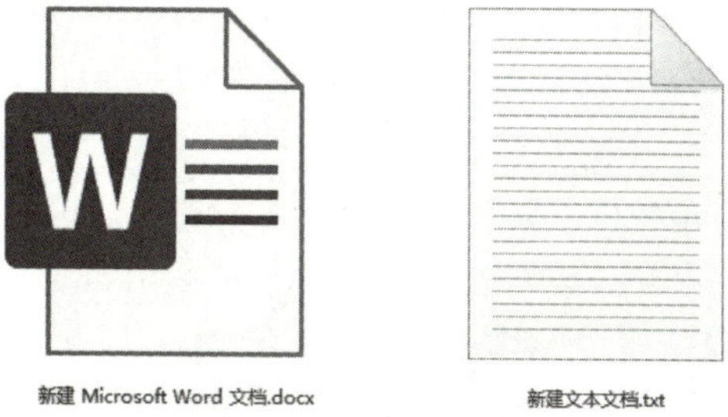

图 6-3-2　常见的文本存储格式

2.图像格式

所有具有视觉效果的画面都是图像，是人类社会活动中最常用的信息载体，常用的数字化的图像存储格式为jpeg、png、cdr、ai、psd、gif 等，如图6-3-3所示。

图 6-3-3　常见的图像存储格式

3.音频格式

常见的音频文件存储格式为WAVE（*.WAV）、MP3、WMA、AIFF、AU、MIDI、RealAudio、AAC、APE，其中MP3为最常用的格式，如图6-3-4所示。

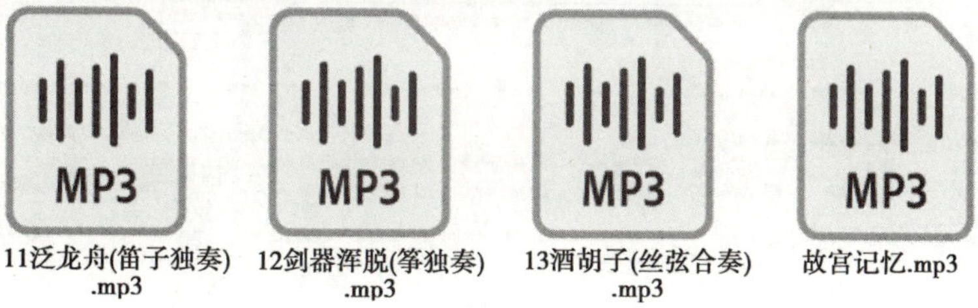

图 6-3-4　MP3 格式音频文件

4.视频格式

视频格式是视频播放软件为了能够播放视频文件而赋予视频文件的一种识别符号，常用的视频格式有MP4、AVI、MPEG/1/2/4、RM、RMVB、WMV、VCD/SVCD、DAT、VOB、MOV、MKV、ASF、FLV，其中MP4是最为常见的格式，如图6-3-5所示。

图 6-3-5　MP4 格式的视频文件

5.软件格式

软件分为系统软件和应用软件，常见的软件格式为exe，如图6-3-6所示。

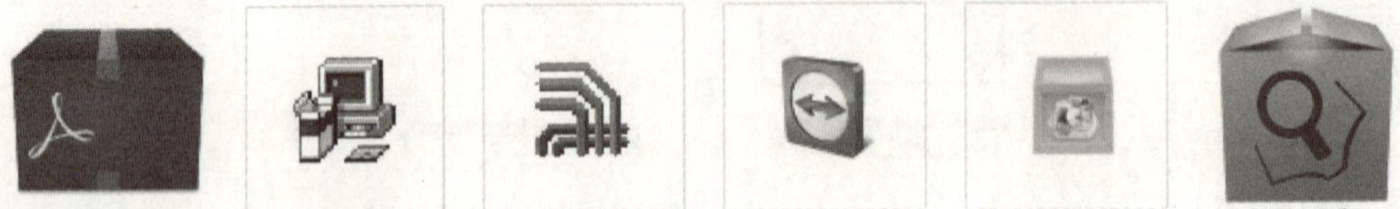

图 6-3-6　exe 格式的软件

三、常用的数字资源获取方法

1.搜索引擎

搜索引擎是指自动从因特网搜集信息，经过整理以后，提供给用户进行查询的系统，主流搜索引擎有百度、搜狗、360等，如图6-3-7所示。用户可以直接在搜索引擎的主页面，选择数字资源的类别获取，或者在搜索框输入关键词获取。

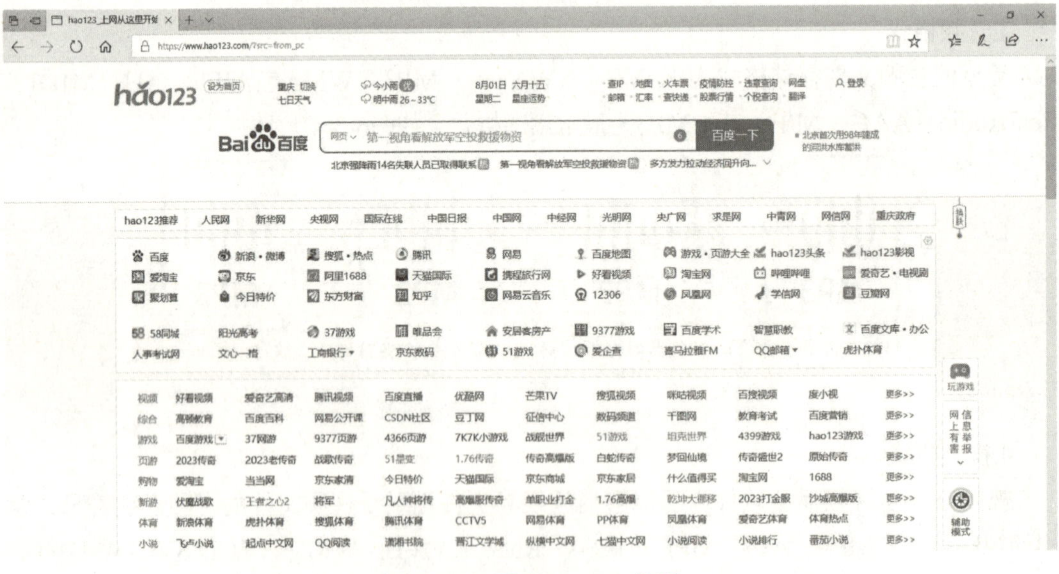

图 6-3-7　百度 hao123 首页

2.官网搜索

官网即官方网站的简称，指政府机构、社会组织、团队、企业或者个人在互联网中所建立的具有公开性质的独立网站，具有专用、权威等特点，如中国政府网（图6-3-8）、重庆市人民政府网、中国红十字会官网、中国银行官网、中国科学院官网、国家航天局官网、华为技术有限公司官网等。

中国政府网_中央人民政府
https://www.gov.cn/index.htm
中华人民共和国中央人民政府
www.gov.cn
首页 | 繁体 | 英文EN | 登录 | 邮箱
习近平对防汛救灾工作作出重要指示
习近平：各地要全力搜救失联、被困人员 尽最大限度减少人员伤亡 紧盯防汛重点部位 落实落细各项防汛措施 全力保障人民群众生命财产安全和社会大局稳定
更多 >>
“重要政策举措及实施效果”之
加大宏观政策调控力度
点击查看专栏 >>
“重要政策举措及实施效果”之加大宏观政策调控力度
要闻
李强主持召开国务院常务会议 学习贯彻习近平总书记关于当前经济形势和经济工作的重要讲话精神等
李强会见毛里塔尼亚总统加兹瓦尼、圭亚那总统阿里、格鲁吉亚总理加里巴什维利
何立峰出席中巴经济走廊启动十周年庆祝活动
全国安全生产电视电话会议在京召开 张国清出席并讲话 王小洪主持
国防部举行盛大招待会热烈庆祝建军96周年 李尚福致辞
国家出台恢复和扩大消费20条措施

图 6-3-8　中国政府网

3.专题网站

专题网站是指在互联网环境下，围绕某一领域进行较为广泛深入研究的资源网站，如中关村在线（图6-3-9）、网易云音乐、光厂、包图网、设计本、熊猫办公等。

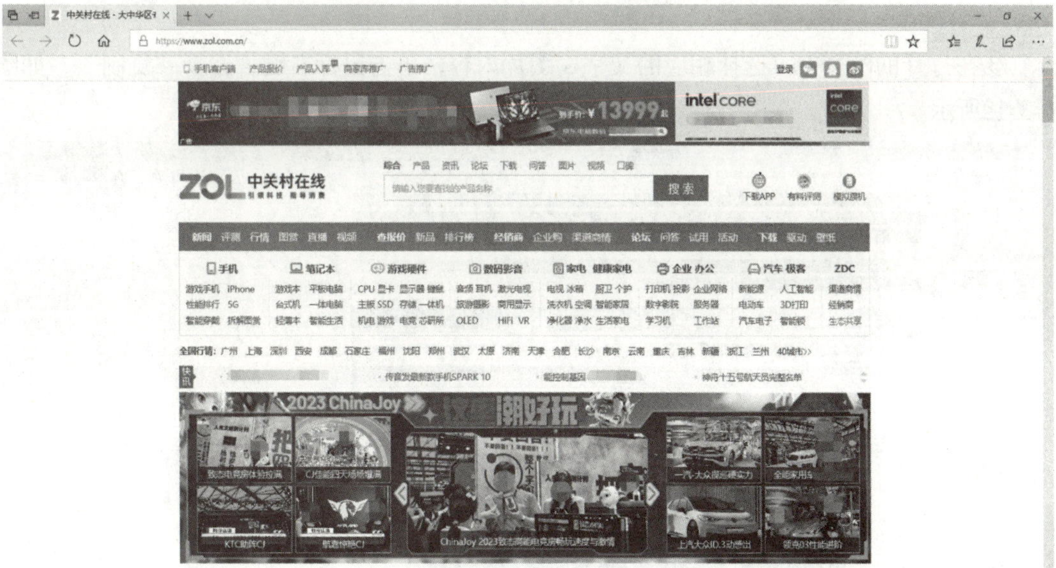
https://www.zol.com.cn/
ZOL 中关村在线
搜索
intel CORE
2023 ChinaJoy

图 6-3-9　中关村在线

学习活动

活动1　通过搜索引擎获取“中国天眼”的相关图文资源。

①打开浏览器，在搜索框输入“中国天眼”，按回车键，开始搜索，如图6-6-10所示。

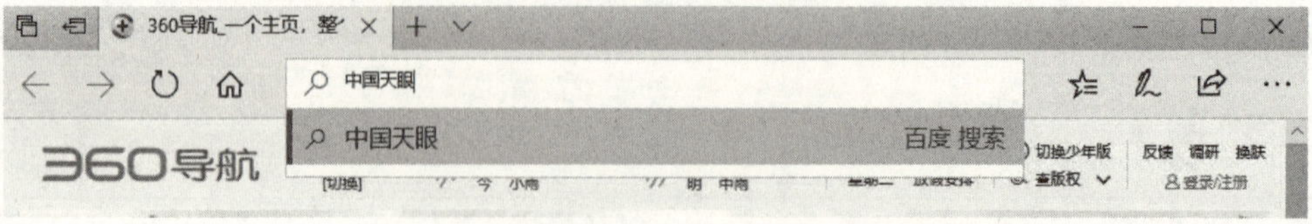

图 6-3-10　搜索框输入“中国天眼”

②在搜索结果显示页选择相应的信息，并单击打开，如图6-3-11所示。

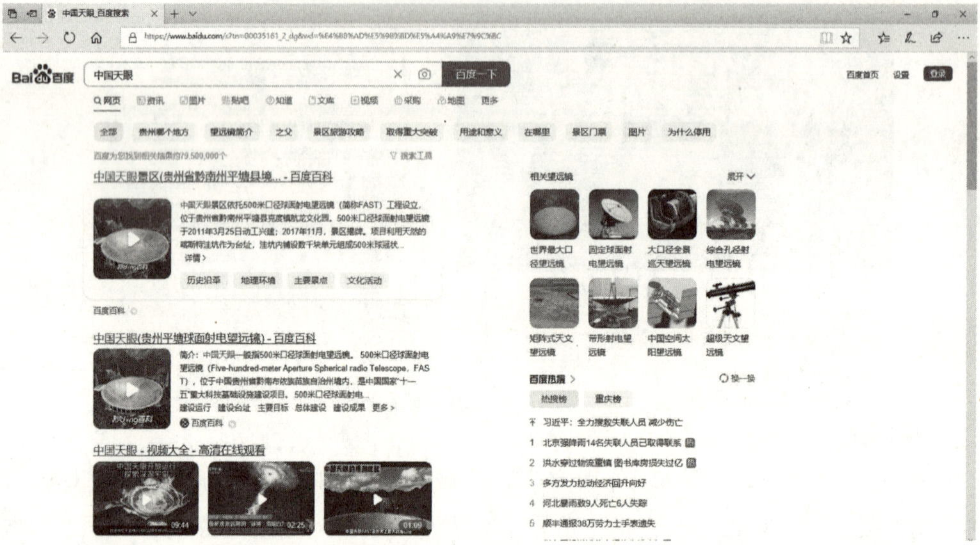

图 6-3-11　搜索结果

③在打开的网页中，选择相应的文字、图片内容，单击鼠标右键，选择“复制”，如图6-3-12所示。

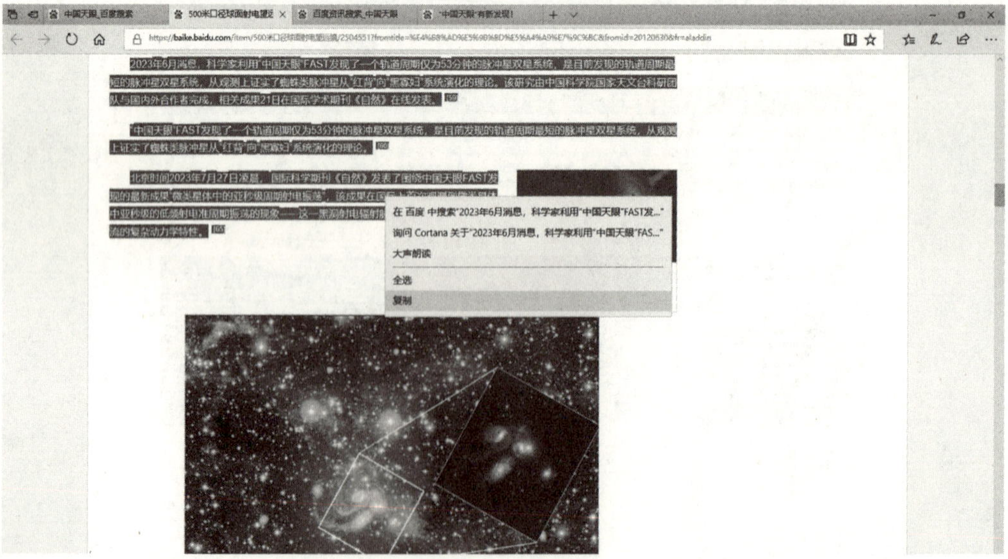

图 6-3-12　复制内容

④在桌面新建一个Word文档并打开，将复制的内容粘贴到Word文档中，不同网页中查找到的信息资源都可以粘贴组合到该本档中，如图6-3-13所示。

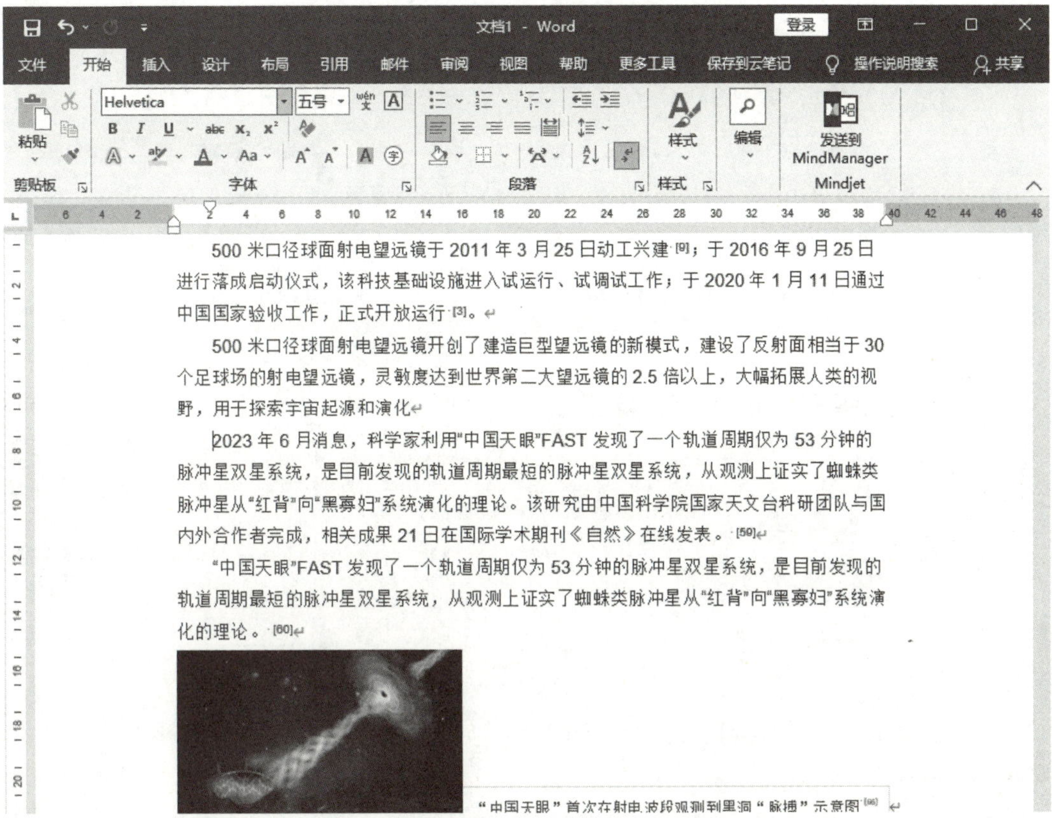
文档1 - Word
登录
文件
开始
插入
设计
布局
引用
邮件
审阅
视图
帮助
更多工具
保存到云笔记
操作说明搜索
共享
Helvetica
五号
粘贴
样式
编辑
发送到 MindManager
Mindjet
剪贴板
字体
段落
样式
500 米口径球面射电望远镜于 2011 年 3 月 25 日动工兴建 [9]；于 2016 年 9 月 25 日进行落成启动仪式，该科技基础设施进入试运行、试调试工作；于 2020 年 1 月 11 日通过中国国家验收工作，正式开放运行 [3]。
500 米口径球面射电望远镜开创了建造巨型望远镜的新模式，建设了反射面相当于 30 个足球场的射电望远镜，灵敏度达到世界第二大望远镜的 2.5 倍以上，大幅拓展人类的视野，用于探索宇宙起源和演化
2023 年 6 月消息，科学家利用"中国天眼"FAST 发现了一个轨道周期仅为 53 分钟的脉冲星双星系统，是目前发现的轨道周期最短的脉冲星双星系统，从观测上证实了蜘蛛类脉冲星从"红背"向"黑寡妇"系统演化的理论。该研究由中国科学院国家天文台科研团队与国内外合作者完成，相关成果 21 日在国际学术期刊《自然》在线发表。[59]
"中国天眼"FAST 发现了一个轨道周期仅为 53 分钟的脉冲星双星系统，是目前发现的轨道周期最短的脉冲星双星系统，从观测上证实了蜘蛛类脉冲星从"红背"向"黑寡妇"系统演化的理论。[60]
"中国天眼"首次在射电波段观测到黑洞"脉搏"示意图 [96]

图 6-3-13　粘贴内容

⑤搜集完成后，以“中国天眼”命名文件并保存，形成属于自己的“中国天眼”数字资源。

活动2　从官网获取第51次《中国互联网络发展状况统计报告》。

①打开浏览器，在搜索栏输入“中国互联网络信息中心”，按回车键，开始搜索，如图6-3-14所示。

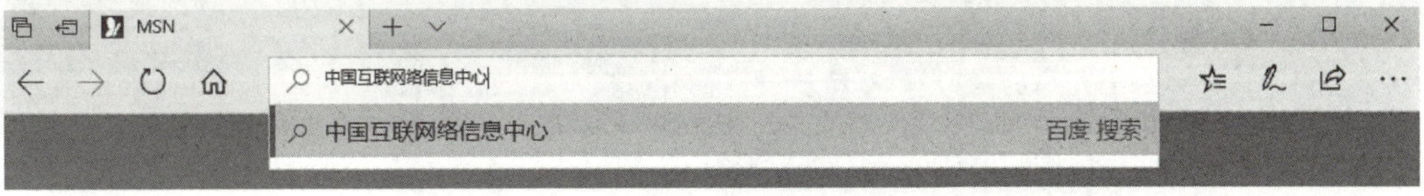
MSN
中国互联网络信息中心
中国互联网络信息中心
百度 搜索

图 6-3-14　搜索栏

②在搜索结果显示页查看选择相应的信息，找到中国互联网络信息中心官网，并单击打开。一般官网有两个标志，一是在信息条上注有“官方”标志，二是每个信息条的下面会显示源地址，如图6-3-15所示。

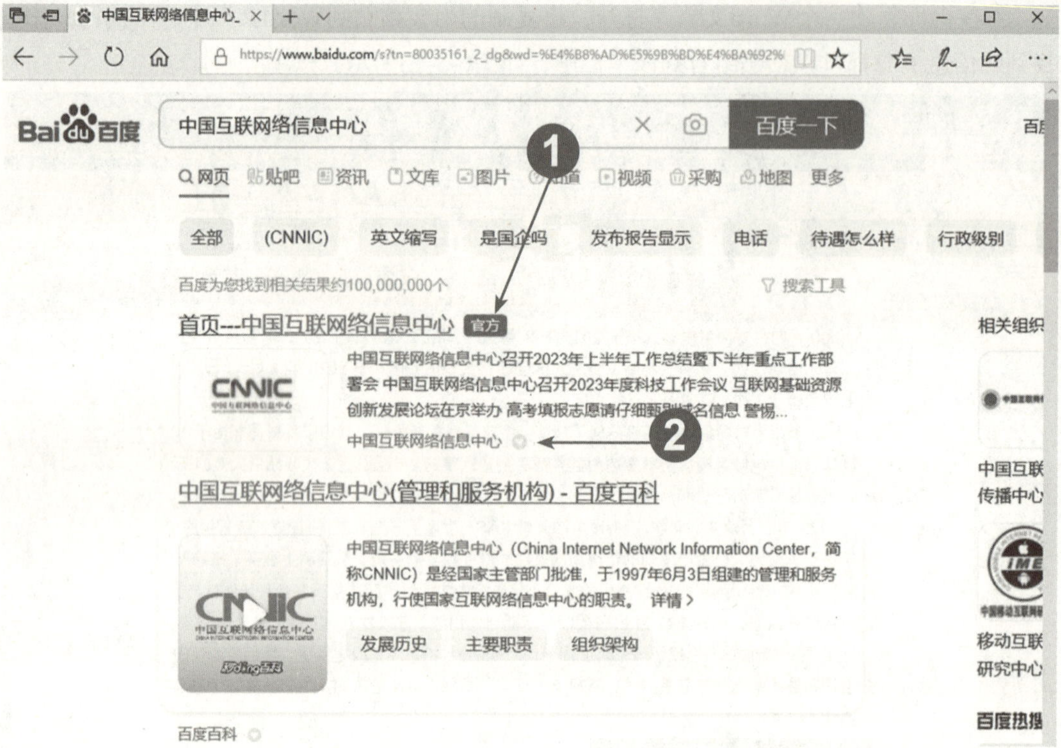
中国互联网络信息中心
https://www.baidu.com/s?tn=80035161_2_dg&wd=%E4%B8%AD%E5%9B%BD%E4%BA%92%
中国互联网络信息中心
百度一下
网页 贴吧 资讯 文库 图片 视频 采购 地图 更多
全部 (CNNIC) 英文缩写 发布报告显示 电话 待遇怎么样 行政级别
百度为您找到相关结果约100,000,000个
搜索工具
首页---中国互联网络信息中心 官方
中国互联网络信息中心召开2023年上半年工作总结暨下半年重点工作部署会 中国互联网络信息中心召开2023年度科技工作会议 互联网基础资源创新发展论坛在京举办 高考填报志愿请仔细甄别域名信息 警惕...
中国互联网络信息中心
中国互联网络信息中心(管理和服务机构) - 百度百科
中国互联网络信息中心（China Internet Network Information Center，简称CNNIC）是经国家主管部门批准，于1997年6月3日组建的管理和服务机构，行使国家互联网络信息中心的职责。 详情 >
发展历史 主要职责 组织架构
百度百科
1
2

图 6-3-15　查找官网

③在打开的官网中，找到下载位置，并打开，如图6-3-16所示。

CNNIC 中国互联网络信息中心
搜索
English
.cn .中国
互联网基础资源赋能百万中小企业
数字化行动
中小企业可免费注册国家顶级域名，并能以优惠价格获得多种互联网应用服务和产品
欢迎中小企业参与本次活动，为企业数字化信息化赋能
了解详情
首页 基础资源服务 安全云服务 互联网发展研究 科技研究 国际交流 公众服务 党建文化 关于我们
新闻动态 通知公告 基础资源大讲堂
学习贯彻党的二十

图 6-3-16　找到下载位置

④选择第51次《中国互联网络发展状况统计报告》，按向导提示即可完成下载，如图6-3-17所示。

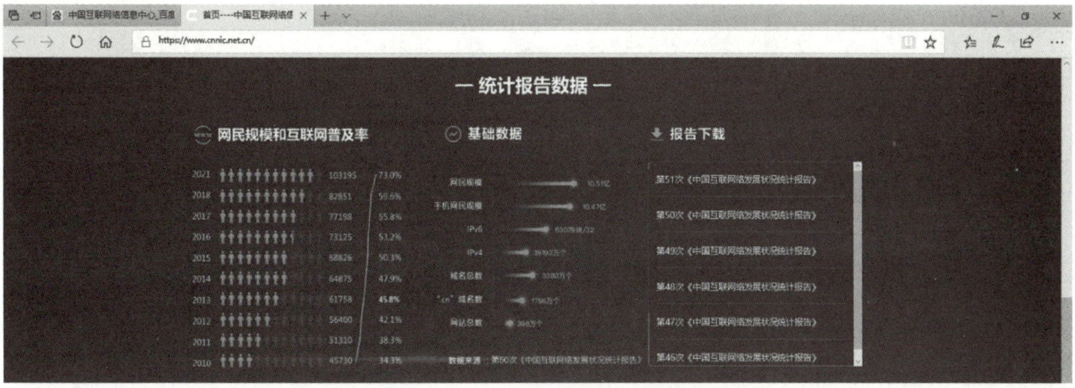

图 6-3-17　统计报告下载页面

活动3　获取量子计算最新研究进展的新闻视频资源。

①打开火狐浏览器，选择“扩展”，选择“管理扩展”，如图6-3-18所示。没有安装火狐浏览器，可以先下载安装。

②在Firefox的主页中找到“Video DownloadHelper”应用，单击“添加至Firefox”，如图6-3-19所示。

图 6-3-18　管理扩展

图 6-3-19　添加应用

③按向导提示，完成扩展插件的安装，如图6-3-20所示。

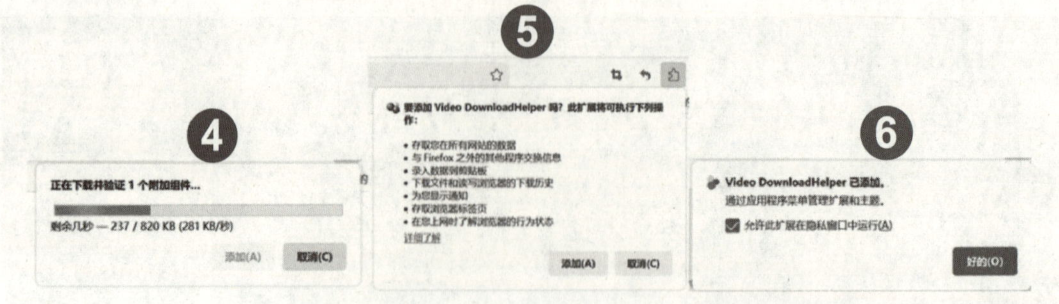

图 6-3-20　安装扩展

④打开央视网，搜索“量子计算”，如图6-3-21所示。

⑤在搜索结果页，访问“刷新世界纪录 我国量子计算研究取得新进展”，如图6-3-22所示。

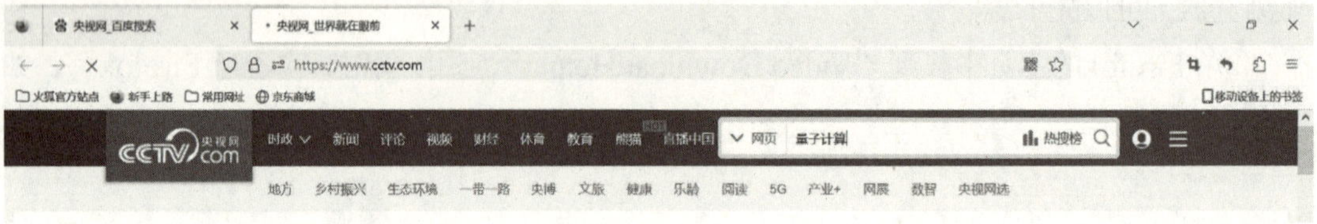

图 6-3-21　搜索“量子计算”

图 6-3-22　获取信息页

⑥在打开的网页中选择“扩展”工具，如图6-3-23所示。

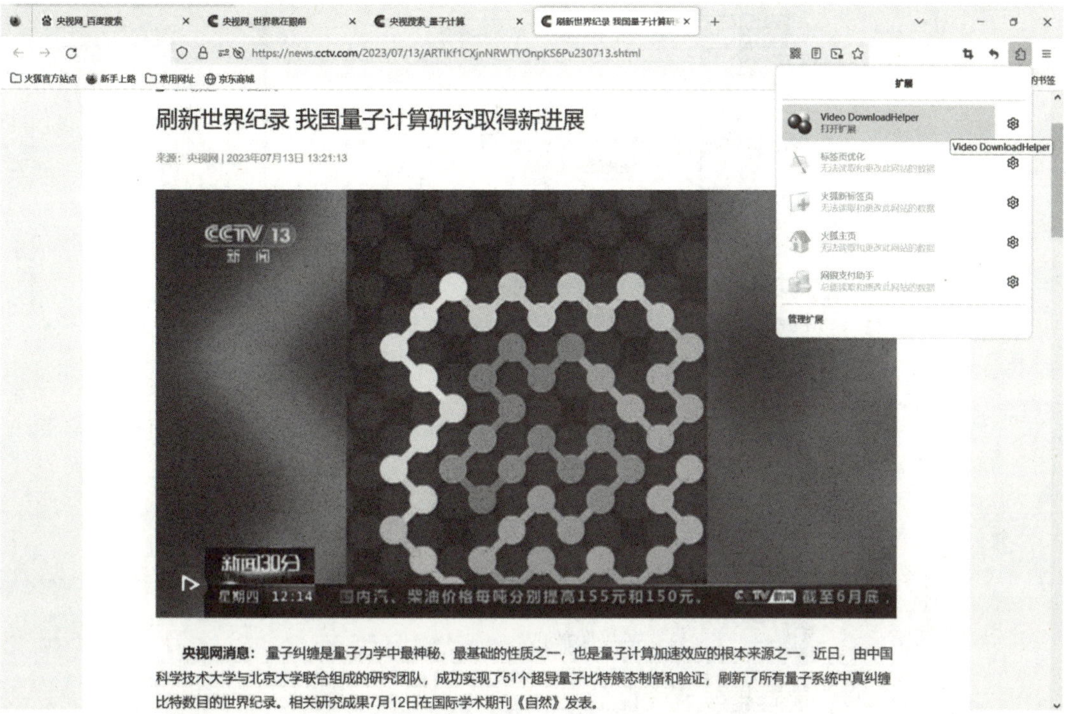

https://news.cctv.com/2023/07/13/ARTIKf1CXjnNRWTYOnpKS6Pu230713.shtml
刷新世界纪录 我国量子计算研究取得新进展
扩展
Video DownloadHelper
Video DownloadHelper
管理扩展
央视网消息：量子纠缠是量子力学中最神秘、最基础的性质之一，也是量子计算加速效应的根本来源之一。近日，由中国科学技术大学与北京大学联合组成的研究团队，成功实现了51个超导量子比特簇态制备和验证，刷新了所有量子系统中真纠缠比特数目的世界纪录。相关研究成果7月12日在国际学术期刊《自然》发表。

图 6-3-23　访问信息页

⑦选择需要下载的视频，如图6-3-24所示。

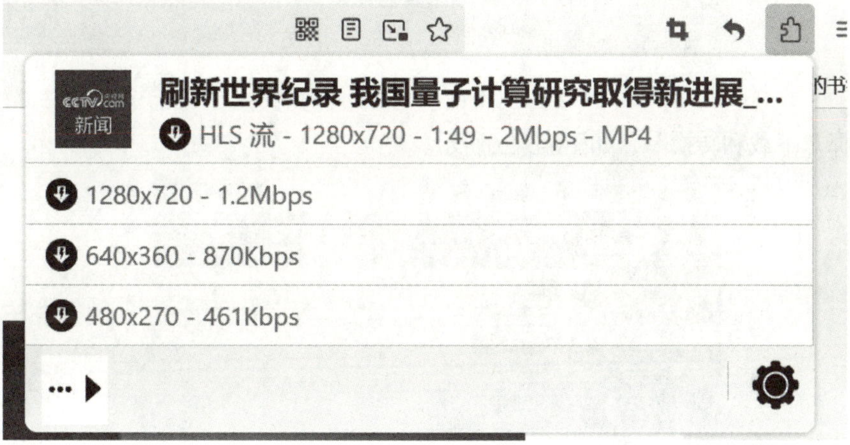

刷新世界纪录 我国量子计算研究取得新进展_...
HLS 流 - 1280x720 - 1:49 - 2Mbps - MP4
1280x720 - 1.2Mbps
640x360 - 870Kbps
480x270 - 461Kbps

图 6-3-24　选择需要下载的视频

⑧选择视频输出的格式，一般选择MP4格式，如图6-3-25所示。

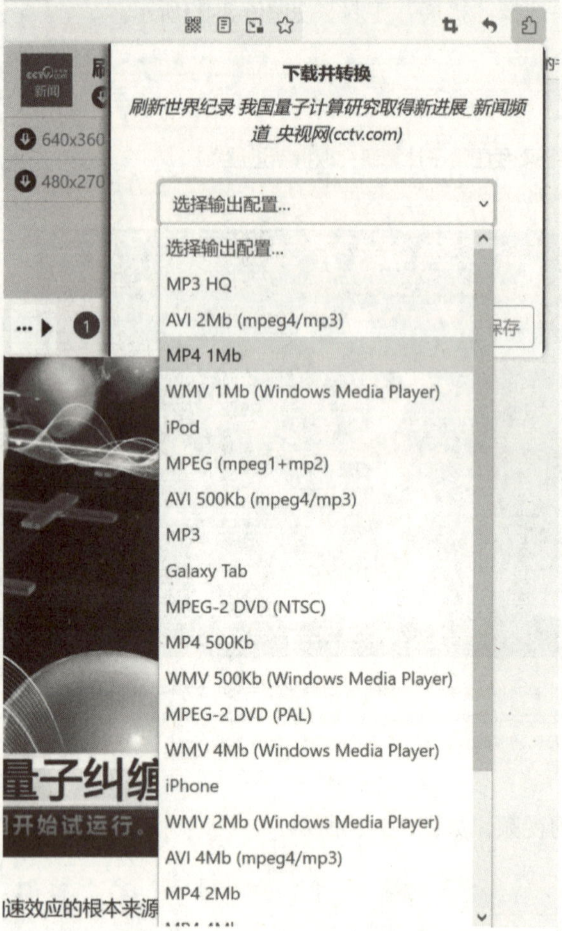

图 6-3-25　选择视频输出的格式

⑨选择“下载和转换”，如图6-3-26所示。

图 6-3-26　选择下载和转换

⑩选择“另存为”，按向导提示，选择好保存的位置，即可完成视频下载，如图6-3-27所示。

图 6-3-27　保存视频

知识拓展

为保护文学、艺术和科学作品作者的著作权，以及与著作权有关的权益，鼓励有益于社会主义精神文明、物质文明建设的作品的创作和传播，促进社会主义文化和科学事业的发展与繁荣，现在网络上越来越多的数字资源不能随便复制、下载，同学们在获取数字资源用于学习时，一定要遵守《中华人民共和国著作权法》，请扫描二维码学习更多内容。

职场融通

通过本任务的学习，小龙学会了在网络获取数字资源的方法，假设你和小龙是同一个学习小组的，请和他一起完成“仰望星空——致敬中国航天”主题班会资源搜集，并将获取的数字资源信息填入下表。

“仰望星空——致敬中国航天”主题班会数字资源清单

资源名称	资源类别	获取方法
中国载人航天工程简介	文字	
发射场地	图片	
中国载人航天工程每次发射任务	视频	
我国已开启的空间科学试验	图片、文字	
天宫课堂的内容	图片、文字、视频	
中国载人航天工程取得的成就	文字、图片	

能力评价

回顾本任务学习情况，根据评价内容填写掌握程度，并填写自我反思表。

评价内容	自我评价	学生互评	教师评价
数字资源的概念	5分□ 3分□ 2分□	5分□ 3分□ 2分□	5分□ 3分□ 2分□
常用的数字资源格式	5分□ 3分□ 2分□	5分□ 3分□ 2分□	5分□ 3分□ 2分□
获取学习型数字资源	5分□ 3分□ 2分□	5分□ 3分□ 2分□	5分□ 3分□ 2分□

	优点	不足	改进措施
自我反思			

[任务四]

NO.4

使用云课堂学习

微课

情景导入

小龙坚信学好技能，走遍天下都不怕，经常利用课余时间到实训室观摩、学习老师是如何维修硬件、维护软件、管理网络……小龙学得不亦乐乎，对自己的专业越来越感兴趣，于是想学习更多的专业知识，老师告诉了他一个能够畅游学习海洋的方法——云课堂，不论专业课、公共课还是兴趣爱好课，都可以自由学习，非常方便。

任务目标

1.能说出常用的云课堂；

2.能使用云课堂学习知识。

知识链接

一、什么是云课堂

“云课堂”是基于云计算技术的一种高效、便捷、实时互动的在线学习平台，如图6-4-1所示。用户只需将手机、平板电脑、计算机等电子设备接入互联网，并访问相应的云课堂网页，进行简单操作，便可快速高效地学习海量、优质课程，用户还可以根据自身的学习程度，自主安排学习进度，而课堂中数据的传输、处理等复杂技术由云课堂服务商完成。

图 6-4-1　云课堂

二、常用的云课堂

1.智慧职教

智慧职教是MOOC学院免费提供的慕课在线学习服务及数据服务，是国家大力发展职业教育的辅助工具，如图6-4-2所示。目前很多职业学校都加入其中，由师资力量雄厚的学校牵头做资源库，其他学校可以从资源库中获取更加优质的资源，用户注册登录后可以参加各种课程学习，平台有很多视频、动画、PPT和比较高级的仿真，可以在线签到、提问、讨论、考试，还可以在线统计分数；设置了分数权重后可以提供成绩方面的管理，学习完课程并考核合格后，会颁发学习证书，可以说实用性很高，并且全部资源都是免费的，特别适合职业学校的学生使用。

图 6-4-2　智慧职教

2.爱课程（中国大学MOOC）

爱课程是教育部和财政部共同支持建设的课程资源共享平台，提供优质教育资源共享和个性化教学资源服务，具有资源浏览、搜索、重组、评价、课程包的导入导出、发布、互动参与和“教”“学”兼备等功能，比较适合学生深度拓展学习，如图6-4-3所示。

图 6-4-3　爱课程（中国大学 MOOC）

3.学堂在线

学堂在线是清华大学研发的中文慕课平台，是教育部在线教育研究中心的研究交流和成果应用平台，如图6-4-4所示。任何拥有上网条件的学生均可在该平台注册登录，自由选课学习，参与社区讨论，系统会根据听课进度给出练习题目及评分；教师则可通过系统上传上课视频、添加教学资料及练习题，并能通过大数据分析平台及时查看教学反馈情况。

图 6-4-4　学堂在线

4.腾讯课堂

腾讯课堂是腾讯公司推出的综合性在线终身学习平台，如图6-4-5所示。一端连接有学习需求的用户，一端连接有好内容的教育机构或老师，聚合IT互联网、设计创作、兴趣生活、语言留学等多领域的职业教育课程，致力于打造老师在线上课教学、学生及时互动学习的课堂，帮助广大学员提升职业和就业技能。

图 6-4-5　腾讯课堂

5.网易云课堂

网易云课堂是网易公司推出的在线学习平台，立足于实用性需求，为学习者提供海量、优质的在线学习内容，学生可以根据自身的学习程度，自主安排学习进度，如图6-4-6所示。

图 6-4-6　网易云课堂

6.学习强国

学习强国是由中共中央宣传部主管，以习近平新时代中国特色社会主义思想为主要内容，着眼于提高人民思想觉悟、文明素质、科学素养，聚合了大量可免费学习的内容，内容权威、特色鲜明、技术先进，是广受人民欢迎的思想文化聚合平台。同学们在手机端通过手机应用商店免费下载安装，或在PC端登录网址或通过搜索引擎搜索均可浏览。

图 6-4-7　学习强国

7.人人自学网

人人自学网是一个完全免费的自学网站，提供了较为丰富的教程，包括电脑知识文库、办公软件操作技能、软件设计知识、网站建设知识、编程语言知识、写作范文等内容，如图6-4-8所示。用户不仅可以通过网站的分类导航找到教程，也可以利用网站的搜索功能搜索需要的教程。

图 6-4-8　人人自学网

学习活动

活动1　注册智慧职教网账号。

注册智慧职教网账号的具体操作步骤如下：

①访问智慧职教网页，单击“注册”按钮，如图6-4-9所示。

图 6-4-9　注册智慧职教账号

②填写注册信息，如图6-4-10所示。

注意：如果所写的用户名已有人注册成功，那么单击“注册”后，平台会显示：“该用户已注册，导致注册失败”，因此用户名一定要填写没使用过的，如果遇到注册失败，则回到该步骤，重新填写用户名及其他信息注册。

图 6-4-10 填写注册信息

活动2 学习智慧职教平台的课程。

学习智慧职教课程的步骤如下：

①登录智慧职教平台，单击“登录”按钮，输入登录名和密码，单击“登录”按钮，如图6-4-11所示，也可以用手机验证码或微信扫码的方式登录。

②登录智慧职教平台后，先选择专业大类，再选择具体的专业。比如，想学习网络安全方面的课程，那么先选择“电子与信息大类”，再选择“网络信息安全”，如图6-4-12所示。

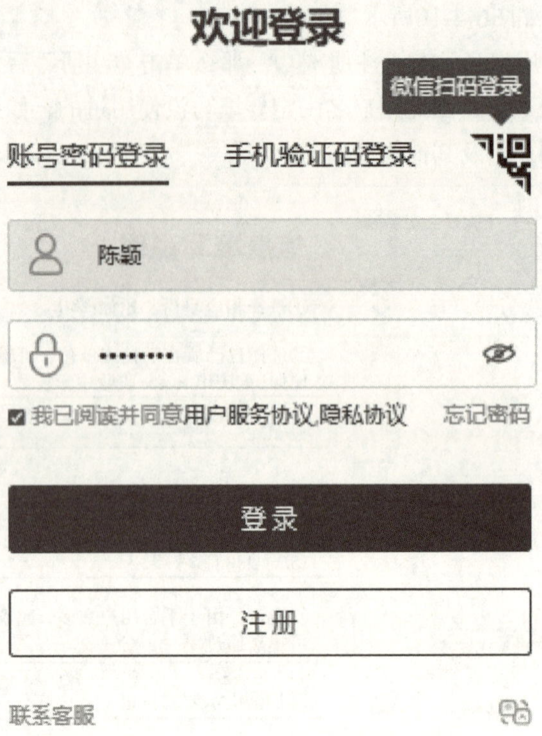

图 6-4-11　登录智慧职教

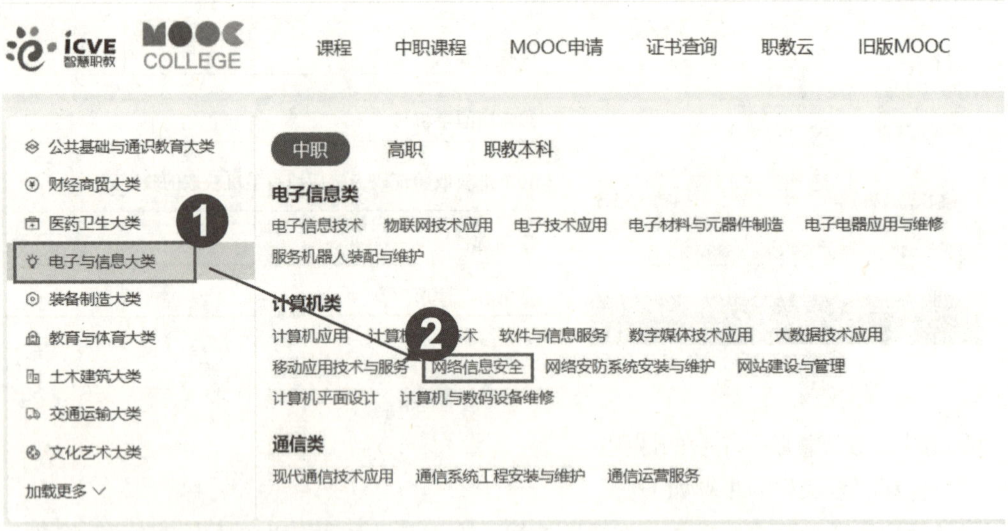

图 6-4-12　选择专业

③选择具体的学习内容。比如，我们选择的专业是“网络信息安全”，那么在其中可以看到专业的详细信息，按需选择自己想学习的课程，如图6-4-13所示。

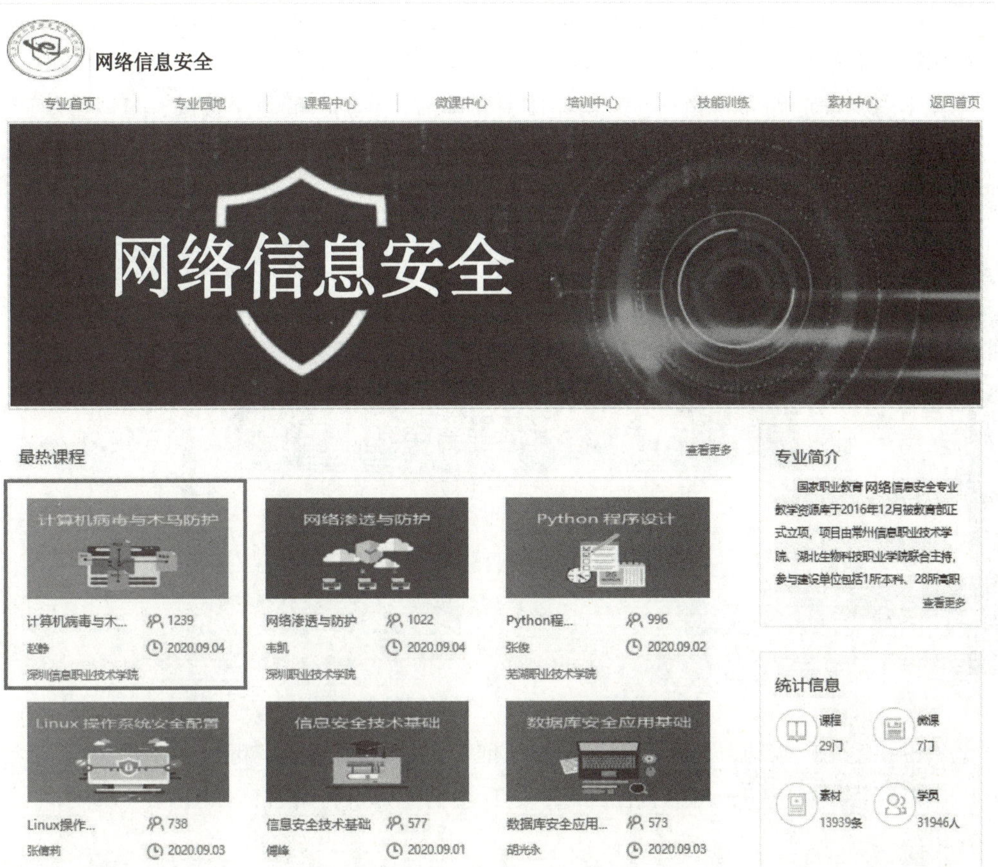

图 6-4-13　选择课程

④进入课程后，单击“参加学习”按钮，即可按需学习，学习界面如图6-4-14所示。

图 6-4-14　选择学习内容

活动3　使用智慧职教平台的辅助功能。

使用智慧职教平台辅助功能的方法如下：

①在学习页面左侧和右侧有各种功能按钮，单击“右侧”的目录按键，可以重新选择需要学习的章节，如图6-4-15所示。

图 6-4-15　选择学习章节

②单击“笔记”按钮，可能在弹出的输入框中记录学习笔记，如图6-4-16所示。

③单击“答疑”按钮，可以提出问题，之后会有老师进行解答，如图6-4-17所示。

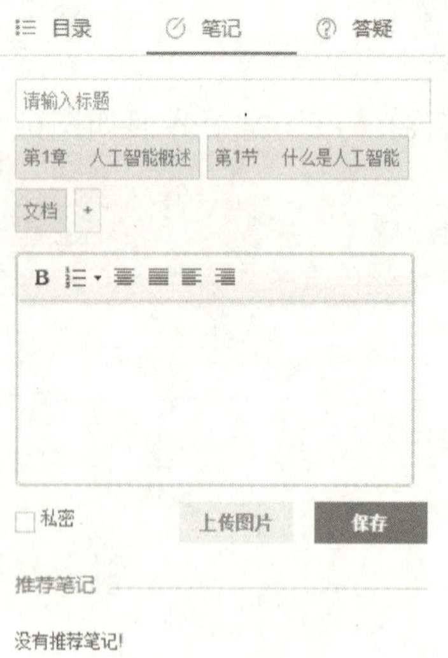

图 6-4-16　输入学习笔记

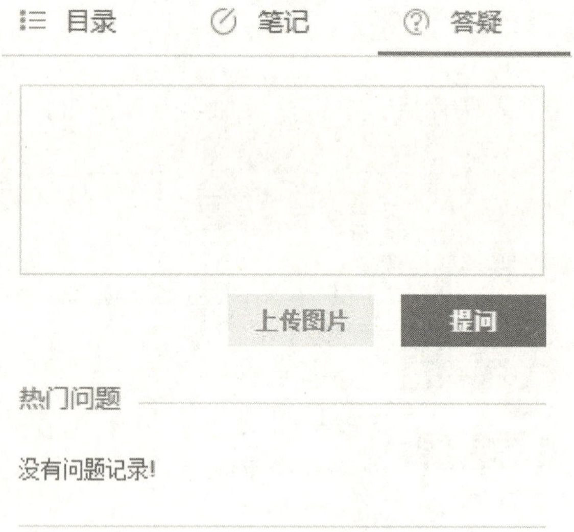

图 6-4-17　互动提问

④单击“学习进度”按钮，可以查看自己的学习进度情况，如图6-4-18所示。

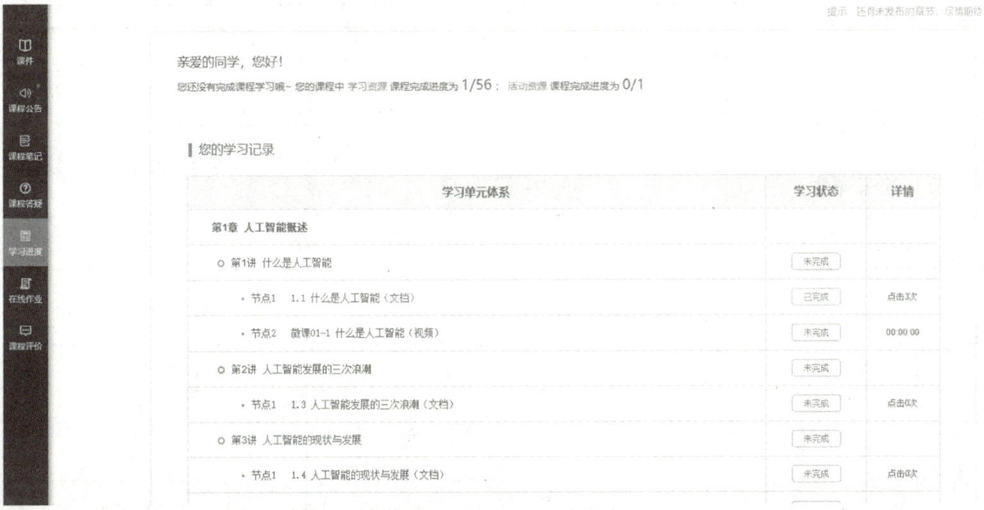

图 6-4-18 学习进度查看

知识拓展

近年来，中国科研技术水平飞速发展，稳居世界前列，无论是航空航天，还是人工智能，中国都取得了显著成就。想要学习更多的专业知识，请扫描二维码，了解更多的在线学习平台。

职场融通

通过本任务的学习，小龙发现只要利用好手机、计算机和网络，许多知识都可以自学。请同学们在网上查找你认为比较适合自己学习的3门计算机专业在线课程，并将学习平台及地址写入下表中。

课程名称	学习平台	学习地址

能力评价

回顾本任务的学习情况，根据评价内容填写掌握程度，并填写自我反思表。

评价内容	自我评价	学生互评	教师评价
认识云课堂	5分□ 3分□ 2分□	5分□ 3分□ 2分□	5分□ 3分□ 2分□
注册并登录 2个以上的云课堂	5分□ 3分□ 2分□	5分□ 3分□ 2分□	5分□ 3分□ 2分□
使用云课堂学习课程	5分□ 3分□ 2分□	5分□ 3分□ 2分□	5分□ 3分□ 2分□

	优点	不足	改进措施
自我反思			

[任务五]

NO.5

走进人工智能

微课

情景导入

什么是人工智能？我们是否已经有了真正的人工智能？我们需要人工智能吗？我们需要怎样的人工智能？最近这些问题一直困扰着小龙，于是小龙利用前面学到的数字资源获取方法和云课堂学习方法，尝试着自己来解决困惑。

任务目标

1.能说出人工智能的概念；

2.能举例说出人工智能的应用领域；

3.能使用人工智能工具。

知识链接

一、什么是人工智能

人工智能（Artificial Intelligence， AI）是指由人制造出来的机器所表现出来的智能，是对人的意识、思维过程的模拟，如图6-5-1所示。人工智能是计算机学科的一个分支，涉及哲学、认知科学、数学、神经生理学、信息论、控制论、自动化、仿生学、生物学、心理学、语言学、医学和哲学等多门学科，研究的主要内容包括知识表示、自动推理和搜索方法、机器学习和知识获取、知识处理系统、自然语言理解、计算机视觉、智能机器人、自动程序设计等方面。

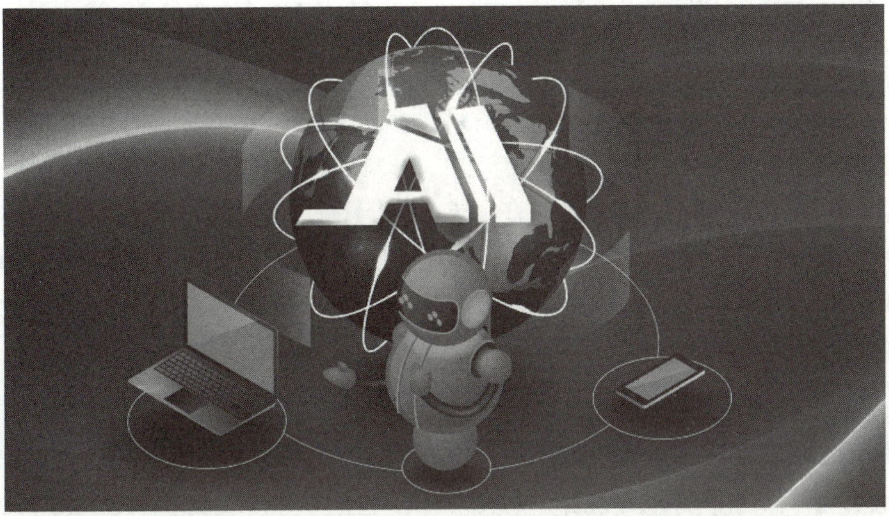

图 6-5-1　人工智能

二、常见的人工智能应用领域

1.智能家居

智能家居主要是基于物联网技术，通过智能硬件、软件系统、云计算平台构成一套完整的家居生态系统，将家中的各种设备（如音视频设备、照明系统、电动窗帘、安防系统、数字影院系统、网络家电等）连接到一起，提供家电控制、照明控制、窗帘控制、电话远程控制、防盗报警、环境监测、暖通控制、内外转发以及可编程定时控制等多种功能和手段，如图6-5-2所示。这些家居产品都有一个智能AI，用户可以设置口令指挥产品自动运行，同时AI还可以搜索用户的使用数据，最后达到不需要指挥，自主运行的效果。

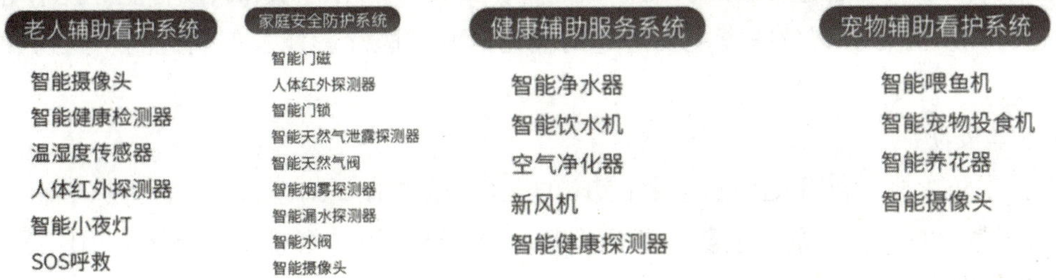

老人辅助看护系统
智能摄像头
智能健康检测器
温湿度传感器
人体红外探测器
智能小夜灯
SOS呼救
家庭安全防护系统
智能门磁
人体红外探测器
智能门锁
智能天然气泄露探测器
智能天然气阀
智能烟雾探测器
智能漏水探测器
智能水阀
智能摄像头
健康辅助服务系统
智能净水器
智能饮水机
空气净化器
新风机
智能健康探测器
宠物辅助看护系统
智能喂鱼机
智能宠物投食机
智能养花器
智能摄像头

图 6-5-2　智能家居应用

2.智慧零售

人工智能在零售领域应用广泛，包括无人便利店、智慧供应链、客流统计、无人车和无人仓等。

3.智慧交通

智慧交通是通信、信息和控制技术在交通系统中集成应用的产物，主要通过智能设计出行路线的方法改善堵车情况，减少交通事故等，如图6-5-3所示。

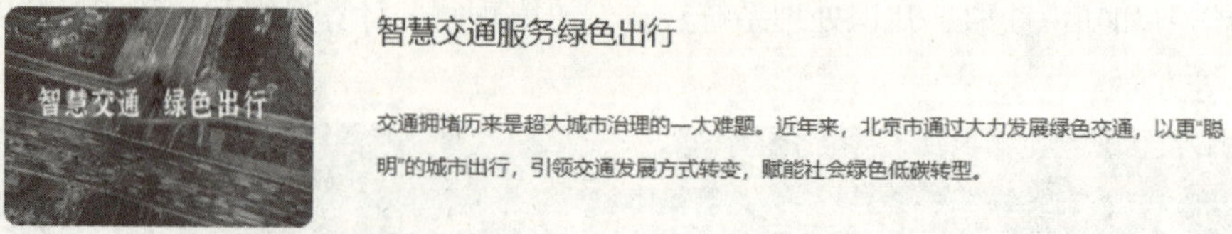

智慧交通 绿色出行
智慧交通服务绿色出行
交通拥堵历来是超大城市治理的一大难题。近年来，北京市通过大力发展绿色交通，以更"聪明"的城市出行，引领交通发展方式转变，赋能社会绿色低碳转型。

图 6-5-3　智慧交通

4.智慧教育

智慧教育即教育信息化，是指在教育领域（教育管理、教育教学和教育科研）全面深入地运用现代信息技术来促进教育改革与发展的过程。 其技术特点是依托物联网、云计算、无线通信等新一代信息技术所打造的数字化、网络化、多媒体化、物联化、智能化、感知化、泛在化的新型教育形态和教育模式。

阅读有益

2023年2月13日，世界数字教育大会在北京举办，超过130个国家的代表参会，中国教育科学研究院院长李永智代表中国教科院正式向海内外发布《中国智慧教育蓝皮书（2022）》与《2022年中国智慧教育发展指数报告》。报告认为，智慧教育是数字时代的教育新形态，将突破学校教育的边界，推动各种教育类型、资源、要素等的多元结合，推进学校家庭社会协同育人，构建人人皆学、处处能学、时时可学的高质量个性化终身学习体系。智慧教育将融合物理空间、社会空间和数字空间，创新教育教学场景，促进人技融合，培育跨年级、跨班级、跨学科、跨时空的学习共同体，实现规模化教育与个性化培养的有机结合。智慧教育将聚焦发展素质教育，基于系统化的知识点逻辑关系建立数字化知识图谱，创新内容呈现方式，让学习成为美好体验，培养学习者高阶思维能力、综合创新能力、终身学习能力。

5.智慧医疗

智慧医疗主要是通过大数据、5G、云计算、大数据、AR/VR和人工智能等技术与医疗行业进行深度融合。智慧医疗主要是起到辅助诊断、医疗影像及疾病检测、药物开发等作用。

6.智慧安防

智慧安防主要是利用人工智能系统实施的安全防范控制，对于人体、行为、车辆、图像等进行智慧分析。在当前安全防范意识不断加强的环境下，智慧安防市场应用广泛。

7.智慧物流

智慧物流是指通过智能软硬件、物联网、大数据、计算机视觉等智慧化技术手段，实现物流各环节精细化、动态化、可视化管理，提高物流系统智能化分析决策和自动化操作执行能力，提升物流运作效率，甚至实现了无人操作一体化的现代化物流模式。

8.智能制造

智能制造是一种由智能机器和人类专家共同组成的人机一体化智能系统。它在制造过程中进行诸如分析、推理、判断、构思和决策等活动。人工智能在制造领域的应用主要有智能装备、智能工厂、自动识别设备、人机交互系统、工业机器人、数控机床、智能设计、智能生产、智能管理、智能集成优化、个性化智能服务、远程运维及预测性维护等。

阅读有益

在2022世界智能制造大会上，习近平总书记强调，要以智能制造为主攻方向推动产业技术变革和优化升级，促进我国产业迈向全球价值链中高端。

我国深入实施智能制造工程，智能制造取得长足进步，应用规模和水平全球领先，遴选出110家国际先进的示范工厂，建成近2 000家引领行业发展的数字化车间和智能工厂，智能制造装备规模接近3万亿元，系统解决方案供应商达6 000家，发布近340项国家标准。

9.智慧农业

智慧农业就是将物联网、大数据、人工智能、区块链、卫星遥感等现代信息技术运用到传统农业中去，运用传感器和软件通过移动平台或者计算机平台对农业生产进行控制，使传统农业更具有“智慧”，如图6-5-4所示。智慧农业助力农业提质增效，赋能乡村振兴，为农业农村现代化注入了数字经济新动能。

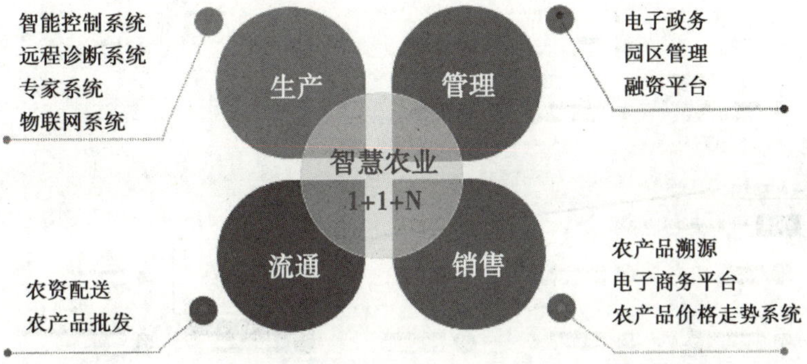

图 6-5-4　智慧农业应用

10.智慧金融

人工智能在金融方面可以完成自动获客、身份识别、大数据风控、智能投顾、智能客服和金融云等服务。

学习活动

活动1　查找AI工具。

①在浏览器中搜索打开ithinkAi工具集导航站，它是一个快速访问任意人工智能网站的门户和入口，收录了国内外近1 000款热门、有趣、实用的多种人工智能工具，包括自然语言处理工具、图像识别工具、数据处理工具等，如图6-5-5所示。

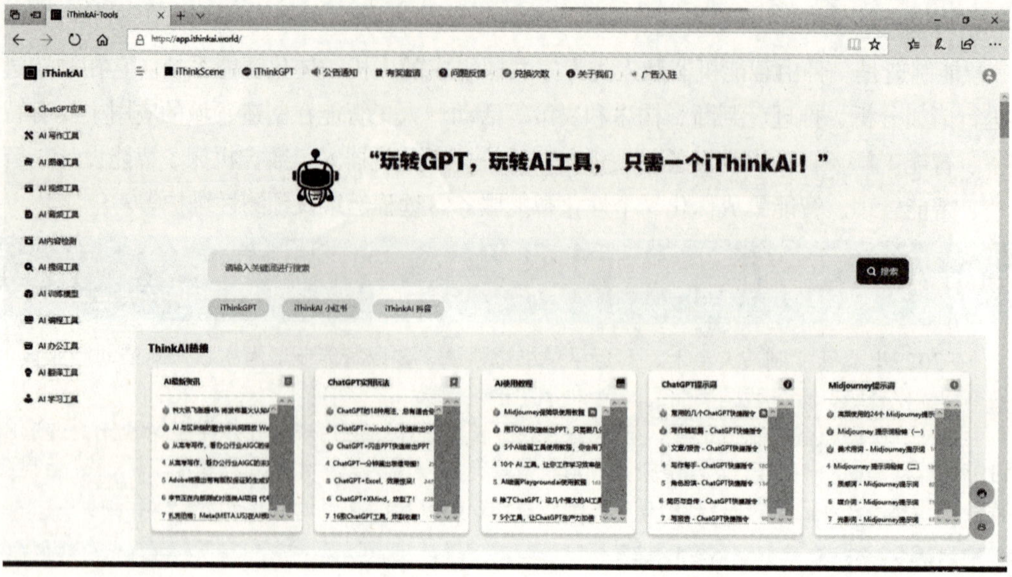

图 6-5-5　ithinkAi 工具集导航站

②在网页左边的导航条选择相应的工具，即可查看到相应类别的AI工具，包括付费的和免费的，单击即可访问对应的AI工具，如图6-5-6所示。

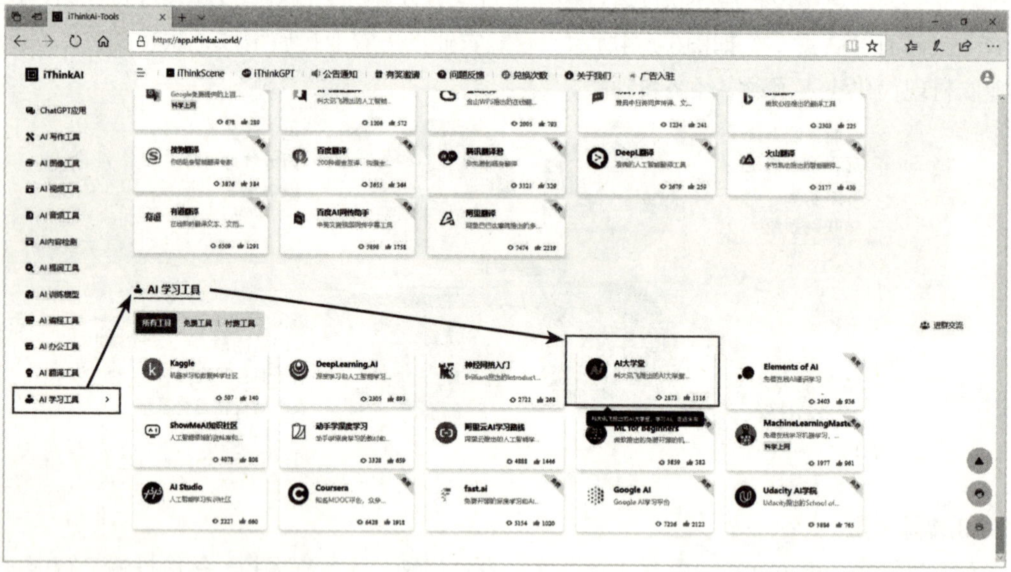

图 6-5-6　AI 工具选择

活动2　与iThinkGPT聊天。

①打开iThinkGPT的网页，选择右上角登录图标，微信号扫码即可登录，无须注册，如图6-5-7所示。iThinkGPT是一款基于AI技术的聊天机器人产品，旨在为用户提供智能、便捷的聊天体验。它能够模拟人类的对话方式，识别用户的提问并给出准确的回答。

图 6-5-7　登录 iThinkGPT

②登录成功后，选择免费的iThinkGPT工具，如图6-5-8所示。

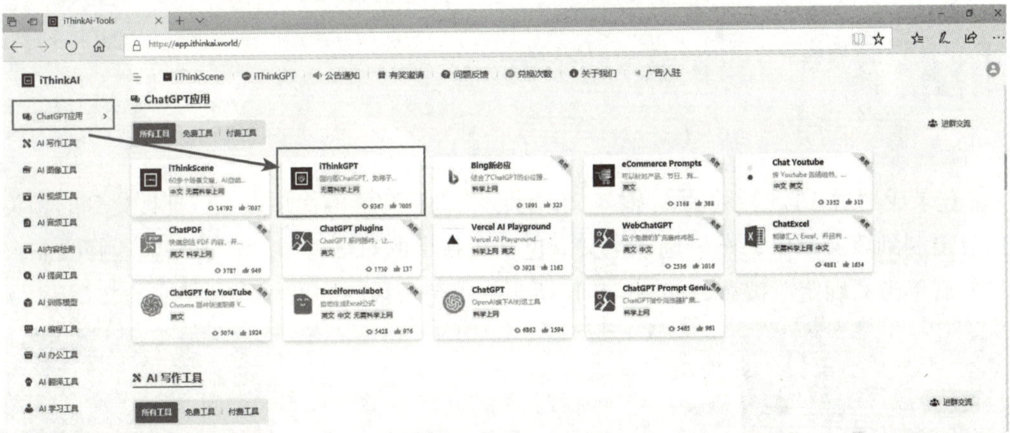

图 6-5-8　选择免费的 iThinkGPT 工具

③在弹出的iThinkGPT工具窗口中，按向导提示，即可开始聊天互动了，如图6-5-9所示。

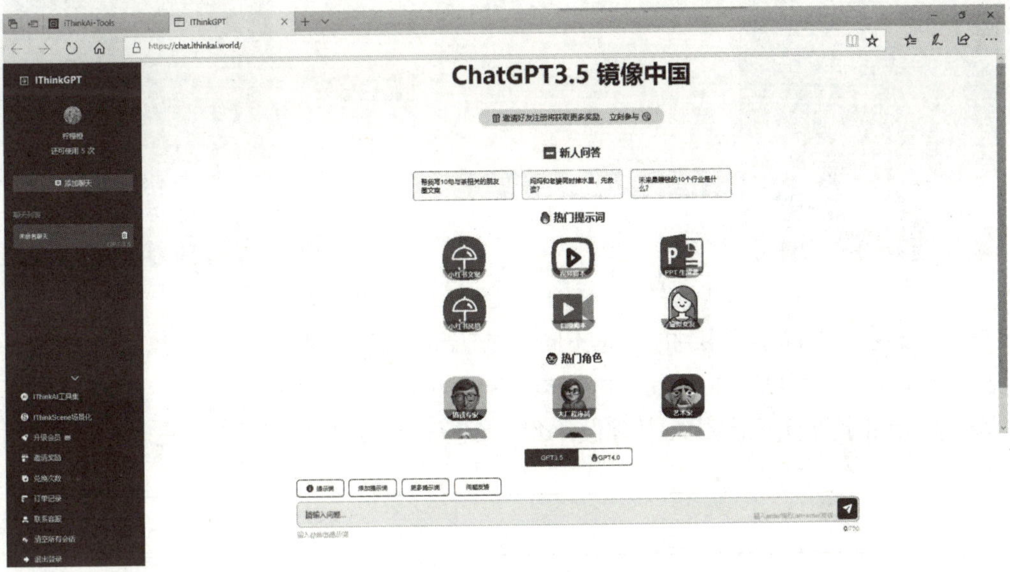

图 6-5-9　聊天互动

活动3 用火山写作编写一篇关于“人工智能优缺点”的文章。

①火山写作是字节跳动公司推出的免费AI写作工具。打开火山写作的网页，用手机号验证登录即可，无须注册，如图6-5-10所示。

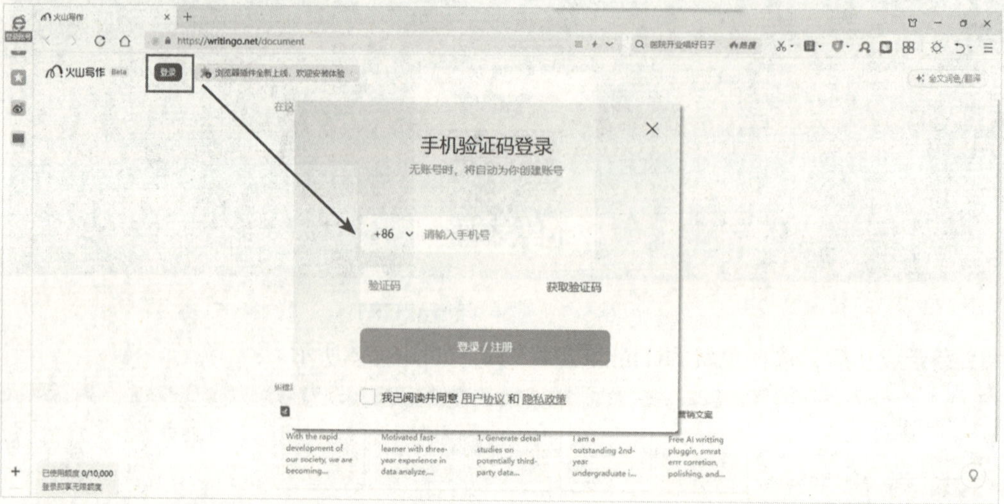

图 6-5-10 登录火山写作

②登录成功后，按向导提示，输入文章标题“人工智能的优缺点”，把搜集到的相关文字信息复制到该文章中，然后选择全文润色，在弹出的对话框中，勾选相应的修改需求，选择好后单击“确定”按钮，如图6-5-11所示。等待一段时间即可得到相应的文章。

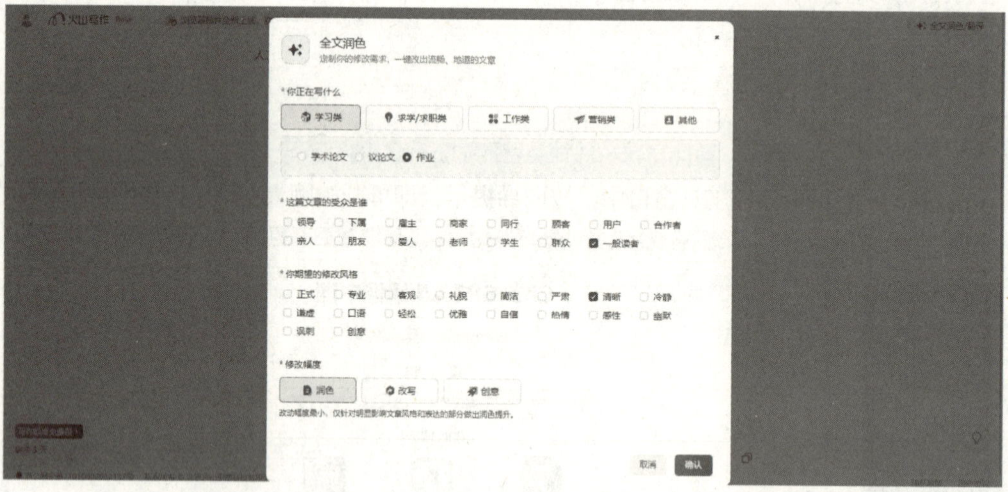

图 6-5-11 点选修改需求

③想一想：每个同学搜集到的信息不同，修改需求不同，所以得到的文章是一样的吗？写完后，和其他同学分享你的作品，讨论人工智能的优缺点。

活动4 和同学讨论你想让AI帮你做什么？畅想一百年后的人工智能会是怎样的？

____

____

知识拓展

人工智能是新一轮科技革命和产业变革的重要驱动力量，加快发展新一代人工智能是推动科技跨越发展、产业优化升级、生产力整体跃升的重要战略。为深入贯彻习近平总书记关于加快人工智能发展的一系列重要指示精神，落实国务院《新一代人工智能发展规划》系列部署，着力以场景驱动人工智能产业高质量发展，全面支撑数字重庆、制造强市建设，重庆市经济信息委发布了《重庆市以场景驱动人工智能产业高质量发展行动计划（2023—2025年）》，提出重庆三年内将建成国家人工智能创新应用先导区，培育10家亿级龙头企业，请扫描二维码了解更多内容。

职场融通

通过本任务的学习，小龙理解了人工智能的概念，对身边的人工智能应用也有了更多的认识，请你和小龙一起搜集身边的人工智能应用案例，请将搜集到的案例信息填入下表。

案例名称	应用领域	应用效果

能力评价

回顾本任务的学习情况，根据评价内容填写掌握程度，并填写自我反思表。

评价指标	自我评价	学生互评	教师评价
人工智能的概念	5分□ 3分□ 2分□	5分□ 3分□ 2分□	5分□ 3分□ 2分□
人工智能的应用领域	5分□ 3分□ 2分□	5分□ 3分□ 2分□	5分□ 3分□ 2分□
AI工具	5分□ 3分□ 2分□	5分□ 3分□ 2分□	5分□ 3分□ 2分□

	优点	不足	改进措施
自我反思			